焊接设备使用与维护

张　毅　主　编
杨文忠　副主编
郜建中　主　审

HANJIE SHEBEI SHIYONG YU WEIHU

化学工业出版社
·北京·

本书主要讲述焊接电弧及对弧焊电源的要求、弧焊变压器、弧焊整流器、脉冲弧焊电源、新型弧焊电源、弧焊电源的选择和使用、埋弧自动焊设备、CO_2 电弧焊设备、氩弧焊设备、等离子弧焊接设备以及先进焊接设备等。书中内容深入浅出，图文并茂，便于广大读者理解和掌握。

本书可供从事焊接及电气等方面的技术人员使用，也可作为高职高专院校、本科院校相关专业的教材，还可供培训机构作为培训用书。

图书在版编目（CIP）数据

焊接设备使用与维护/张毅主编. —北京：化学工业出版社，2011.8（2021.2重印）
ISBN 978-7-122-11883-7

Ⅰ.焊… Ⅱ.张… Ⅲ.①焊接设备-使用方法②焊接设备-维修 Ⅳ.TG43

中国版本图书馆CIP数据核字（2011）第143990号

责任编辑：韩庆利　　装帧设计：史利平
责任校对：宋　夏

出版发行：化学工业出版社（北京市东城区青年湖南街13号　邮政编码100011）
印　　装：北京印刷集团有限责任公司
787mm×1092mm　1/16　印张13½　字数330千字　2021年2月北京第1版第4次印刷

购书咨询：010-64518888　　售后服务：010-64518899
网　　址：http://www.cip.com.cn
凡购买本书，如有缺损质量问题，本社销售中心负责调换。

定　　价：45.00元

前言

焊接设备发展迅速，种类大量增加，并且越来越广泛应用电子技术、控制技术（PID控制、模糊控制、人工神经网络技术和智能控制）、计算技术等方面的理论知识和最新成果，设备的质量不断提高，性能不断改善。我们根据多年的经验，并结合收集的大量资料，编写了本书。

本书主要讲述焊接电弧及对弧焊电源的要求、弧焊变压器、弧焊整流器、脉冲弧焊电源、新型弧焊电源、弧焊电源的选择和使用、埋弧自动焊设备、CO_2 电弧焊设备、氩弧焊设备、等离子弧焊接设备以及新型焊接设备。

本书可供从事焊接及电气等方面的技术人员使用，也可作为高职高专院校、本科院校相关专业的教材，还可供培训机构作为培训用书。

本书第一至第三单元由杨文忠编写；第四至第五单元由生利英编写；第六至第七单元由宋博宇编写；第八至第十一单元由张毅编写。全书由张毅担任主编并统稿，杨文忠担任副主编，郜建中担任主审。

在编写过程中，编者参阅了国内外出版的有关资料，得到了相关领导的大力支持和有关同事的指导和配合，在此一并表示衷心感谢。

由于编者知识水平所限，本书难免会有疏漏和欠妥之处，敬请读者批评指正。

编 者

目 录

绪论

一、弧焊电源与焊接设备在电弧焊中的作用

电弧焊是焊接方法中应用最为广泛的一种焊接方法。据一些工业发达国家的统计，电弧焊在焊接生产总量中所占的比例一般都在60%以上。根据其工艺特点不同，电弧焊可分为焊条电弧焊、埋弧焊、气体保护焊和等离子弧焊等多种。

不同材料、不同结构的工件，需要采用不同的电弧焊工艺方法，而不同的电弧焊工艺方法则需用不同的电弧焊机。例如，操作方便、应用最为广泛的焊条电弧焊，需要由对电弧供电的电源装置和焊钳组成的手弧焊机；锅炉、化工、造船等工业广为使用的埋弧焊，需要由电源装置、控制箱和焊车等组成的埋弧焊机；适用于焊接化学性活泼金属的气体保护电弧焊，需要由电源装置、控制箱、焊车（自动焊）或送丝机构（半自动焊）、焊枪、气路和水路系统等组成的气体保护电弧焊机；适用于焊接高熔点金属的等离子弧焊，则需要由电源装置、控制系统、焊枪或焊车（自动焊）、气路和水路系统等组成的等离子弧焊机。

显然，弧焊电源与设备性能的优劣，在很大程度上决定了焊接过程的稳定性。没有先进的弧焊电源与设备，要实现先进的焊接工艺和焊接过程自动化是难以办到的。因此，应该对弧焊电源与设备的基本理论、结构、性能特点进行深入的分析，真正了解和正确使用弧焊电源与设备，进而研制出新型的弧焊电源与设备，使焊接质量和生产效率得到进一步提高。

二、弧焊电源的分类、特点及用途

弧焊电源种类很多，其分类方法也不尽相同。常用的是按弧焊电源输出的焊接电流波形分类。

焊接电流有交流、直流和脉冲三种基本类型，相应的弧焊电源有交流弧焊电源、直流弧焊电源和脉冲弧焊电源三种类型，每种类型的弧焊电源根据其结构特点不同又可分为多种形式。

1. 交流弧焊电源

交流弧焊电源包括工频交流弧焊电源（弧焊变压器）、矩形波交流弧焊电源。

(1) 工频交流弧焊电源　又称弧焊变压器，它把电网的交流电变成适合于电弧焊的低电压交流电，它由变压器、调节装置和指示装置等组成。弧焊变压器具有结构简单、易造易修、成本低、磁偏吹小、空载损耗小、噪声小等优点。但其输出电流波形为正弦波，因此，电弧稳定性较差，功率因数低，一般用于焊条电弧焊、埋弧焊和钨极惰性气体保护电弧焊等方法。

(2) 矩形波交流弧焊电源　它是利用半导体控制技术来获得矩形波交流电流的。由于输出电流过零点时间短，电弧稳定性好，正负半波通电时间和电流比值可以自由调节，因此特

别适合于铝及铝合金钨极氩弧焊。

2. 直流弧焊电源

(1) 弧焊发电机　一般由特种直流发电机、调节装置和指示装置等组成。按驱动的动力不同，弧焊发电机可分为两种：以电动机驱动并与发电机组成一体的称为弧焊电动发电机（目前已停止生产）；以柴（汽）油驱动并与发电机组成一体的，称为弧焊柴（汽）油发电机。它与弧焊整流器相比，制造复杂，噪声及空载损耗大，效率稍低，价格高；但其过载能力强，输出脉动小，受电网电压波动的影响小，一般用于碱性焊条电弧焊。

(2) 弧焊整流器　由主变压器、整流器及为获得所需外特性的调节装置、指示装置等组成。它把电网交流电经降压整流后获得直流电。与弧焊发电机相比，它具有制造方便、价格低、空载损耗小、噪声小等优点，而且大多数弧焊整流器可以远距离调节焊接工艺参数，能自动补偿电网电压波动对输出电压和电流的影响。它可作为各种弧焊方法电源。

(3) 逆变式弧焊电源　它把单相（或三相）交流电经整流后，由逆变器转变为几百至几万赫兹的中高频交流电，经降压后输出交流或直流电。整个过程由电子电路控制，使电源获得符合要求的外特性和动特性。它具有高效节能、重量轻、体积小、功率因数高等优点，可应用于各种弧焊方法，是一种很有发展前途的普及型弧焊电源。

顺便指出，逆变式弧焊电源既可输出交流电，又可输出直流电，但目前常用后一种形式，因此又可把它称为逆变式弧焊整流器。

3. 脉冲弧焊电源

焊接电流以低频调制脉冲方式馈送，一般由普通的弧焊电源与脉冲发生电路组成。它具有效率高、输入线能量较小、线能量调节范围宽等优点。它主要用于气体保护电弧焊和等离子弧焊，对于焊接热敏感性大的高合金材料、薄板和全位置焊接具有独特的优点。

三、弧焊电源与焊接设备的现状及发展

焊接技术的发展是与近代工业和科学技术的发展紧密联系的。弧焊电源与设备又是弧焊技术发展水平的主要标志，它的发展与弧焊技术的发展也是相互促进、密切相关的。

1802 年俄国学者发现了电弧放电现象，并指出利用电弧热熔化金属的可能性。但是，电弧焊真正应用于工业，则是在 1892 年出现了金属极电弧焊接方法以后。当时，电力工业发展较快，弧焊电源本身也有了很大的改进。到 20 世纪 20 年代，除弧焊发电机外，已开始应用结构简单、成本低廉的弧焊变压器。

随着生产的进一步发展，不仅需要焊接的产品数量增加了，而且许多产品对焊接质量的要求也提高了，加之焊接冶金科学的发展，20 世纪 30 年代，在薄药皮焊条的基础上研制成功了焊接性能优良的厚药皮焊条，更显示了焊接方法的优越性。这个时期，由于机械制造、电机制造工业及电力拖动、自动控制等新科学技术的发展，也为实现焊接过程机械化、自动化提供了物质条件和技术条件，于是在 20 世纪 30 年代后期，研制成功了埋弧焊。20 世纪 40 年代初，由于航空、核能等技术的发展，迫切需要轻金属或合金，如铝、镁、钛、锆及其合金等。这些材料的化学性能活泼，产品对焊接质量的要求又很高，氩弧焊就是为了满足上述要求而发展起来的新的焊接方法。20 世纪 50 年代又相继出现了二氧化碳焊等各种气体保护电弧焊，以及随后出现的焊接高熔点金属材料的等离子弧焊。

各种焊接方法的问世，促进了弧焊电源与设备的飞速发展，20 世纪 40 年代开始出现了用硒片制成的弧焊整流器。到了 20 世纪 50 年代末，由于大容量的硅整流器件、晶闸管的问

世，为发展新的弧焊整流器开辟了道路。20 世纪 70 年代以来，又相继成功研制了脉冲弧焊电源、逆变式弧焊电源、矩形波交流弧焊电源。

弧焊电源与设备的飞速发展，不仅表现为种类的大量增加，还表现在广泛应用电子技术、控制技术（PID 控制、模糊控制、人工神经网络技术和智能控制）、计算技术等方面的理论知识和最新成就，来不断提高弧焊电源与设备的质量，改善其性能。例如，采用单旋钮调节，即用一个旋钮就可以对电弧电压、焊接电流和短路电流上升速度等同时进行调节，并获得最佳配合；通过电子控制电路获得多种形状的外特性以适应各种弧焊工艺的需要；采用多种电压、电流波形，以满足某些弧焊工艺的特殊需要；采用电压和温度补偿控制；设置电流递增和电流衰减环节，以防止引弧冲击和提高填满弧坑的质量；采用计算机控制，具有记忆、预置焊接参数和在焊接过程中自动变换焊接参数等功能，使弧焊电源与设备智能化。

目前，我国弧焊电源与设备制造、研究的状况，与正在蓬勃发展的国民经济的需要不相适应，产品的品种、数量、质量、性能和自动化程度还远远不能满足使用部门的要求，与世界工业发达国家比较，尚存在较大差距。为了适应我国经济发展的需要，必须努力从事弧焊电源与设备的研制，充分利用电子技术、计算机技术和大功率电子器件，不断提高产品质量；大力发展高效、节能、性能良好的新型弧焊电源与设备，积极研制微机控制的弧焊电源与设备，从而把弧焊电源与设备的发展推向一个新阶段。

第一单元　焊接电弧及对弧焊电源的要求

学习目标： 掌握焊接电弧的物理本质、形成、结构和伏安特性，深入了解焊接电弧的电特性及交流电弧燃烧的特点；掌握焊接电弧对弧焊电源外特性、空载电压、调节特性和动特性的要求。

模块一　焊接电弧的物理本质和引燃

电弧是电弧焊的热源，而弧焊电源则是电弧能量的供应者。弧焊电源电特性的好坏会影响到电弧燃烧的稳定性，而电弧是否稳定燃烧又直接影响焊接过程的稳定性和焊缝的质量。所以必须先了解焊接电弧的物理本质和电特性，然后才能进而研究电弧对弧焊电源电气性能的要求。

一、气体原子的激发、电离和电子发射

中性气体本不能导电，为了在气体中产生电弧而通过电流，就必须使气体分子（或原子）电离成为正离子和电子。而且，为了使电弧维持燃烧，要求电弧的阴极不断发射电子，这就必须不断地输送电能给电弧，以补充能量的消耗。

可见，焊接电弧也是气体放电的一种形式，和其他气体放电的区别在于它的阴极压降低，电流密度大，而气体的电离和电子发射是电弧中最基本的物理现象。

（一）气体原子的激发与电离

1. 气体原子的激发

如果气体原子得到了外加的能量，电子就可能从一个较低的能级跳跃到另一个较高能级，这时原子处于“激发”状态。使原子跃至“激发”状态所需的能量，称为激发能。

2. 气体原子的电离

使电子完全脱离原子核的束缚形成正离子和自由电子的过程，称为电离。由原子形成正离子所需的能量称为电离能，以 E_I 表示。

在焊接电弧中，根据引起电离的能量来源，有如下三种电离形式：

（1）撞击电离　在电场中，被加速的带电质点（电子、离子）与中性质点（原子）碰撞后发生的电离。

（2）热电离　在高温下，具有高动能的气体原子（或分子）互相碰撞而引起的电离。

（3）光电离　气体原子（或分子）吸收了光射线的光子能而产生的电离。

气体原子在产生电离的同时，带异性电荷的质点也会发生相互碰撞，使正离子和电子复

合成中性质点，即产生中和现象。当电离速度和复合速度相等时，电离就趋于相对稳定的动平衡状态。应指出，原子或分子除释放出自由电子形成正离子和电子之外，有时在电离气体中还存在着原子或分子与电子结合成为负离子的过程，所产生的负离子对电弧的稳定性有不利的影响。

各种元素吸附电子形成负离子的倾向决定于它与电子亲和能的大小，以 E_q 表示。电子亲和能愈大的元素形成负离子的倾向愈大。而元素的电子亲和能的大小是由原子构造所决定的。卤族元素（F、Cl、Br、I等）的电子亲和能最大。在电弧中可能遇到的O、O_2、OH、NO_2、H_2O、Li等气体具有一定的电子亲和能，所以都可能形成负离子。几种常见气体和元素的电子亲和能 E_q 见表1-1。

表1-1　电弧中常见气体及元素的电离能 E_I、逸出功 W_y、亲和能 E_q

气体	E_I/eV	E_q/eV	元素	E_I/eV	E_q/eV	W_y/eV	元素	E_I/eV	E_q/eV	W_y/eV
He	24.58	<0	Al	5.98	0.52～1.19	4.25	Cs	3.38	0.23	1.81
Ar	15.76	<0	Cr	6.76	0.98	4.29	Pd	4.18	0.27	2.16
N_2	15.50	<0	Ti	6.82	0.39	3.95	K	4.34	0.30	2.22
N	14.53	0.54	Mo	7.10	1.3	4.29	Na	5.14	0.35	2.33
H_2	15.60	<0	Mn	7.43	—	3.38	Ba	5.21	—	2.4
H	13.60	0.8	Ni	7.63	1.28	4.91	Li	5.39	0.616	2.3
O_2	12.5	0.44	Mg	7.64	—	3.64	La	5.61	—	3.3
O	13.61	2.0	Cu	7.72	1.8	4.36	Ca	6.11	—	2.96
CO_2	13.8	—	Fe	7.87	0.58	4.40	B	8.30	0.3	4.30
CO	14.01	—	W	7.98	—	4.50	I	10.45	3.17	2.8～6.8
HF	15.57	—	Si	8.15	1.46	4.80	Br	11.84	3.51	—
			Cd	8.99	—	4.10	Cl	13.01	3.76	—
			C	11.26	1.33	4.45	F	17.42	3.62	—

（二）电子发射

在阴极表面的原子或分子，接受外界的能量而释放自由电子的现象称为电子发射。

电子发射所需的能量称为逸出功，以 W_y 表示。物质的逸出功一般约为电离能的1/4～1/2。逸出功不仅与元素种类有关（见表1-1），也与物质表面状态有很大关系。表面有氧化物或其他杂质时均可以显著减少逸出功。例如，钨极上含有钍或铈的氧化物时，其电子发射能力明显提高。

电子发射是引弧和维持电弧稳定燃烧的一个很重要的因素。按其能量来源的不同，可分为热发射、光电发射、重粒子碰撞发射和强电场作用下的自发射等。

(1) 热发射　物质的固体或液体表面受热后，其中某些电子具有大于逸出功的动能而逸出到表面外的空间中去的现象称为热发射。热发射在焊接电弧中起着重要作用，它随着温度上升而增强。

(2) 光电发射　物质的固体或液体表面接受光射线的能量而释放出自由电子的现象称为光电发射。对于各种金属和氧化物，只有当光射线波长小于能使它们发射电子的极限波长时，才能产生光电发射。

(3) 重粒子撞击发射　能量大的重粒子（如正离子等）撞到阴极上，引起电子的逸出，称为重粒子撞击发射。重粒子能量愈大，电子发射愈强烈。

(4) 强电场作用下的自发射　物质的固体或液体表面，虽然温度不高，但当存在强电场并在表面附近形成较大的电位差时，使阴极有较多的电子发射出来，这就称为强电场作用下的自发射，简称自发射。电场愈强，发射出的电子形成的电流密度就愈大。自发射在焊接电弧中也起重要作用，特别是在非接触式引弧时，其作用更明显。

综上所述，焊接电弧是气体放电的一种形式。焊接电弧的形成和维持是在电场、热、光和质点动能的作用下，气体原子不断被激发、电离以及电子发射的结果。同时，也存在负离子的产生、正离子和电子的复合。

二、焊接电弧的引燃

焊接电弧的引燃（引弧）一般有两种方式：接触引弧和非接触引弧。引弧过程的电压、电流的变化，大致如图 1-1 所示。

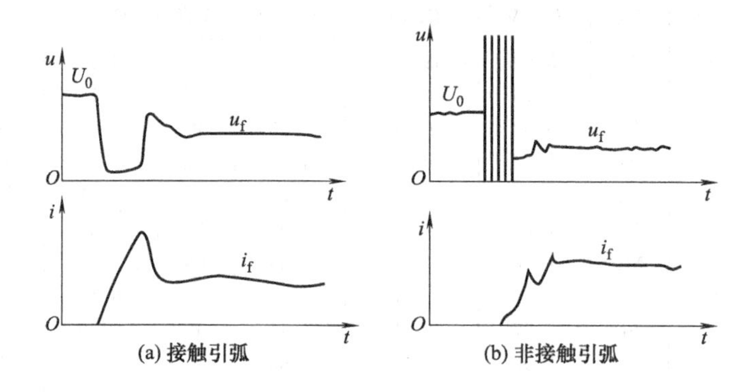

图 1-1 引弧过程的电压、电流变化

U_0—空载电压；u_f—电弧电压；i_f—电弧电流

（一）接触引弧

接触引弧即是在弧焊电源接通后，电极（焊条或焊丝）与工件直接短路接触，随后拉开，从而把电弧引燃起来。这是一种最常用的引弧方式。

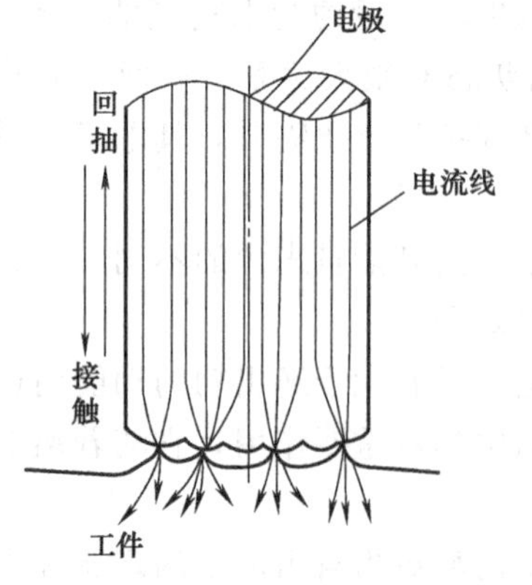

图 1-2 接触引弧示意图

由于电极和工件表面都不是绝对平整的，在短路接触时，只是在少数突出点上接触，见图 1-2。通过这些接触点的短路电流，比正常的焊接电流要大得多。而接触点的面积又小，因此电流密度极大。这就可能产生大量的电阻热使电极金属表面发热、熔化，甚至汽化，引起热发射和热电离。随后在拉开电极的瞬间，电弧间隙极小，只有 10^{-6} cm 左右，使其电场强度达到很大的数值（可达 10^6 V/cm）。这样，即使在室温下都可能产生明显的自发射，在强电场作用下又使已产生的带电质点被加速、互相碰撞，引起撞击电离。随着温度的增加，光电离和热电离也进一步加强，使带电质点的数量猛增，从而能维持电弧的稳定燃烧。在电弧引燃之后，电离和中和（消电离）处于动平衡状态。由于弧焊电源不断供以电能，新的带电质点不断得到补充，弥补了消耗的带电质点和能量。焊条电弧焊和熔化极气体保护焊都采用这种引弧方式。

（二）非接触引弧

它是指在电极与工件之间存在一定间隙，施以高电压击穿间隙，使电弧引燃。

非接触引弧需采用引弧器才能实现，它可分为高频高压引弧和高压脉冲引弧，如图 1-3 所示。高压脉冲的频率一般为 50Hz 或 100Hz，电压峰值为 3000～5000V；高频高压引弧则需用高频振荡器，它每秒振荡 100 次，每次振荡频率为 150～260kHz，电压峰值为 2000～3000V。

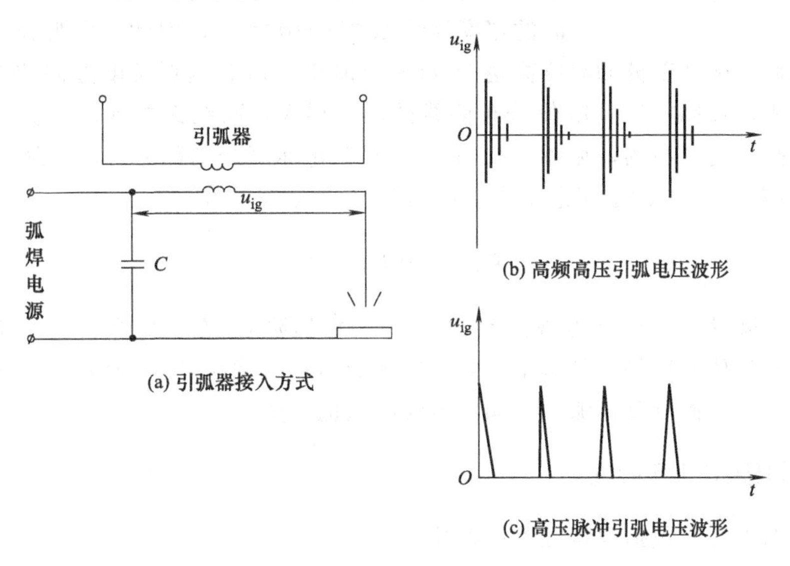

图 1-3　高频和脉冲引弧示意图

u_{ig}—引弧器电压；t—时间

可见，这是一种依靠高电压使电极表面产生电子的自发射，而把电弧引燃的方法，这种引弧方法主要应用于钨极氩弧焊和等离子弧焊。引弧时，电极不必与工件短路，这样不仅不会污染工件和电极的引弧点，而且也不会损坏电极端部的几何形状，还有利于电弧的稳定燃烧。

三、焊接电弧的种类

焊接电弧的性质与供电电源的种类、电弧的状态、电弧周围的介质以及电极材料有关。按照不同的方法，可作出如下的分类。

① 按电流种类可分为：交流电弧、直流电弧和脉冲电弧（包括高频脉冲电弧）。

② 按电弧状态可分为：自由电弧和压缩电弧。

③ 按电极材料可分为：熔化极电弧和非熔化极电弧。

④ 按电弧周围介质可分为：明弧和埋弧。

模块二　焊接电弧的结构和伏安特性

前面分析了焊接电弧的物理本质和形成。现在介绍它的结构和电特性，即伏安特性，包括静特性和动特性。直流电弧和交流电弧是焊接电弧的两种最基本的形式。为了便于理解，

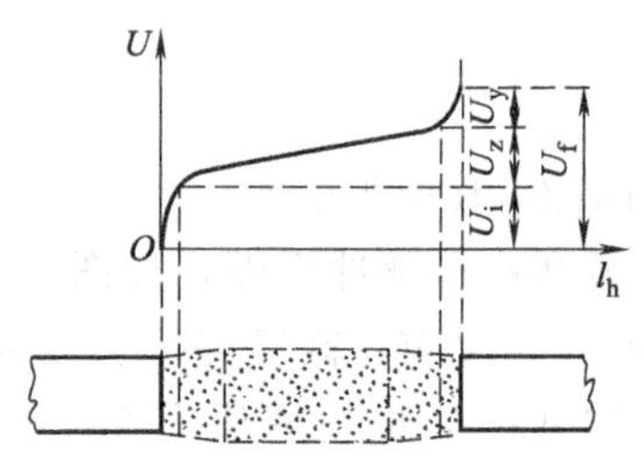

图 1-4 电弧结构和电位分布

首先从直流焊接电弧（以下简称焊接电弧）入手讨论。

一、焊接电弧的结构及压降分布

电弧沿着其长度方向分为三个区域，见图 1-4。电弧与电源正极所接的一端称阳极区，与电源负极相接的那端称阴极区。阴极区与阳极区之间的部分称弧柱区，或称正柱区、电弧等离子区。阴极区的宽度仅约 $10^{-5}\sim10^{-6}$cm，而阳极区的宽度仅约 $10^{-3}\sim10^{-4}$cm，因此，电弧长度可以认为近似等于弧柱长度。弧柱部分的温度高达 5000～50000K。沿着电弧长度方向的电位分布是不均匀的。在阴极区和阳极区，电位分布曲线的斜率很大，而在弧柱区电位分布曲线则较平缓，并可认为是均匀分布的，见图 1-4。这三个区的电压降分别称为阴极压降 U_i、阳极压降 U_y 和弧柱压降 U_z。它们组成了总的电弧电压 U_f，并可表示为：

$$U_f=U_i+U_y+U_z \tag{1-1}$$

由于阳极压降基本不变（可视为常数）；而阴极压降 U_i 在一定条件下（指的是电弧电流、电极材料和气体介质等）基本上也是固定的数值；弧柱压降 U_z 则在一定气体介质下与弧柱长度成正比。显而易见，弧长不同，电弧电压也不同。

二、焊接电弧的电特性

焊接电弧的电特性包括静特性和动特性。

（一）焊接电弧的静特性

一定长度的电弧在稳定状态下，电弧电压 U_f 与电弧电流 I_f 之间的关系，称为焊接电弧的静态伏安特性，简称伏安特性或静特性，可表示为：

$$U_f=f(I_f) \tag{1-2}$$

焊接电弧是非线性负载，即电弧两端的电压与通过电弧的电流之间不是成正比例关系。当电弧电流从小到大在很大范围内变化时，焊接电弧的静特性近似呈 U 形曲线，故也称为 U 形特性，如图 1-5 所示。

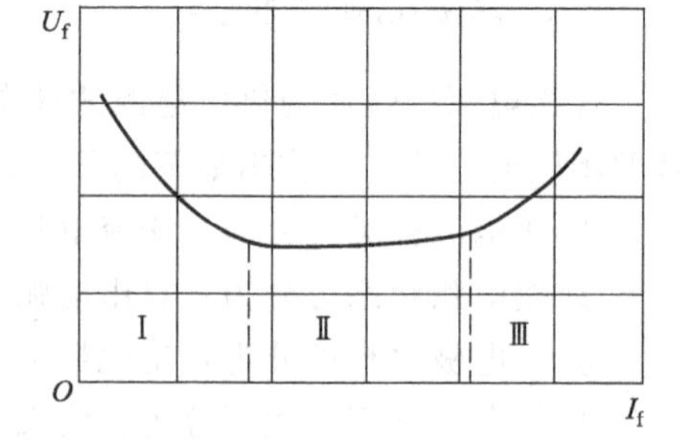

图 1-5 焊接电弧的静特性曲线的形状

U 形静特性曲线可看成由三段（Ⅰ、Ⅱ、Ⅲ）组成。在Ⅰ段，电弧电压随电流的增加而下降，是下降特性段；在Ⅱ段，呈等压特性，即电弧电压不随电流而变化，是平特性段；在Ⅲ段，电弧电压随电流增加而上升，是上升特性段。

现在研究静特性各段形状的形成机理。由式 (1-1) 可知，电弧电压是阴极压降、阳极压降和弧柱压降之和。因此，只要弄清每个区域的压降和电流的关系，则不难理解为何会形成 U 形特性。

在阳极区，阳极压降 U_y，基本上与电流无关，$U_y=f(I_f)$ 为一水平线，见图 1-6U_y 曲线。

在阴极区，当电弧电流 I_f 较小时，阴极斑点（在阴极上电流密度高的光点）的面积 S_i 小于电极端部的面积。这时，S_i 随 I_f 增加而增大，阴极斑点上的电流密度 $j_i=\frac{I_f}{S_z}$ 基本上不变。这意味着阴极的电场强度不变，因而 U_i 也不变。此时，$U_i=f(I_f)$ 为一水平线。到了阴极斑点面积和电极端部面积相等时，I_f 继续增加，则 S_i 不能再扩张，于是 j_i 也就随着增大了。这势必造成 U_i 增大，以加剧阴极的电子发射。因此，U_i 随 I_f 的增大而上升，见图 1-6 U_i 曲线。

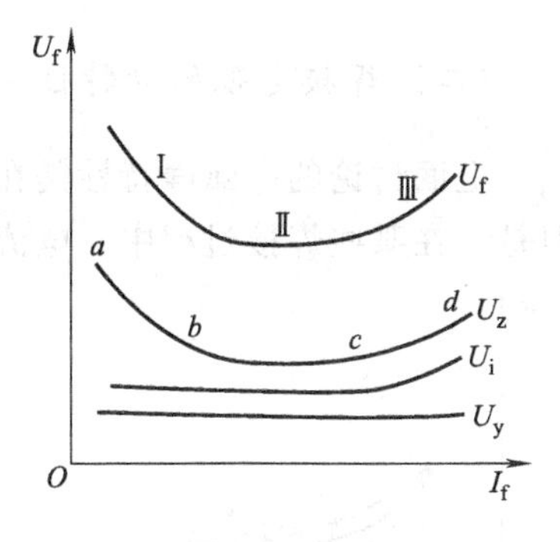

图 1-6　电弧各区域的压降与电流的关系图

在弧柱区，可以把弧柱看成是一个近似均匀的导体，其电压降可表示为：

$$U_z=I_fR_z=I_f\frac{l_z}{S_zr_z}=j_z\frac{l_z}{r_z} \tag{1-3}$$

式中，R_z 为弧柱电阻；l_z 为弧长度；S_z 为弧柱截面积；r_z 为弧柱的电导率；j_z 为弧柱的电流密度。

可见，当弧柱长 l_z 一定时，U_z 与 j_z 和 r_z 有关。可把 U_z 与 I_f 的关系分为 ab、bc、cd 三段（见图 1-6 的 U_z 曲线）来分析。

在 ab 段：电弧电流较小，S_z 随 I_f 的增加而扩大，而且 S_z 扩大较快，使 $j_z=\frac{I_f}{S_z}$ 大大降低。同时，I_f 增加使弧柱的温度和电离度均增高，因而 r_z 增大。由式（1-3）可见，j_z 减小和 r_z 增大，都会使 U_z 下降，所以 ab 段是下降形状。

在 bc 段：电弧电流中等大小，S_z 随 I_f 成比例地增大，j_z 基本不变；此时 r_z 不再随温度增加。故 $U_z=j_z\frac{l_z}{r_z}\approx$ 常数，bc 段为水平形状。

在 cd 段：电弧电流很大，随着 I_f 的增加，r_z 仍基本不变，但 S_z 不能再扩大了，j_z 随着 I_f 的增加而增加，所以 U_z 随 I_f 的增加而上升。cd 段为上升形状。

综上所述，把 U_y、U_i 和 U_z 的曲线叠加起来，即得到 U 形静特性曲线——$U_f=f(I_f)$。

对于各种不同的焊接方法，它们的电弧静特性曲线是有所不同的，而且在其正常使用范围内，并不包括电弧静特性曲线的所有部分。静特性的下降段由于电弧燃烧不稳定而很少采用。焊条电弧焊、埋弧焊多半工作在静特性的水平段，即电弧电压只随弧长而变化，与焊接电流关系很小；非熔化极气体保护焊、微束等离子弧焊、等离子弧焊也多半工作在水平段；当焊接电流较大时才工作在上升段；熔化极气体保护焊（氩弧焊和 CO_2 焊）和水下焊接基本上工作在上升段。几种常用焊接方法的电弧静特性曲线，见图 1-7。

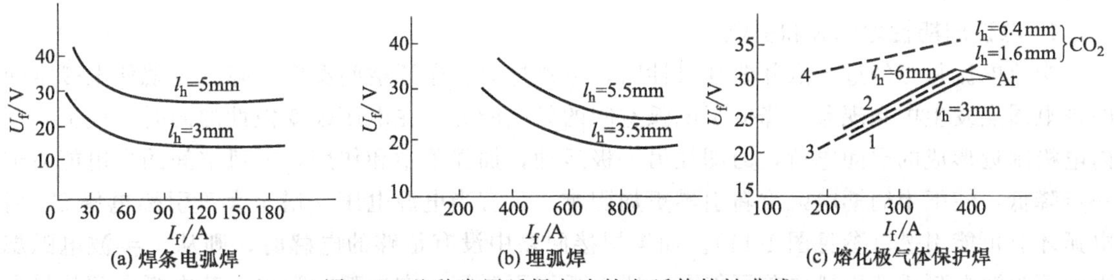

图 1-7　几种常用弧焊方法的电弧静特性曲线

（二）焊接电弧的动特性

上面讨论的电弧静特性是在稳定状态下得到的，例如图 1-8 中的 $abcd$ 电弧静特性曲线。但是，在某些焊接过程中，电流和电压都在高速变动的时候，使电弧达不到稳定状态。

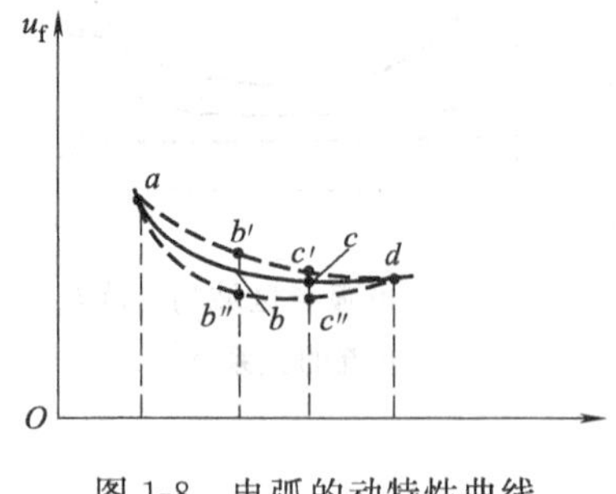

图 1-8 电弧的动特性曲线

所谓焊接电弧的动特性，是指在一定的弧长下，当电弧电流很快变化的时候，电弧电压和电流瞬时值之间的关系——$u_f=f(i_f)$。

如果图 1-8 中的电流由 a 点以很快的速度连续增加到 d 点，则随着电流增加，使电弧空间的温度升高。但是后者的变化总是滞后于前者。这种现象称为热惯性。当电流增加到 i_b 时，由于热惯性关系，电弧空间温度还没达到 i_b 时稳定状态的温度。由于电弧空间温度低，弧柱导电性差，阴极斑点与弧柱截面积增加较慢，维持电弧燃烧的电压不能降至 b 点，而将提高到 b' 点。以此类推，对应于每一瞬间电弧电流的电弧电压，就不在 $abcd$ 实线上，而是在 $ab'c'd$ 虚线上。这就是说，在电流增加的过程中，动特性曲线上的电弧电压比静特性曲线上的电弧电压值高；反之，当电弧电流由 i_d 迅速减小到 i_a 时，同样由于热惯性的影响，电弧空间温度来不及下降。此时，对应每一瞬时电弧电流的电压将低于静特性之电压，而得到 $ab''c''d$ 曲线。图中的 $ab''c''d$ 和 $dc'b'a$ 曲线为电弧的动特性曲线。电流按不同规律变化时将得到不同形状的动特性曲线。电流变化速愈小，静、动特性曲线就愈接近。

模块三 交流电弧

交流电弧的引燃和燃烧，就其物理本质而言，与上述的直流电弧相同。交流电弧也是非线性的。上述的焊接电弧静特性对于交流电弧也是适用的。这时，U_f 和 I_f 分别表示电弧电压和电弧电流的有效值。但是，交流电弧作为弧焊电源的负载，还有其特殊性。因此，在确定对弧焊电源的要求之前，还必须研究交流电弧的特点。

一、交流电弧的特点

交流电弧一般是由 50Hz 按正弦规律变化的电源供电。每秒内电弧电流 100 次过零点，即电弧的熄灭和引燃过程每秒出现 100 次。这就使交流电弧放电的物理条件也随着改变，具有特殊的电和热的物理过程，这对电弧的稳定燃烧和弧焊电源的工作有很大的影响。交流电弧的特点如下。

1. 电弧周期性地熄灭和引燃

交流电流每当经过零点并改变极性时，电弧熄灭、电弧空间温度下降。这就使电弧空间的带电质点发生中和现象，降低了电弧空间的导电能力。在电压改变极性的同时，使上半周内电极附近形成的空间电荷，力图往另一极运动，加强了中和作用，电弧空间的导电能力进一步降低，使下半周期电弧重新引燃更加困难。只有当电源电压 u 增至大于引燃电压 U_{yh} 后电弧才有可能引燃（参见图 1-11）。如果焊接回路中没有足够的电感时，则从上半波电弧熄灭至下半波电弧重新引燃之前可能有一段电弧熄灭时间。在熄弧时间内，若电弧空间热量愈少、温度下降愈严重，将使 U_{yh} 增大、熄弧时间增长，电弧也愈不稳定。若 $U_{yh}>U_m$（电源电压最大值），就不能重新引燃电弧。

2. 电弧电压和电流波形发生畸变

由于电弧电压和电流是交变的，电弧空间和电极表面的温度也就随时变化。因而，电弧电阻不是常数，也将随电弧电流 i_f 的变化而变化。这样，当电源电压 u 按正弦规律变化时，电弧电压 u_f 和电流 i_f 就不按正弦规律变化，而发生了波形畸变。电弧愈不稳定（U_{yh} 愈大，熄弧时间愈长），电流波形暗变就愈明显（即与正弦曲线的差别愈大）。图 1-9（a）就是电弧不连续燃烧，发生畸变的电弧电压及电流的波形。图 1-9（b）则为电弧连续燃烧的电弧电压及电流的波形。

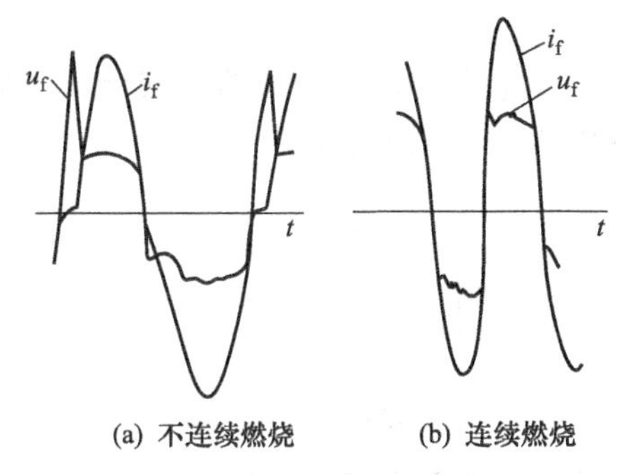

(a) 不连续燃烧　(b) 连续燃烧

图 1-9　埋弧焊电弧电压和电流波形图

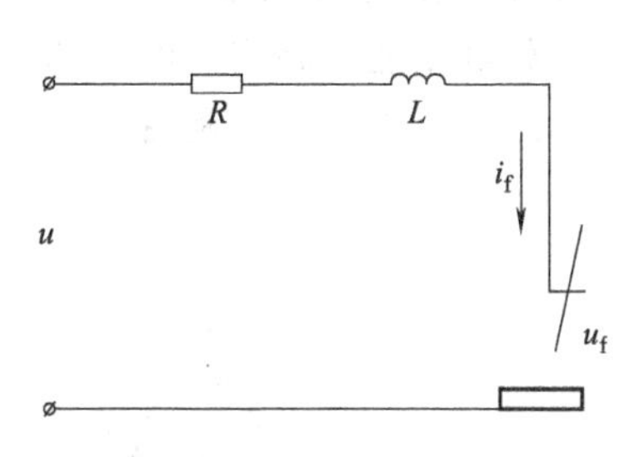

图 1-10　交流电弧供电原理简图

3. 热惯性作用较为明显

由于 u_f、i_f 变化得很快，电及热的变化来不及达到稳定状态，使电弧温度的变化落后于电流的变化。这可由电弧的动特性曲线 $u_f=f(i_f)$ 表明。

二、交流电弧连续燃烧的条件

交流电弧燃烧时若有熄弧时间，则熄弧时间愈长，电弧就愈不稳定。为了保证焊接质量，必须将熄弧时间减小至零，使交流电弧能连续燃烧。

图 1-10 是经过简化的交流电弧供电原理图。u 为按正弦曲线变化的电源电压，R 为电路的电阻参数，L 为电感。这一电路的电源电压 u、电弧电压 u_f 和电弧电流 i_f 随时间的变化曲线，如图 1-11 所示。

由于电路中存在电感 L，所以电流 i_f 比电源电压 u 滞后了 φ 角。要使电弧连续燃烧，首先要保证每半波内电弧能够顺利引燃。这就要求在前半波电流为零时（图中 $t=0$）的电源电压 u 应大于交流电弧的引燃电压 U_{yh}。即 $t=0$ 时：

$$u=U_m\sin\varphi\geqslant U_{yh} \tag{1-4}$$

在电弧燃烧过程中，电弧空间温度升高，导电性能改善，所以可近似地认为，引燃电压 U_{yh} 接近等于正常电弧电压 U_f。电弧引燃后，电弧电流 i_f 从零开始增大。当电源电压 u 下降到小于 u_f 时，i_f 开始减小，于是产生自感电势 $-L\dfrac{di_f}{dt}$，以阻止电弧电流 i_f 减小，而起着维持电弧继续燃烧的作用。在每半波时间内，L 愈大，在电源电压过零之后电弧能维持燃烧的时间也就愈长。

由此可见，要使电弧能连续燃烧，就必须使电弧电流能维持到半个周期。这样，当电弧

电流 i_f 又为零而要改变极性时，电源电压 u 已经在另一半波达到电弧的引燃电压 U_{yh}。于是电弧可以在另一半波立即引燃，使熄弧时间为零。图 1-11（a）所示的波形是符合这个连续燃烧的临界条件的。

三、提高交流电弧稳定性的措施

1. 提高弧焊电源频率

有的国家曾采用一种 200～400Hz 可连续调节的弧焊电源。由于此种弧焊电源结构复杂、成本高，故很少使用。近几年来由于大功率电子元件和电子技术的发展，采用较高频率的交流弧焊电源已成为现实。

2. 提高电源的空载电源

提高空载电压能提高交流电弧的稳定性。但空载电压高会带来对人身的不安全、增加材料消耗、降低功率因数等不利后果，所以，提高空载电压是有限度的。

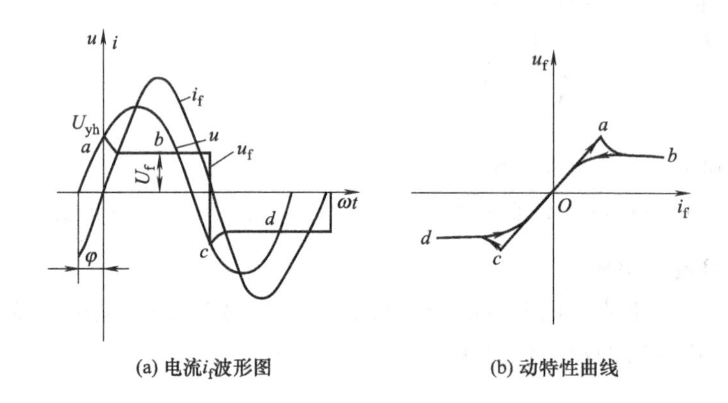

图 1-11 交流电源电压 u、电弧电压 u_f

3. 改善电弧电流的波形

如使电弧电流波形为矩形波，则电弧电流过零点时将具有较大的增长速度，从而可减小电弧熄灭的倾向，其电流波形如图 1-12 所示。

此外，还可采用小功率高压辅助电源，在交流矩形波（方波）过零点处叠加一个高压窄矩形波，如图 1-13 所示。

由于晶闸管技术的发展，已经出现多种形式的矩形波弧焊电源，其稳弧效果良好。这种电源甚至可用于不加稳弧装置的氩弧焊接，以及代替直流弧焊电源用于碱性焊条的焊接等等。

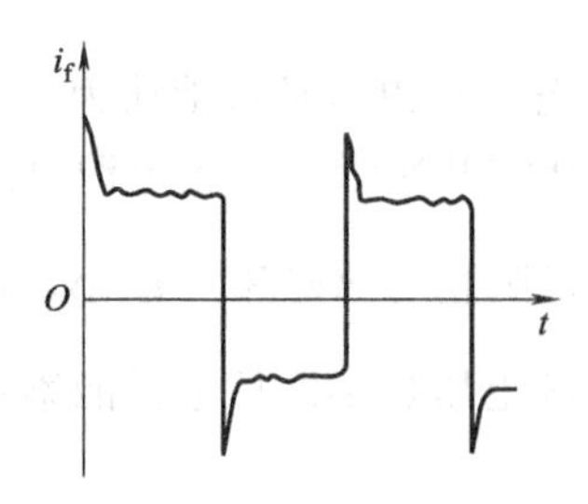

图 1-12 矩形波电流波形图

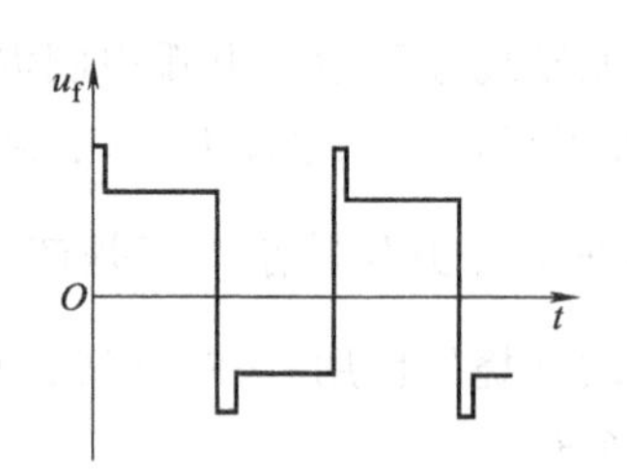

图 1-13 叠加高压小矩形波波形

4. 叠加高压电

例如在钨极交流氩弧焊焊接铝时，由于铝工件的热容量和热导率高，熔点低，尺寸又大，因而其为负极性的半周再引弧困难。为此，需在这个半周再引弧时，加上高压脉冲或高频高压电，使电弧稳定燃烧。

模块四 对弧焊电源的基本要求

弧焊电源是电弧焊机中的核心部分，是用来对焊接电弧提供电能的一种专用设备。对它的要求有与一般电力电源相同之处，例如从经济观点出发，要求结构简单轻巧、制造容易、消耗材料少、节省电能、成本低；从使用观点出发，要求使用方便、可靠、安全、性能良好和容易维修。

然而，在弧焊电源的电气特性和结构方面，还具有不同于一般电力电源的特点。这主要是由于弧焊电源的负载是电弧，它的电气性能就要适应电弧负载的特性。因此，弧焊电源需具备工艺适应性，即应满足弧焊工艺对电源的下述要求：

① 保证引弧容易；

② 保证电弧稳定；

③ 保证焊接规范稳定；

④ 具有足够宽的焊接规范调节范围。

为满足上述工艺要求，弧焊电源的电气性能应考虑以下四个方面：

① 对弧焊电源外特性的要求；

② 对弧焊电源空载电压的要求；

③ 对弧焊电源调节性能的要求；

④ 对弧焊电源动特性的要求。

上述几点是对弧焊电源的基本要求。此外，在特殊环境下（如高原、水下和野外焊接等）工作的弧焊电源，还必须具备相应的对环境的适应性。为适应新型弧焊工艺发展的需要，必须研制出具有相应电气性能的新型弧焊电源，即随着焊接工艺的发展对弧焊电源还可能提出新的要求。

一、对弧焊电源外特性的要求

（一）电源的外特性

“电源”这一术语的含义，是指对负载供以电能的装置。弧焊电源是对焊接电弧供以电能的装置。例如，弧焊变压器、弧焊整流器、弧焊逆变器、弧焊发电机等。

在电源内部参数一定的条件下，改变负载时，电源输出的电压稳定值 U_y，与输出的电流稳定值 I_y 之间的关系曲线——$U_y=f(I_y)$ 称为电源的外特性。对于直流电源，U_y 和 I_y 为平均值，对于交流电源则为有效值。

一般直流电源的外特性方程式为：

$$U_y=E-I_yr_0$$

式中，E 为直流电源的电动势；r_0 为电源内部电阻。

当内阻 $r_0>0$ 时，随着 I_y 增加，U_y 下降，即其外特性是一条下倾直线，如图 1-14 所示。而且 r_0 愈大，外特性下倾程度愈大。

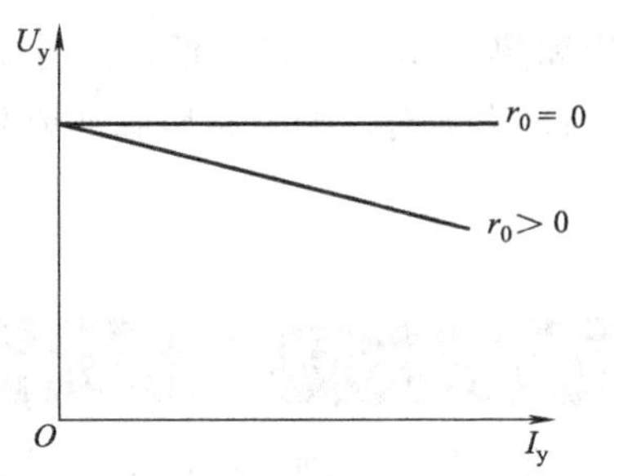

图 1-14 一般直流电源的外特性

当内阻 $r_0=0$ 时，则 $U_y=E_0$，这时输出电压不随电流变化，电源的外特性平行于横轴，称为平特性或恒压性。

对于一般负载，如电灯、电炉等，要求供电的电源内阻 r_0 愈小愈好，即外特性尽可能接近于平的。就是说，应能基本上保持电力电源输出的电压稳定不变。这样，与电源并联运行的某一个负载变化时，就不会影响其他负载的运行。

对于弧焊电源来说，它的供电对象不是电灯、电炉这样的线性电阻性负载，而是特殊的负载——电弧。那么，它要有怎样的外特性才能确保其稳定地工作呢？这是需要深入讨论的。

（二）“电源-电弧”系统的稳定性

在电弧焊接过程中，电源起供电作用，电弧是作为供电对象而用电，从而构成“电源-电弧”系统，如图 1-15 所示。

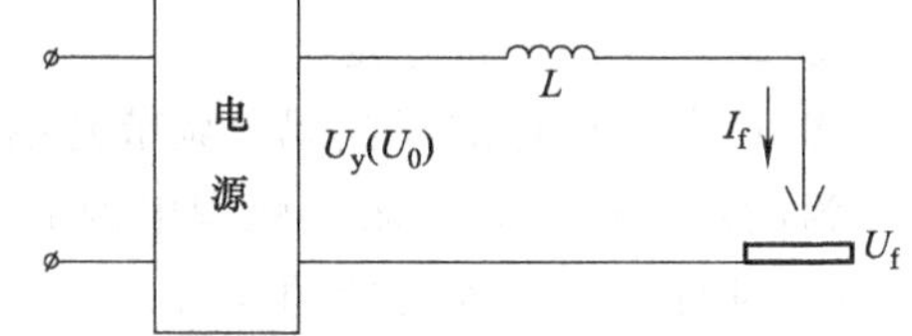

图 1-15 “电源-电弧”系统电路

所谓“电源-电弧”系统的稳定性应包含两方面的含义：

① 系统在无外界因素干扰时，能在给定电弧电压和电流下，维持长时间的连续电弧放电，保持静态平衡。此时应有如下关系：

$$U_f=U_y,\ I_f=I_y \tag{1-5}$$

式中，U_y 和 I_f 为电弧电压和电弧电流的稳定值。

为满足式 (1-5)，电源外特性 $U_y=f(I_y)$ 与电弧静特性 $U_f=f(I_f)$ 必须能够相交，如图 1-16 (a) 所示，电源外特性 1 与电弧静特性 2 相交于 A_0 和 A_1 点。这两个交点确定了系统的静态稳定状态。但在实际焊接过程中，由于操作不稳定、工件表面不平和电网电压突然变化等外界干扰的出现，都会破坏这种静态平衡。

② 当系统一旦受到瞬时的外界干扰，破坏了原来的静态平衡，造成了焊接规范的变化。但当干扰消失之后，系统能够自动地达到新的稳定平衡，使得焊接工艺参数重新恢复。

现分析为了满足上述系统稳定性要求的条件。为了分析方便，暂不考虑熔化极的电弧自身调节作用，只考虑焊接电路电感的影响。

图 1-15 所示系统的动平衡方程式是

$$U_y(I)=U_f(I)+L\frac{\mathrm{d}I}{\mathrm{d}t} \tag{1-6}$$

由图 1-16 可见，假定在时间 $t=0$ 时，由于某种因素的影响，引起电弧电流向减小的方向偏移了 ΔI_f。当外干扰消除后这个电流偏差值 ΔI_f 也要变化。用 Δi_f 表示其偏差瞬时值。则在 $t>0$ 时，电路中电流 I 应为原来的稳定值 I_f 与此刻的偏差值 Δi_f 之和，即

$$I=I_f+\Delta i_f$$

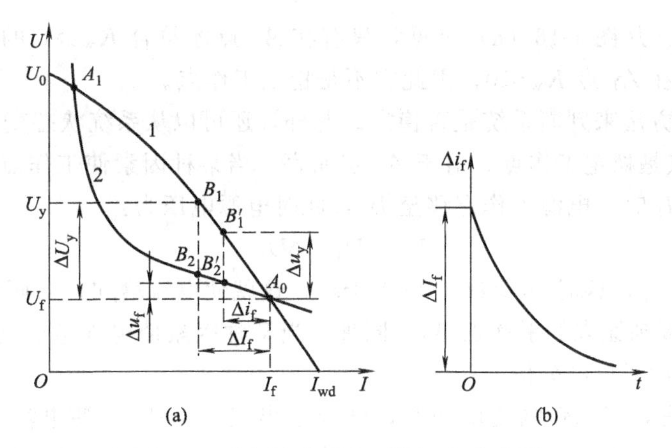

图 1-16　“电源-电弧”系统工作状态图

此时，式（1-6）应写成

$$U_y(I_f+\Delta i_f)=U_f(I_f+\Delta i_f)+L\frac{d(I_f+\Delta i_f)}{dt} \tag{1-7}$$

电源外特性和电弧静特性一般是非线性的，但对应于 ΔI_f 不大的 A_0B_1 和 A_0B_2 线段内可近似地认为是直线，并与 A_0 点上特性曲线的切线相重合。对应于 B_1'、B_2'点的电压分别为：

$$U_y(I_f+\Delta i_f)=U_f+\Delta u_y=U_f+\left(\frac{\partial U_y}{\partial I}\right)_{I_f}\Delta i_f$$

$$U_f(I_f+\Delta i_f)=U_f+\Delta u_f=U_f+\left(\frac{\partial U_f}{\partial I}\right)_{I_f}\Delta i_f$$

将上两式代入式（1-7）得：

$$\Delta i_f\left(\frac{\partial U_y}{\partial I}\right)_{I_f}=\Delta i_f\left(\frac{\partial U_f}{\partial I}\right)_{I_f}+L\frac{d(\Delta i_f)}{dt} \tag{1-8}$$

令$\left(\frac{\partial U_f}{\partial I}-\frac{\partial U_y}{\partial I}\right)_{I_f}=K_w$，$K_w$ 称为系统的稳定系数。

于是式（1-8）变成：

$$L\frac{d(\Delta i_f)}{dt}+\Delta i_f K_w=0$$

此式是常系数一阶线性微分方程。考虑初始条件：当 $t=0$ 时，$\Delta i_f=\Delta I_f$。此方程的解为：

$$\Delta i_f=\Delta I_f e^{-\frac{K_w}{L}t} \tag{1-9}$$

从式（1-9）可见，由于电感 L 总是正的，只有 $K_w>0$，电流偏差值 Δi_f 在干扰消失后才会随时间的增长而消失。如图 1-16（b）所示，电流偏差值按指数曲线衰减。因而，可以根据工作点的 K_w 值是否大于零，来判断这个点是不是稳定点。

因而，“电源-电弧”系统的稳定条件是：

$$K_w=\left(\frac{\partial U_f}{\partial I}-\frac{\partial U_y}{\partial I}\right)_{I_f}>0 \tag{1-10}$$

这就是说，电弧静特性曲线在工作点上的斜率$\left(\frac{\partial U_f}{\partial I}\right)$必须大于电源外特性曲线在工作点上的斜率$\left(\frac{\partial U_y}{\partial I}\right)$，由图 1-16 可以看出，当电弧静特性曲线形状一定时，K_w 值取决于电源外特性曲线的形状。从图 1-16（a）可见，只有在 A_0 点才符合 $K_w>0$ 的条件，所以 A_0 点是稳定工作点；而在 A_1 点 $K_w<0$，因此它不是稳定工作点。

上述是用数学方法来判断系统是否稳定。此外，还可以从系统状态变化的物理过程来论证 A_0 与 A_1 哪一点是稳定工作点。对于 A_0 点而言，当某种因素使工作点 A_0 的电弧电流向减小方向偏移了 ΔI_f 时，电源工作点移至 B_1，此时电源电压为：

$$U_y=U_f+\Delta U_y$$

而电弧工作点移至 B_2，这时 $U_y>U_f$，供大于求，这就使电流增加，从而使电弧电流偏移量 ΔI_f 减小，直至恢复到原来的平衡点 A_0。同理，当某种因素使电弧电流向增加方向偏移时，也能自动恢复，请读者自己分析。

对于 A_1 点而言，当电弧电流增加时，同样会出现 $U_y>U_f$，使电流继续增加，直至工作点移至 A_0 点才达到平衡，即不能回到原工作点 A_1。如果电弧电流减小，则出现相反的情况，电流将继续减小直至电弧熄灭。因此，A_1 不是稳定工作点。

“电源-电弧”系统恢复到稳定状态的速度，与电源电压和电弧电压之差值及回路的电感 L 有关［见式（1-9）］。上述电压的差值愈大，即 K_w 愈大；回路电感愈小，则恢复愈快，稳定性愈好。

上面的结论是从直流焊接电弧与电源系统的情况得出的。但其系统的稳定条件（$K_w>0$）也同样适合于交流弧焊电源。

（三）对弧焊电源外特性曲线的要求

电源的外特性形状除了影响“电源-电弧”系统的稳定性之外，还关联着焊接规范的稳定。在外界干扰使弧长变化的情况下，将引起系统工作点移动和焊接规范出现静态偏差。为获得良好的焊缝成形，要求这种焊接规范的静态偏差愈小愈好，亦即要求焊接规范稳定。有时某种形状的电源外特性可满足“电源-电弧”系统的稳定条件，但却不能保证焊接规范稳定。因此，一定形状的电弧静特性需选择适当形状的电源外特性与之相配合，才能既满足系统的稳定条件又能保证焊接规范稳定。此外，电源外特性形状还关系到电源的引弧性能、熔滴过渡过程和使用安全性等，这些也都是考虑对电源外特性要求的根据。

由于在各种弧焊方法中，电弧放电的物理条件和所用的焊接规范不同，使它们的电弧静特性具有不同的形状，因此要分别讨论不同弧焊方法对电源外特性的要求，并分为空载点、工作区段和短路区段三个部分来论述。对于空载点，是讨论对空载电压的要求，对于工作区，是分析对其形状的要求；对于短路区，要说明对其形状和短路电流的要求。

弧焊电源外特性工作区段是指外特性上在稳定工作点附近的区段。

1. 焊条电弧焊

在焊条弧焊中，一般是工作于电弧静特性的水平段上。采用下降外特性的弧焊电源，便可以满足系统稳定性的要求。但是，怎样的下降特性曲线才更合适，还要从保证焊接规范稳定和保证电弧的弹性好来考虑。焊接过程中，由于工件形状不规则或手工操作技能的影响，使电弧长度发生变化时，会引起焊接电流产生偏差。焊接电流静态偏差小，则焊接规范稳定、电弧弹性好。

如图 1-17 所示，当弧长从 l_1 变化到 l_2 时，电弧静特性曲线 l_2 与下降陡度较大的电源外特性曲线 1 的交点由 A_0 移至 A_1，电流偏差为 ΔI_1。而与下降陡度较小的电源外特性曲线 2 的交点由 A_0 移至 A_2，电流偏差为 ΔI_2。显然 $\Delta I_2>\Delta I_1$。当电弧长度增大时，结果相同。

由此可见，在弧长变化时，电源外特性下降的陡度愈大，即 K_w 值愈大，则电流偏差就愈小。这样一方面可使焊接规范稳定，另一方面还可增强电弧弹性。因为弧长增长将使电流减小，当电流减小到一定限度就会导致熄弧。若电源外特性下降陡度大，则允许弧长有较大程度的拉长却不致使电流小于这个限度而熄弧，即电弧弹性好。使用如图 1-17 中曲线 3 所示的垂直下降（恒流）外特性的电源，则焊接规范是最稳定的，电弧弹性也是最好的。但是，其短路电流 I_{wd} 过小，将造成引弧困难，电弧推力弱、熔深浅、而且熔滴过渡困难。然而，当电源外特性过于平缓时，短路电流 I_{wd} 又将过大，使飞溅增大，电弧不够稳定，电弧的弹性也较差。因此，陡度过大和过小的电源均不适合焊条电弧焊，故规定弧焊电源的外特性应满足下式

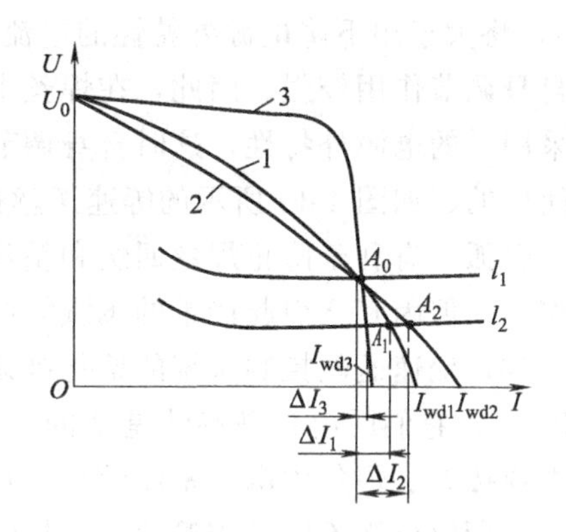

图 1-17 弧长变化时引起的电流偏移量
1,2—缓降特性；3—恒流特性；
l_1,l_2—电弧静特性

$$1.25<\frac{I_{wd}}{I_f}<2$$

最好采用恒流带外拖特性的弧焊电源。它既可体现恒流特性使焊接规范稳定的特点，又通过外拖增大短路电流，提高了引弧性能和电弧熔透能力。而且可以根据焊条类型、板厚和工件位置的不同来调节外拖拐点和外拖部分斜率，以使熔滴过渡具有合适的推力，从而得到稳定的焊接过程和良好的焊缝成形。

2. 熔化极弧焊

熔化极弧焊包括埋弧自动焊、熔化极氩弧焊（MIG）和 CO_2 气体保护焊与含有活性气体的混合气体保护焊（MAG）等。这些弧焊方法，不仅要根据其电弧静特性的形状，而且还要考虑送丝的方式来选择合适的弧焊电源外特性工作部分的形状。根据送丝方式不同，熔化极弧焊可分为下述两种。

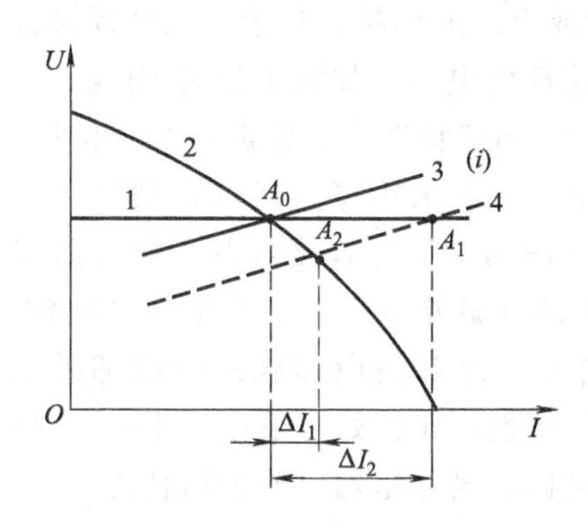

图 1-18 电弧静特性为上升形状时
电源外特性对电流偏差的影响

（1）等速送丝控制系统的熔化极弧焊 CO_2/MAG、MIG 焊或细丝（直径 $\phi\leqslant3$mm）的直流埋弧自动焊，电弧静特性均是上升的。电源外特性为下降、平、微升（但上升的陡度需小于电弧静特性上升的陡度）都可以满足“电源-电弧”系统稳定条件。但这些焊接方法，特别是半自动焊时，由于电极中的电流密度较大，电弧的自身调节作用较强。如图 1-18 所示，曲线 1 和 2 各为近于平的电源外特性和下降的电源外特性，曲线 3 为某一定弧长时的电弧静特性，设分别用这两种电源焊接时稳定工作点都是 A_0。若外界干扰使弧长变短，则电弧静特性曲线变为 4。于是稳定工作点也各自移至 A_1 和 A_2，即比 A_0 点对应的电流有所增大，这势必使焊丝加快熔化，弧长增长，稳定工作点恢复至 A_0；反之，若弧长增长则电流减小，于是焊丝熔化变慢，弧长变短亦能恢复至 A_0 点。这种当弧长变化时，引起电流和焊丝熔化速度变化，使弧长恢复的作用称为电源电弧系统的自身调节作用（以下简称自身调节作用）。由图 1-18 可见，当弧长变化时，用平的电源外特性产生的电流偏差

ΔI_2，将大于用下降电源外特性的电流偏差 ΔI_1。亦即前者的弧长恢复得快，电源电弧系统的自身调节作用较强。因此，在焊丝中电流密度较大、电弧静特性为上升的条件下，应尽可能采用平的电源外特性，这时自身调节作用才足够强烈，可使焊接规范稳定。这样也就可以用简单的、如图 1-19 所示的等速送丝控制系统。此外，用平外特性电源还具有短路电流大，易于引弧、有利于防止焊丝回烧和粘丝等。采用微升外特性的电源固然可进一步增强自身调节作用，但因其会引起严重的飞溅等原因而一般不采用。

(2) 变速送丝控制系统的熔化极弧焊　通常的埋弧焊（焊丝直径大于 3mm）和一部分 MIG 焊，它们的电弧静特性是平的。为满足 $K_w>0$，只能采用下降外特性的电源。而且，这类焊接方法焊丝中电流密度较小，自身调节作用不强，不足以在弧长变化时维持焊接规范稳定，所以也就不宜采用等速送丝控制系统，而应采用如图 1-20 所示的变速送丝控制系统。它是利用电弧电压作为反馈量来调节送丝速度。当弧长增长时，电弧电压增大迫使送丝加快，因而弧长得以恢复。这种强制调节作用的强弱，与电源外特性形状无关。选择较陡的下降外特性，则在弧长变化时引起的电流偏差较小，有利于焊接规范的稳定。

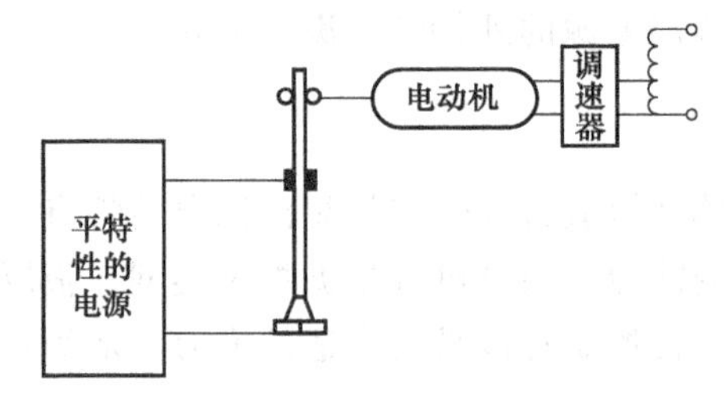

图 1-19　等速送丝控制系统示意图

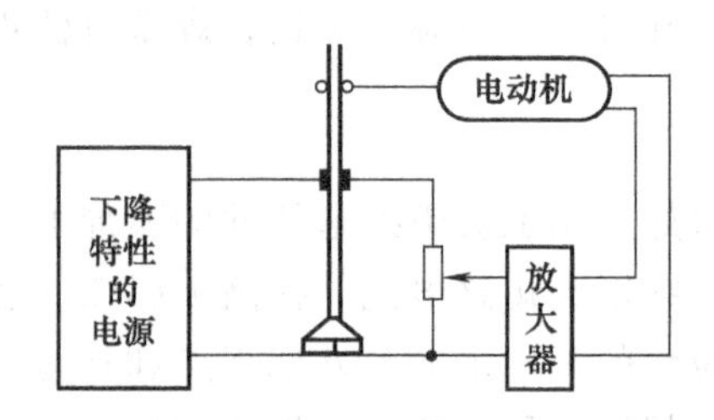

图 1-20　变速送丝控制装置示意图

(3) 非熔化极弧焊　这种弧焊方法包括钨极氩弧焊（TIG）、非熔化极等离子弧焊以及非熔化极脉冲弧焊等。它们的电弧静特性工作部分呈平的或上升的形状。对于这几种焊接方法稳定焊接规范主要是指稳定焊接电流，故最好采用恒流特性的电源。如图 1-17 中曲线 3 所示，当弧长由 l_1 变为 l_2 时，恒流特性的电流偏差 ΔI_3 很小。

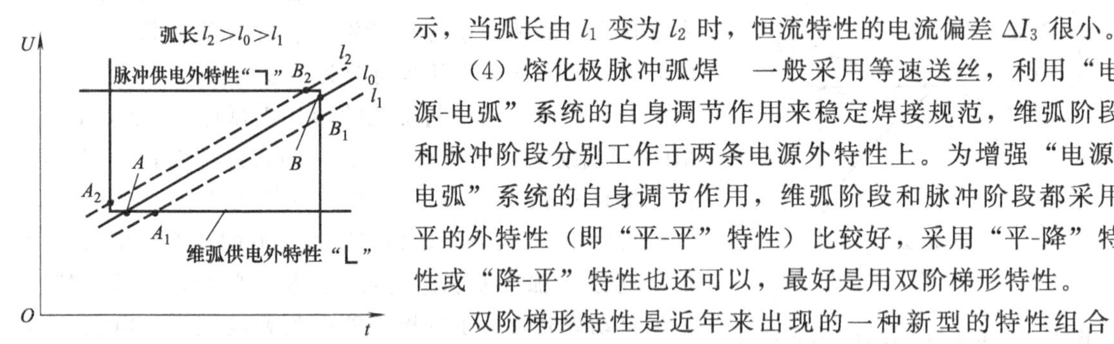

图 1-21　双阶梯形特性

(4) 熔化极脉冲弧焊　一般采用等速送丝，利用“电源-电弧”系统的自身调节作用来稳定焊接规范，维弧阶段和脉冲阶段分别工作于两条电源外特性上。为增强“电源-电弧”系统的自身调节作用，维弧阶段和脉冲阶段都采用平的外特性（即“平-平”特性）比较好，采用“平-降”特性或“降-平”特性也还可以，最好是用双阶梯形特性。

双阶梯形特性是近年来出现的一种新型的特性组合。如图 1-21 所示，当弧长为 l_0 时，则其维弧电弧在 A 点工作，脉冲电弧在 B 点工作。若受偶然因素干扰，使弧长变短为 l_1 时，则其维弧工作点将移至 A_1，脉冲电弧工作点将移至 B_1。由于在脉冲阶段电源具有恒流特性，因此熔滴过渡均匀，在维弧阶段电源具有恒压特性，使“电源-电弧”系统自身调节作用强而能防止短路。反之，如弧长增长至 l_2 时，维弧阶段电源外特性的恒流部分可保证小电流时不断弧。若电弧拉长超过 l_2 时，脉冲电弧工作点向左移，使电压不变、电流下降，焊丝熔化速度减慢因而不会烧坏焊嘴。

根据不同的焊接工艺要求，脉冲电弧和维弧电弧的工作点也可分别处在恒压和恒流特性段，或者任意组合，这就是所谓可控外特性。外特性可以在焊接过程中进行切换。这样一来，电弧静特性与电源外特性的交点——稳定工作点，就在不断变动，而不是静止的。

这种可控外特性只有用新型电子弧焊电源（例如晶体管式弧焊电源）才能得到。它是为适应精密优质的脉冲弧焊、微计算机控制的自动焊和弧焊机器人的焊接而发展起来的。

（四）对弧焊电源稳态短路电流的要求

在弧焊电源外特性上，当 $U_f=0$ 时对应的电流为稳态短路电流 I_{wd}，如图 1-16（a）所示。

当电弧引燃和金属熔滴过渡到熔池时，经常发生短路。如果稳态短路电流过大，会使焊条过热，药皮易脱落，使熔滴过渡中有大的积蓄能量而增加金属飞溅。但是，如果短路电流不够大，会因电磁压缩推动力不足而使引弧和焊条熔滴过渡产生困难。对于下降特性的弧焊电源，一般要求稳态短路电流 I_{wd}对焊接电流 I_f 的比值范围为：

$$1.25<\frac{I_{wd}}{I_f}<2$$

显然，这个比值取决于弧焊电源外特性工作部分至短路点之间的曲线形状（或斜率）。由上述可知，对于焊条电弧焊，为了使规范稳定希望弧焊电源外特性的下降陡度大，即 K_w 较大为好，甚至最好采用恒流特性。与此同时，为了确保引弧和熔滴过渡时具有足够大的推动力，又希望稳态短路电流适当大些，即满足上式的要求。这就要求弧焊电源外特性，在陡降到一定电压值（10V 左右）之后转入外拖段，形成恒流（或陡降）带外拖的外特性。自外拖始点（拐点）到稳态短路点这区段，称为短路区段。借助现代的大功率电子元件和电子控制电路，可以对这个短路区进行任意的控制。其主要参数是拐点的位置和外拖线段的斜率或形状。如图 1-22 所示为恒流带外拖外特性示意图，这是目前常用的两种基本形式。图 1-22 (a)外拖线段为一下降斜线。图 1-22 (b) 外拖线段为阶梯曲线。根据电弧焊工艺方法和焊接规范参数的不同，只要适当调节短路区段的外拖拐点和斜率或形状，便可有效地控制熔滴过渡和引弧过程，可以减少飞溅，从而得到优质的焊缝。

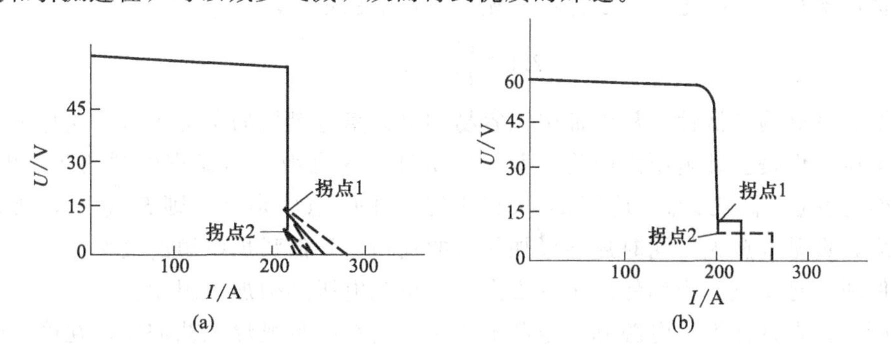

图 1-22　恒流带外拖外特性示意图

实际上，这是弧焊电源利用静态特性对动态特性进行控制的一种体现。

（五）弧焊电源外特性形状的种类

从电弧焊接工艺的要求出发，目前已研制出具有各种各样外特性形状的弧焊电源。

1. 下降特性

这种外特性的特点是，当输出电流在运行范围内增加时，其输出电压随着急剧下降。在其工作部分每增加 100A 电流，其电压下降一般应大于 7V。根据斜率的不同又可分为垂直下降（恒流）特性、缓降特性和恒流带外拖特性等。

（1）垂直下降（恒流）特性　垂直下降特性也叫恒流特性。其特点是在工作部分当输出电压变化时输出电流几乎不变。

（2）缓降特性　其特点是当输出电压变化时，输出电流变化较恒流特性的大。其中一种按接近于 1/4 椭圆的规律变化；另一种缓降特性的形状接近于一斜线。

（3）恒流带外拖特性　其特点是在其工作部分的恒流段，输出电流基本上不随输出电压变化。但在输出电压下降至低于一定值（外拖拐点）之后，外特性转折为缓降的外拖段，随着电压的降低输出电流将有较大的增加，而且外拖拐点和外拖斜率往往可以调节。

2. 平特性

平特性有两种：一种是在运行范围内，随着电流增大，电弧电压接近于恒定不变（又称恒压特性）或稍有下降，电压下降率应小于 7V/100A；另一种是在运行范围内随着电流增大，电压稍有增高（有时称上升特性），电压上升率应小于 10V/100A。

3. 双阶梯形特性

这种特性的电源用于脉冲电弧焊。维弧阶段工作于 L 形特性上，而脉冲阶段工作于ㄱ形特性上。由这两种外特性切换而成双阶梯形特性，或称框形特性。

二、对弧焊电源空载电压的要求

电源空载电压的确定应遵循以下几项原则：

（1）保证引弧容易　引弧时，焊条（或焊丝）和工件接触，因两者的表面往往有锈污或其他杂质，所以需要较高的空载电压才能将高电阻的接触面击穿，形成导电通路。再者，引弧时两极间隙的空气由不导电状态转变为导电状态，气体的电离和电子发射均需要较高的电场能，故空载电压愈高，则愈有利。

（2）保证电弧的稳定燃烧　为确保交流电弧的稳定燃烧，要求 $U_0 \geqslant (1.8 \sim 2.25)U_f$。

（3）保证电弧功率稳定　为了保证交流电弧功率稳定要求：

$$2.5 > \frac{U_0}{U_f} > 1.57$$

（4）要有良好的经济性　从保证引弧容易和电弧稳定燃烧的角度来看，应尽可能采用较高的空载电压。但是空载电压太高将不利于经济性。这是因为当弧焊电源的额定电流 I_e 一定时，其额定容量 $S_e = U_0 I_e$，是与 U_0 成正比的。可见，U_0 愈高，则 S_e 愈大，所需的铁铜材料就愈多，重量也愈大。同时还会增加能量的耗损，降低弧焊电源的效率。

（5）保证人身安全　为确保焊工的安全，对空载电压必须加以限制。

综上所述，在设计弧焊电源确定空载电压时，应在满足弧焊工艺需要，在确保引弧容易和电弧稳定的前提下，尽可能采用较低的空载电压数值，以利于人身安全和提高经济效益。对于通用的交流和直流弧焊电源的空载电压规定如下；

（1）交流弧焊电源　为了保证引弧容易和电弧的连续燃烧，通常采用 $U_0 \geqslant (1.8 \sim 2.25) \times U_f$。

焊条电弧焊电源　$U_0 = 55 \sim 70$V

埋弧自动焊电源　$U_0 = 70 \sim 90$V

（2）直流弧焊电源　直流电弧比交流电视易于稳定，但为了容易引弧，一般也取接近于交流弧焊电源的空载电压，只是下限约低 10V。

根据有关规定，当弧焊电源输入电压为额定值和在整个调整范围内，空载电压应符合：

弧焊变压器　$U_0 \leqslant 80V$

弧焊整流器　$U_0 \leqslant 85V$

弧焊发电机　$U_0 \leqslant 100V$

一般规定空载电压不得超过 100V，在特殊用途中，若超过 100V 时必须备有自动防触电装置。

还应指出，上述空载电压范围是对下降特性弧焊电源而言的。在一般情况下，用于熔化极自动、半自动弧焊的平特性弧焊电源，具有较低的空载电压，并且必须根据额定焊接电流的大小作相应的选择。另外，对一些专用性的弧焊电源，例如带有引弧（或稳弧）装置的非熔化极气体保护焊电源，在特殊条件下，例如用于锅炉体内或其他窄小的容器内，用于焊条电弧焊的弧焊电源等，它们的空载电压应定得较低。如有的国家对用于容器体内焊接的弧焊电源空载电压规定为 $U_0 \leqslant 42V$，附加引弧措施，以防止焊工触电。

三、对弧焊电源调节性能的要求

焊接时需根据被焊工件的材质、厚度与坡口形式等选用不同的焊接规范参数。而与电源有关的焊接参数是电弧工作电压 U_f 和工作电流 I_f。为满足所需的 U_f 和 I_f，电源必须具备可以调节的性能。

（一）电源的调节性能

如前所述，电弧电压和电流是由电弧静特性和弧焊电源外特性曲线相交的一个稳定工作点决定的。同时，对应于一定的弧长，只有一个稳定工作点。因此，为了获得一定范围所需的焊接电流和电压，弧焊电源的外特性必须可以均匀调节，以便与电弧静特性曲线在许多点相交，得到一系列的稳定工作点，如图 1-23 所示。因此弧焊电源能满足不同工作电压、电流的需求的可调性能为其调节性能。它是通过电源外特性的调节来体现的。

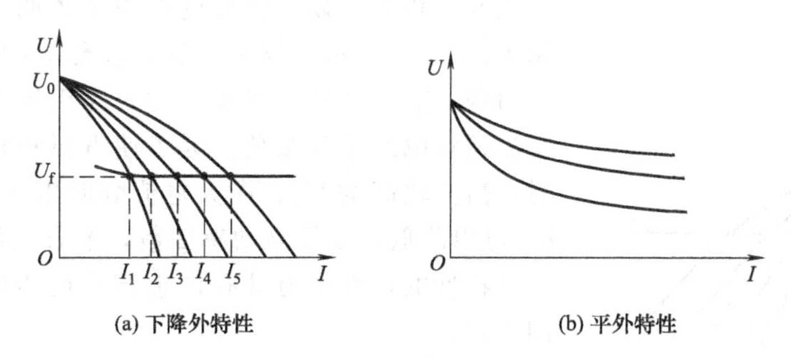

(a) 下降外特性　　(b) 平外特性

图 1-23　改变等效阻抗时的外特性

在稳定工作的条件下，电弧电流 I_f、电压 U_f、空载电压 U_0 和等效阻抗 Z 之间的关系，可用下式表示：

$$\dot{U}_f = \dot{U}_0 - \dot{I}_f Z \tag{1-11}$$

或者

$$\dot{I}_f = \frac{\dot{U}_0 - \dot{U}_F}{Z} \tag{1-12}$$

由式（1-11）、式（1-12）可知，调节焊接规范，即在给定电弧电压时来调节电弧电流［见式（1-12）］，或在给定电弧电流时调节电弧电压［见式（1-11）］，都可以通过调节弧焊电源的空载电压 U_0 和等效阻抗 Z 来实现。当 U_0 不变而改变 Z 时，便可得到一族外特性曲线，图 1-23（a）为得到的下降外特性，图 1-23（b）为平外特性。当 Z 不变，改变 U_0 也可得到一族外特性曲线，图 1-24（a）为得到的下降外特性，图 1-24（b）为平外特性。同时调节 U_0 与 Z，便可得到如图 1-25 的外特性曲线族。上述三种调节外特性的方式所表现出的调节性能是不同的。若能保证在所需的宽度范围内均匀而方便地调节规范，并能满足保证电弧稳定焊缝成形好等工艺要求的，为调节性能良好。特别是后面的要求与焊接方法有关，所以应按不同焊接方法采取不同的外特性调节方式。

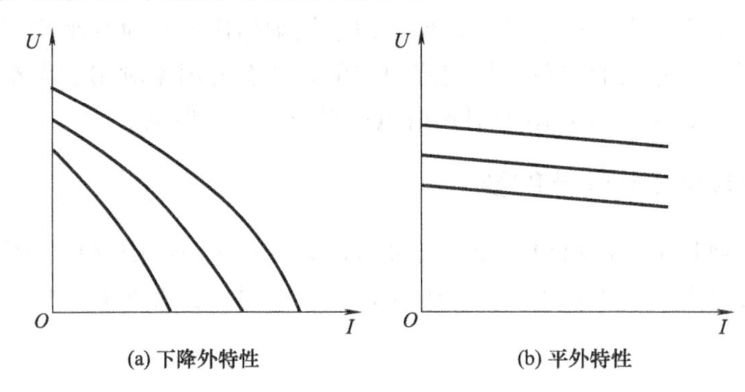

图 1-24 改变空载电压 U_0 时的外特性

1. 焊条电弧焊

这种焊接方法所用电流 I_f 的调节范围不大，即使电弧电压 U_f 不变，也能保证得到所要求的焊缝成形，所以在焊接不同厚度的工件时，电弧电压一般是保持不变的，只调节焊接电流。

一般要求交流弧焊电源空载电压 $U_0=(1.8\sim2.25)U_f$。因为 U_f 基本不变，U_0 不必作相应改变。焊条电弧焊常用的弧焊电源调节外特性方式如图 1-23（a）所示。但是，在小电流焊接时，电子热发射能力弱，需要靠强电场作用才容易引燃电弧。这点对于交流弧焊电源尤其重要。为了使电弧稳定，在小电流焊时，需要较高的 U_0，在大电流焊时电子热发射能力强，U_0 可以降低，以提高功率因数，节省电能。若能这样改变外特性的，就称为具有理想调节性能的弧焊电源，见图 1-25。

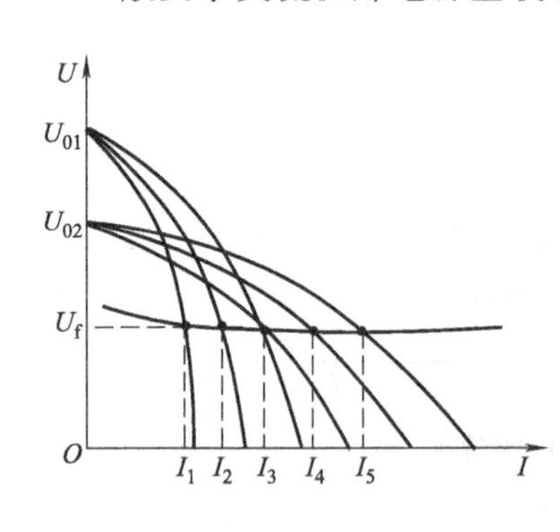

图 1-25 改变 U_0 和 Z 的外特性

2. 埋弧焊

在自动焊中，一般当 I_f 增加时熔深随着增大，则要求增大 U_f，以使熔宽相应增加，从而保持合适的焊缝几何尺寸。当 U_f 增大时，则要求 U_0 相应提高，以便电弧稳定。因此，宜采用如图 1-24（a）所示的调节外特性方式。

3. 等速送丝气体保护焊

电弧静特性为上升的熔化极气体保护焊可选用平外特性的电源和等速送丝的焊机。因而图 1-23（b）和图 1-24（b）所示的电源外特性调节方式可用于上述场合来调节电弧电压。

以图 1-24（b）所示方式调低时，U_0 也随着产生相应幅度的降低。U_0 太低，则电弧不稳，因而用该方式调节 U_f，其调节范围有限。而用图 1-24（b）所示方式时，因 U_0 不变有利于稳弧，允许在较大范围内调节 U_f，故调节性能优于前者。

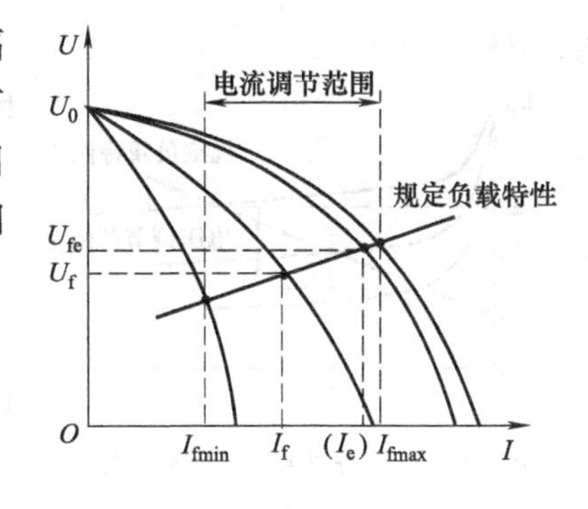

图 1-26 下降外特性电源的可调参数

（二）弧焊电源的可调参数

1. 下降外特性弧焊电源的可调参数

下降特性电源的可调参数示于图 1-26。

（1）工作电流 I_f　它是在进行弧焊时的电弧电流或这时电源输出的电流。

（2）工作电压 U_f　它是在焊接时，弧焊电源输出的负载电压。负载不仅包括电弧，还应包括焊接回路的电缆等在内。随着工作电流的增大，电缆上的压降亦增大。为保证一定的电弧电压，要求工作电压随工作电流增大。因而根据生产经验规定了工作电压与工作电流的关系为一缓升直线，称为负载特性，以便根据负载特性确定电源的电流或电压调节范围。在国家标准中规定的有关焊接方法的负载特性如下。

焊条电弧焊和埋弧焊的负载特性为：

当 $I_f<600A$ 时　$U_f=20+0.04I_f$（V）

当 $I_f>600A$ 时　$U_f=44$（V）

TIG 焊的负载特性为：

当 $I_f<600A$ 时　$U_f=10+0.04I_f$（V）

当 $I_f>600A$ 时　$U_f=34$（V）

（3）最大焊接电流 I_{fmax}　是弧焊电源通过调节所能输出的与负载特性相应的上限电流。

（4）最小焊接电流 I_{fmin}　是弧焊电源通过调节所能输出的与负载特性相应的最小电流。

（5）电流调节范围　是在规定负载特性条件下，通过调节所能获得的焊接电流范围。通常要求：

$$I_{fmax}/I_e \geqslant 1.0$$

$I_{fmax}/I_e \leqslant 0.20$（TIG 焊要求 $I_{fmax}/I_e \leqslant 0.10$），$I_e$ 为额定焊接电流。

2. 平外特性弧焊电源的可调参数

平特性电源的可调参数示于图 1-27。

（1）工作电流 I_f　它的定义与下降特性电源的 I_f 相同。

（2）工作电压 U_f　它的定义亦同于下降特性电源的 U_f。亦要求它随着 I_f 增大，规定的负载特性为：

当 $I_f<600A$ 时　$U_f=14+0.05I_f$（V）

当 $I_f>600A$ 时　$U_f=44$（V）

（3）最大工作电压 U_{fmax}　为弧焊电源通过调节所能输出的、与规定负载特性相对应的最大电压。

（4）最小工作电压 U_{fmin}　为弧焊电源通过调节所能输出的、与规定负载特性相对应的最小电压。

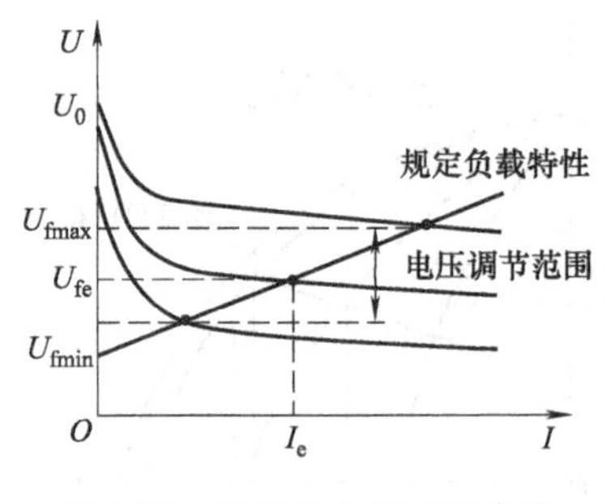

图 1-27 平特性电源可调参数

(5) 工作电压调节范围 弧焊电源在规定负载条件下，经调节而获得的工作电压范围。

(三) 弧焊电源的负载持续率与额定值

弧焊电源能输出多大功率，与它的温升有着密切的关系。因为温升过高，则弧焊电源的绝缘可能受到破坏，甚至会烧毁有关元件和整机。因而，在弧焊电源标准中对于不同绝缘级别，规定了相应的允许温升。弧焊电源的温升除取决于焊接电流的大小外，还决定于负荷的状态，即长时间连续通电还是间歇通电，例如，使用相同的焊接电流，长时间连续焊接，温升自然要高些；间歇焊接时，则温升就会低些。因而，同一容量的电源在断续焊时，弧焊电源允许使用的电流就大些。对于不同的负荷状态，给弧焊电源规定了不同的输出电流。这里可以用负载持续率 FS 来表示某种负荷状态，即

$$FS=\frac{\text{负载持续运行时间}}{\text{负载持续运行时间}+\text{休止时间}}\times 100\%=\frac{t}{T}\times 100\%$$

式中，T 为弧焊电源的工作周期，它是负载运行持续时间 t 与休止时间之和。焊条电弧焊电源的工作周期定为 5min。自动或半自动弧焊电源的工作周期规定为 20min、10min 和 5min。

负载持续率额定级别国家标准新的规定有 35%、60%和 100%三种。焊条电弧焊电源一般取 60%，轻便型者可取 15%、25%或 35%。自动或半自动焊电源一般取 100%或 60%。

弧焊电源铭牌上规定的额定电流 I_e，就是指在规定的环境条件下，按额定负载持续率 FS_e 规定的负载状态工作，即符合标准规定的温升限度下所允许的输出电流值。与额定焊接电流相对应的工作电压为额定工作电压 U_{fe}。

在电源的电流调节范围内，按不同的负载持续率 FS 工作时，所允许使用的焊接电流 I_f 是不同的。FS、I_f 与额定值 FS_e、I_e 的关系式如下：

$$I_f=\sqrt{\frac{FS_e}{FS}}I_e$$

四、对弧焊电源动特性的要求

(一) 动特性问题的提出

上面所述是针对焊接电弧处于稳定的工作状态，即电弧长度、电弧电压和电流在较长时间内不改变自己的数值，处在静态的情况。然而，实际上用熔化极进行电弧焊时，电极（焊条或焊丝）在被加热形成金属熔滴进入熔池时经常会出现短路。这样，就会使电弧长度、电弧电压和电流产生瞬间的变化。因而，在熔化极弧焊时，焊接电弧对供电的弧焊电源来说，是一个动态负载。这就需要对弧焊电源动特性提出相应的要求。

所谓弧焊电源的动特性，是指电弧负载状态发生突然变化时，弧焊电源输出电压与电流的响应过程，可以用弧焊电源的输出电流和电压对时间的关系，即 $u_f=f(t)$、$i_f=f(t)$ 来表示，它说明弧焊电源对负载瞬变的适应能力。

只有当弧焊电源的动特性合适，才能获得良好的引弧、燃弧和熔滴过渡状态（即电弧稳定、飞溅少等），从而能得到满意的焊缝质量。这对采用短路过渡的熔化极电弧焊来说，是特别重要的。

（二）各种弧焊方法的负载特点与弧焊电源的动特性

电极（焊条或焊丝）被加热形成的金属熔滴进入熔池的过程，称为熔滴过渡。

对不熔化极弧焊来说，由于它不是靠电极本身的金属来填充熔池的，在焊接过程中电极不熔化，而且常采用非接触方法引弧。由于电弧长度、电弧电压和电流基本上没有变化，因此可以不考虑对电源动特性的要求。

然而，对熔化极弧焊来说，随所采用的工艺方法和焊接规范不同，熔滴过渡就有各种形式，动负载的变化情况也各异，因此对弧焊电源的动特性要求就有所不同。

图 1-28 所示为熔滴以细颗粒高速进入熔池的射流过渡［图（a)］和熔滴以自由飞落方式进入熔池的滴状过渡［图（b)］。除滴状过渡时偶尔出现大熔滴短路外，这两种情况的电弧电压和电流基本不变，可以把这时的电弧看成静态负载。因此，在上述情况下，对弧焊电源的动特性没有什么特殊要求。而短路过渡则不然。由于它的电弧是动载，使弧焊电源常在空载、负载、短路三态之间转换，故需对弧焊电源的动特性提出要求。现用焊条电弧焊和细丝 CO_2 焊这两种典型的熔滴短路过渡为例来作进一步说明。

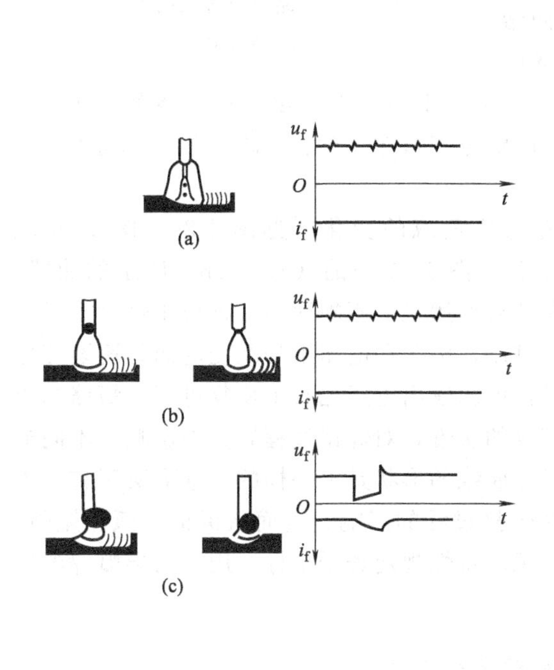

图 1-28 溶滴过渡形式和电弧电压、电流的波形图

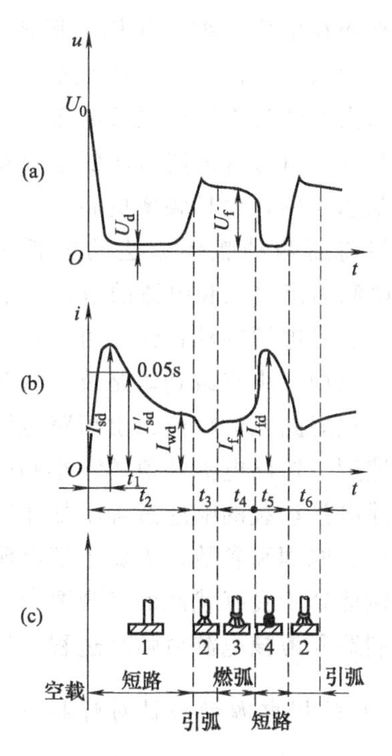

图 1-29 焊条电弧焊时弧焊电源的电流和电压的变化曲线

焊条电弧焊采用短路引弧，在短路过渡的情况下，电源的电流和电压变化曲线如图 1-29 所示。焊接开始时，首先使焊条与工件短路［图 1-29（c）之 1］。此时弧焊电源端电压迅速下降至短路电压 U_d。与此同时，电流迅速增至最大值 I_{sd}，然后又逐渐下降到稳态短路电流 I_{wd}。待焊条离开工件之后，电源电压迅速上升，电流迅速下降，形成了电弧放电，这是引

弧过程，如图1-29（c）之2所示，在电弧稳定燃烧之后，焊条端部形成熔滴并逐渐增大，电弧电压逐渐下降，电流逐渐上升，这是燃弧过程，如图1-29（c）之3所示。当熔滴把焊条与熔池短路［图1-29（c）之4］时，电弧瞬时熄灭，电压下降，电流又增至短路电流 I_{fd}，此时金属熔滴在重力和电磁压缩力的作用下进入熔池，这是短路过渡过程。待熔滴脱落之后，又进入电弧重新引燃阶段。如此周而复始，电弧电压和电弧电流就出现周期性的变化。在这里可以把整个循环过程概括成："空载—短路—负载"的引弧过程和"负载—短路—负载"的熔滴过渡过程。

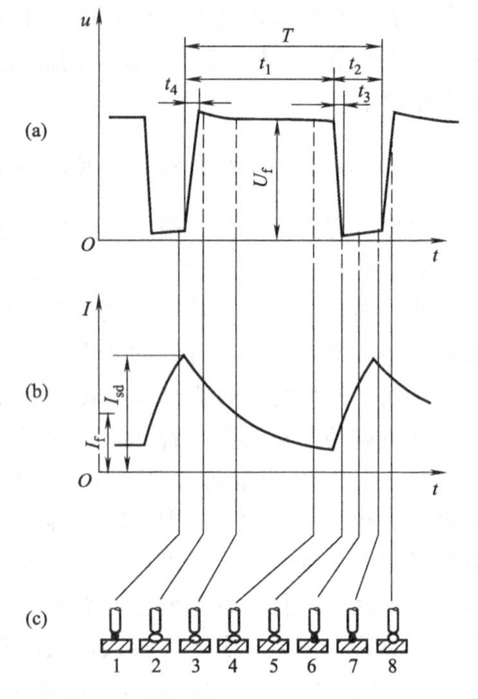

图1-30　短路过渡过程的电流、电压波形图

至于细丝 CO_2 焊熔滴短路过渡的情况，其典型的短路过渡过程的电压、电流波形如图1-30所示。电弧引燃后焊丝端部形成熔滴［图（c）2］，并逐渐增大［图（c）3、4］，直至电弧间隙短路［图（c）5］。此时电弧熄灭，电压急剧下降，短路电流突然增大。熔滴在电磁压缩力作用下形成缩颈，并向熔池过渡［图（c）6、7］。熔滴脱落后电弧间隙的电压急剧增大到超过稳定的电弧电压，并重新引燃电弧［图（c）8］。以后重复整个循环。显然，这与焊条电弧焊短路过渡的情况相似，弧焊电源也工作在空载、短路、负载之间周期性的变换状态之中，而且频率更高。

通过前面两种弧焊方法的分析可知，随着电弧负载的变化［见图1-29、图1-30之（c）］，电源输出电压和电流的响应过程，即图1-29、图1-30中的（a）、（b）所示的曲线，这些曲线就是电源的动特性。由图可见，电源在动载作用之下不断地由一种稳态过渡到另一种稳态。例如，由空载到短路及由负载到短路的过渡，电流和电压不是跃变的而是逐渐变化的，且出现短路电流峰值；由短路过渡到负载时，电源输出电压也有个恢复过程。短路电流的增长速度、短路电流峰值的大小和电源电压恢复的快慢，对焊接过程有重要影响。不同电源对上述电弧动载的响应过程不尽相同，即动特性曲线的形状是不一样的，这取决于它们本身的结构、原理和参数。需要了解电源动特性对焊接过程的影响，进而从保证引弧、燃弧、熔滴过渡能处于良好状态的客观要求出发，对电源动特性规定若干指标，用以指导弧焊电源的设计制造和考核电源对弧焊过程的适应能力。

（三）弧焊电源动特性对焊接过程的影响及对它的要求

对弧焊电源动特性好坏的评定，就主观评定而言，是由人经试焊后作出的。所谓动特性好，一般指引弧和重新引弧容易，电弧稳定和飞溅少。就客观评定而言，是用仪器测定参数后作出评定的（按标准指标）。在这里，着重介绍焊条电弧焊电源和短路过渡细丝 CO_2 焊用电源的动特性对焊接过程的影响及所规定的指标。

1. 焊条电弧焊电源

（1）对瞬时短路电流峰值的要求　瞬时短路电流峰值，是当焊接回路突然短路时，输出电流的峰值，如图 1-29 所示。一般需考虑由空载到短路和由负载到短路两种情况。

① 由空载到短路。

a. 瞬时短路电流峰值 I_{sd}。由空载到短路时的 I_{sd} 值影响开始焊接时的引弧过程。I_{sd} 太小，则不利于这时的热发射和热电离，使引弧困难；若此值太大，则造成飞溅大甚至引起工件烧穿。对它的要求指标，是以其与稳定短路电流之比——I_{sd}/I_{wd} 来衡量。

b. 0.05s 瞬时短路电流值 I'_{sd} 对于硅弧焊整流器，因短路电流冲击过大，存在的时间往往较长，所以也有人认为只考核 I_{sd} 是不够的，还需考核短路过程开始后 0.05s 时的短路电流值 I'_{sd}。I'_{sd} 大，则表示短路电流由峰值降下来的过程慢，短路电流冲击能量大，引起的飞溅严重，使工件烧穿的危险性大，它也影响引弧性能。对它的要求指标，也以其与稳定短路电流之比——I'_{sd}/I_{wd} 来衡量。因实际意义不大，故一般不考核。

② 由负载到短路的 I_{fd} 它影响熔滴过渡的情况。I_{fd} 太大，则使熔滴飞溅严重，使焊缝成形变坏，甚至引起焊件烧穿、电弧不稳；I_{fd} 过小，造成功率不够，熔滴过渡困难。通常以其与稳定工作电流之比来衡量。

（2）对恢复电压最低值的要求 用直流弧焊发电机进行焊条电弧焊开始引弧时，在焊条与工件短路被拉开后，即由短路到空载的过程中，由于焊接回路内电感的影响，电源电压不能瞬间就恢复到空载电压 U_0。而是先出现一个尖峰值（时间极短），紧接着下降到电压最低值 U_{min}，然后再逐渐升高到空载电压 U_0，见图 1-31。这个电压最低值 U_{min} 就叫做恢复电压最低值。

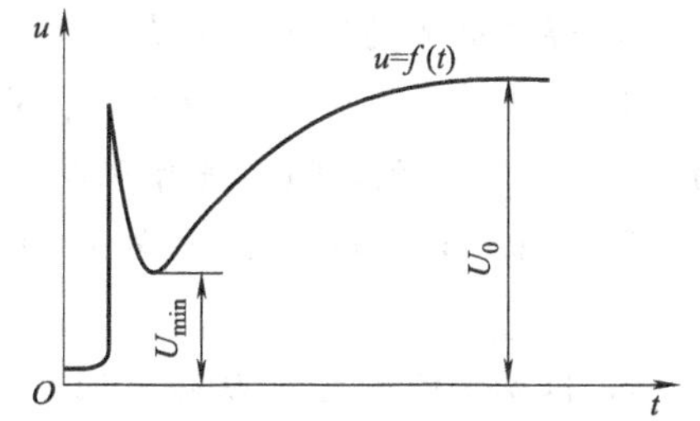

图 1-31 由稳定短路状态突然拉开时的 $u=f(t)$

在焊接过程中，熔滴将电弧间隙短路，当熔滴脱落过渡到熔池后，重新引燃过程中的电源电压变化过程与上述相似，也有 U_{min} 值出现。如果 U_{min} 过小，则不利于电子发射和电离，使熔滴过渡后的电弧复燃困难。所以对弧焊发电机的 U_{min} 应加以考核，提出要求。弧焊整流器的工作原理与弧焊发电机不同，不存在这个电压最小值，而不必考核。

一般来说，弧焊变压器的动特性都没有问题，因此，不必考核它的动特性。

2. 短路过渡细丝 CO_2 用电源

上面所介绍的电源动特性指标，是针对焊条电弧焊下降外特性电源提出的。对细丝 CO_2 焊平外特性电源动特性的指标，尚无明确规定，这里只能介绍对这种弧焊电源动特性的一般要求，它主要包括短路电流增长速度、空载电压恢复速度和短路电流峰值。短路电流峰值对焊接过程的影响，前面已作分析不再重复。

（1）短路电流增长速度 从负载到短路的短路电流增长速度 di_{fd}/dt，是影响熔滴过渡过程的一个主要参数，这个参数过大或过小都是不利的。di_{fd}/dt 过小，则短路过渡频率减小，熔滴过渡时的小桥难以断开，这将使短路时间延长以致焊丝成段爆断、产生大颗粒金属飞溅、电弧难以复燃，甚至造成焊丝插入熔池直接与工件短路使电弧熄灭。di_{fd}/dt 过大，则造成大量小颗粒物金属飞溅，焊缝成形不好，金属烧损严重。对于不同直径的焊丝，合适的短路电流增长速度是不同的，表 1-2 中列出了对它的推荐值。

弧焊整流器的短路电流增长速度往往很大，需在焊接回路串入可调的输出电抗器，以便对其控制。

表 1-2 推荐的短路电流增长速度

焊丝直径/mm	0.8	1.2	1.6
短路电流增长速度/(kA/s)	50～150	40～130	20～75

(2) 电压恢复速度　当短路阶段结束后，希望立即引燃电弧，以免焊接过程出现中断的情况，这就要求弧焊电源要有足够快的空载电压恢复速度。但这一要求对平特性弧焊整流器来说，是不难实现的。

思考与练习

一、填空题

1. 电弧是气体放电的一种形式，电弧中＿＿＿＿＿和＿＿＿＿＿＿是最重要的物理现象，同时也伴随着激励、复合、＿＿＿＿＿的产生等其他一些现象。

2. 气体电离根据能量来源不同，有三种电离形式：＿＿＿＿＿＿、＿＿＿＿＿＿、＿＿＿＿＿＿。

3. 焊接电弧的引燃一般有＿＿＿＿＿＿＿和＿＿＿＿＿＿＿两种方式。

4. 对于焊条电弧焊、埋弧焊、非熔化极气体保护焊多数情况下电弧工作在静特性曲线的＿＿＿＿＿＿段，CO_2 气体保护焊电弧静特性曲线基本上工作在＿＿＿＿＿＿＿＿段。

5. 电弧沿着其长度方向分为三个区域，分别为＿＿＿＿＿＿、＿＿＿＿＿＿、＿＿＿＿＿＿。

6. 根据供给能量来源的不同，阴极电子发射可分为＿＿＿＿＿＿、＿＿＿＿＿＿、＿＿＿＿＿＿＿和＿＿＿＿＿＿＿四种形式。

7. 在一定的弧长下，当电弧电流以很快的速度变化时，电弧电压和电流瞬时值之间的关系，称为电弧的＿＿＿＿＿＿。

8. “电源-电弧”系统的静态稳定条件是＿＿＿＿＿＿＿＿＿＿。

9. 试写出三种常用弧焊电源外特性曲线形状：＿＿＿＿＿＿＿、＿＿＿＿＿＿＿、＿＿＿＿＿＿＿。

10. 弧焊电源是用来对焊接电弧提供电能的一种专用设备。它除了具有一般电力电源所具有的特点外，还必须满足焊接工艺对其的要求，既应具有保证引弧＿＿＿＿＿＿；保证电弧＿＿＿＿＿＿；保证焊接规范＿＿＿＿＿＿＿；具有足够宽的＿＿＿＿＿＿＿＿＿＿＿。

11. 由于焊接方法及焊接规范的不同，电弧工作在不同的特性段上，因此，与其配合的电源外特性的＿＿＿＿＿＿也应是不同的。

12. 在稳定状态下，弧焊电源的输出电压和输出电流之间的关系，称为弧焊电源的＿＿＿＿＿。

二、选择题

1. 焊条电弧焊的电弧是属于自由电弧，等离子弧焊的电弧是属于（　　）。

(A) 脉冲电弧　　(B) 自由电弧　　(C) 压缩电弧　　(D) 尾焰电弧

2. 焊接时，产生和维持电弧燃烧的必要条件是（　　）。

(A) 碰撞电离和热电离　　(B) 一定的电流强度

(C) 阴极电子发射和气体电离　　(D) 较高的空载电压

3. 一般焊条电弧焊的焊接电弧中温度最高的是（　　）。

(A) 阴极区　(B) 阳极区　(C) 弧柱区　(D) 无法确定

4. 焊接电弧静特性曲线的形状类似（　　）。

(A) U形　(B) 直线形　(C) 正弦曲线　(D) n形

5. 随着焊接电流的增大，电弧燃烧（　　）。

(A) 越稳定　(B) 越不稳定　(C) 无影响　(D) 稳定性不变

6. 用冷阴极进行焊接时，阴极电子发射最主要的形式是（　　）。

(A) 热电子发射　(B) 场致电子发射

(C) 光电子发射　(D) 撞击电子发射

7. 焊条电弧焊、埋弧焊电弧一般工作在电弧静特性曲线的（　　）。

(A) 水平段　(B) 上升段　(C) 下降段

8. 在焊接过程中，"电源-电弧"构成一个稳定的系统，其稳定性包含了两方面的含义，即（　　）。

(A) 系统的动态平衡和对干扰的反应能力

(B) 系统的静态平衡和对干扰的反应能力

(C) 系统的动态平衡和焊接工艺参数的稳定

(D) 系统的静态平衡和焊接工艺参数的稳定

9. 符合弧焊电源动特性要求的是（　　）。

(A) 较慢的短路电流上升速度

(B) 较短的恢复电压最低值的时间

(C) 合适的瞬时短路电流峰值

(D) 较长的恢复电压最高值的时间

10. 普通变压器的负载是用电设备，而弧焊电源的负载是（　　）。

(A) 电焊机　(B) 焊条　(C) 焊丝　(D) 电弧

11. 由于焊接方法及焊接规范的不同，电弧工作在不同的特性段上，因此，与其配合的电源外特性曲线的形状也应是不同的，当电弧工作在静特性曲线的上升段时，电源外特性曲线可以是（　　）。

(A) 水平的　(B) 略微上升的　(C) 下降的

12. 等速送丝控制系统的熔化极电弧焊最好采用的电源外特性为（　　）。

(A) 平特性　(B) 微升特性　(C) 下降特性

三、问答题

1. 弧焊电源可分为哪几大类？按什么分类？

2. 焊接电弧的压降如何分布？

3. 焊接电弧的静特性是指什么？焊接电弧的动特性是什么？

4. 焊条电弧焊、埋弧焊、CO_2 气体保护焊的电弧静特性是怎样的？

5. 交流电弧有什么特点？

6. 从电源考虑，应采取什么措施来稳定交流电弧？

7. 弧焊对电源电气性能提出的要求是什么？

8. 电源-电弧系统的稳定条件是什么？如何表示？

9. 电源外特性大致可分为哪几种基本形状？

10. 电源的空载电压过高过低有什么坏处?
11. 弧焊电源为什么要具备调节性能? 如何调节?
12. 弧焊电源的负载持续率和额定电流的含义是什么?
13. 弧焊电源的动特性是指什么?
14. 焊条电弧焊整流器要求达到怎样的动特性指标?
15. 弧焊电源的动特性对弧焊过程有何影响?
16. 下降特性弧焊电源的电流调节范围以及平特性电源的电压调节范围是如何确定的?

第二单元 弧焊变压器

学习目标： 掌握弧焊变压器的结构、外特性的获得和焊接工艺参数的调节方法；了解常用弧焊变压器的结构、工作原理和特点。

模块一 弧焊变压器的原理及分类

弧焊变压器是一种特殊的变压器，其基本工作原理与一般电力变压器相同。但为了满足弧焊工艺的要求，它还应具有以下特点：

① 为保证交流电弧稳定燃烧，要有一定的空载电压和较大的电感。

② 弧焊变压器主要用于焊条电弧焊、埋弧焊和钨极氩弧焊，应具有下降的外特性。

③ 弧焊变压器的内部感抗值应可调，以进行焊接参数的调节。

一、弧焊变压器的工作原理

1. 弧焊变压器的等效电路

带有电抗器的弧焊变压器电路原理图如图 2-1 所示。由图可见，弧焊变压器的一次电路和二次电路是两个独立电路，没有电的联系，只有磁的联系。$\dot{E}_1$ 和 $\dot{E}_2$ 都是由主磁通 Φ 感应得到的，因此两个电路是相互影响的。这种影响可通过把一次侧电参数折算到二次侧的等效电路来讨论，如图 2-2 所示。

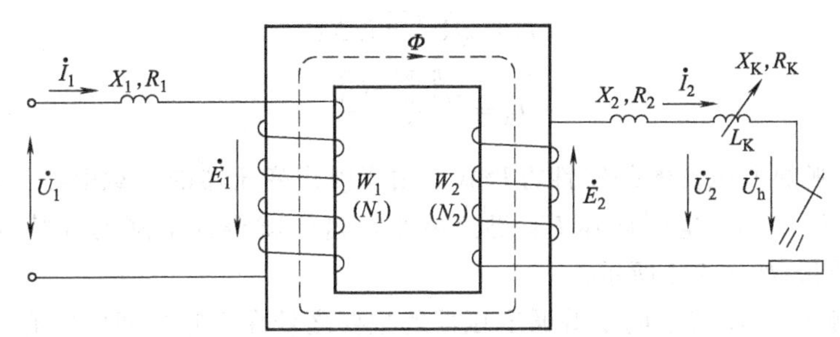

图 2-1 带有电抗器的弧焊变压器的电路原理图

X_1——一次绕组的漏抗；R_1——一次绕组的电阻；L_K—电抗器；X_2—二次绕组的漏抗；R_2—二次绕组的电阻；X_K—电抗器的电抗；R_K—电抗器的电阻

在忽略漏磁和损耗的影响时，$\dot{U}_1'=\dot{U}_0$，$\dot{U}_0$ 为弧焊变压器的空载电压。

由等效电路图可以列出各电压之间的关系

$$\dot{U}_h=\dot{U}_0-I_h[(R'_1+R_2+R_k)+j(X_1'+X_2+X_k)] \tag{2-1}$$

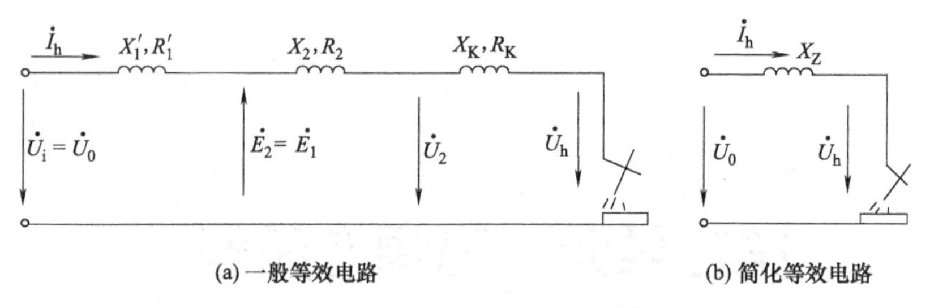

图 2-2 弧焊变压器的等效电路图

在式（2-1）中，由于（$R_1'+R_2+R_K$）的数值之和很小，所以可以忽略不计。X_1'、X_2 均为变压器的漏抗，可用 X_L 表示，即 $X_L=X_1'+X_2$，则式（2-1）可以简化为

$$\dot{U}_h=\dot{U}_0-j\dot{I}_h(X_L+X_K) \tag{2-2}$$

令 $X_Z=X_L+X_K$ 为弧焊变压器的总等效漏抗，将 X_Z 代入式（2-2），可得

$$\dot{U}_h=\dot{U}_0-j\dot{I}_hX_Z \tag{2-3}$$

式（2-3）所示的矢量关系可用图 2-3 所示的直角三角形表示出来。

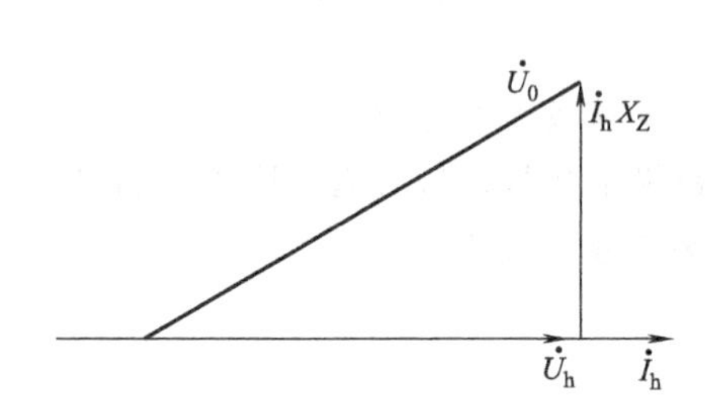

图 2-3 弧焊变压器简化电压矢量图

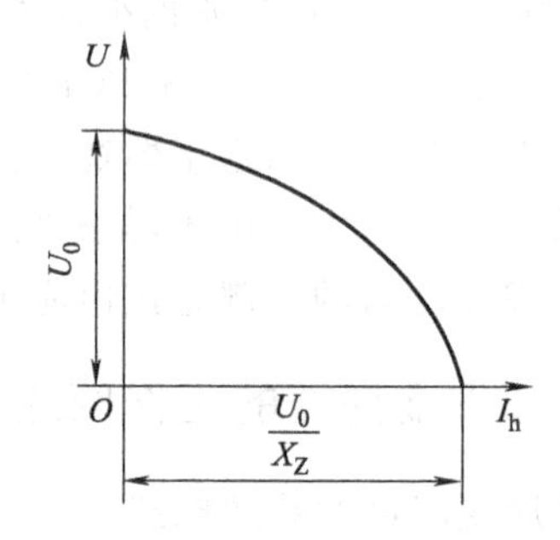

图 2-4 弧焊变压器的外特性

2. 弧焊变压器的外特性调节

由图 2-3 所示的电压相量图，可以得出

$$U_h^2=U_0^2-I_h^2X_Z^2$$

即

$$U_h=\sqrt{U_0^2-I_h^2X_Z^2}$$

或

$$I_h=\frac{\sqrt{U_0^2-U_h^2}}{X_Z} \tag{2-4}$$

式（2-4）为弧焊变压器的外特性方程式。由于弧焊变压器的空载电压 U_0 近似不变，因此随着电弧电流 I_h 增加，电弧电压 U_h 迅速减小，这样就得到下降的外特性。外特性曲线形状接近 1/4 椭圆，如图 2-4 所示。

综上所述，弧焊变压器不同于普通变压器的主要之处在于它的回路中有较大的感抗。因此，可以使变压器的总漏抗很小（$X_L\approx0$），靠串联电抗器 L_K 得到较大的漏抗 X_K 值；或使变压器具有较大的漏抗 X_L，而不用串联电抗器。当焊接电流增加时，在感抗 X_Z 上产生较大的电压降，从而获得下降的外特性，满足焊接工艺的要求。当改变 X_L 或 X_K 时，可得到一系列陡降度不同的外特性，以便于焊接工艺参数的调节。

二、弧焊变压器的分类

根据获得下降外特性的方法不同可分为串联电抗器式、增强漏磁式。

（一）串联电抗器式

由正常漏磁（漏磁很少，可忽略）的变压器串联电抗器构成，按结构不同又分为：

① 分体式，变压器和电抗器是独立的个体，BP-3×500 型多站式弧焊变压器属于此类；

② 同体式，变压器与电抗器铁心组成一体，二者之间非但有电的串联，还有磁的联系，BX2 系列弧焊变压器属于此类。

（二）增强漏磁式

在这类变压器中人为地增大了自身的漏抗，而无需再串联电抗器。按增强和调节漏抗的方法不同又可分为：

① 动铁芯式，在一、二次绕组间设置可动的磁分路，以增强和调节漏磁，BX1 系列弧焊变压器即属此类；

② 动绕组式，通过增大一、二次绕组之间距离来增强漏磁，改变绕组之间距离调节漏抗，BX3 系列弧焊变压器属于此类；

③ 抽头式，也是将一、二次绕组分开来增加漏磁，通过绕组抽头改变绕组匝数来调节漏抗，BX6-120 型弧焊变压器属于此类。

模块二　串联电抗器式弧焊变压器

这类弧焊电源由变压器和电抗器所组成。前者为正常漏磁的普通降压变压器，将电网电压降至所要求的空载电压。变压器本身的外特性是接近于平的。为了得到下降外特性及调节电流需串联电抗器。下面将在介绍电抗器的基础上，再分别介绍分体式和同体式弧焊变压器。

一、电抗器

实际上它就是带铁芯的绕组。当这绕组流过交流电流 I 时有磁势 IN_k（N_k 为电抗器绕组匝数）在铁芯中产生磁通 Φ_k。通常 Φ_k 是按正弦规律交变的，在绕组上有自感电动势 E_k 产生，$E_k=4.44fN_k\Phi_{km}$。E_k 在交流电路中起电抗压降作用，故 $E_k=IX_k$，即 $X_K=\omega N_k^2/R_m$。由此可见，改变磁阻 R_m 和 N_k 可以改变 X_K。按调节 X_K 的办法不同，电抗器可分为以下几种。

1. 调节空气隙式

它们的结构如图 2-5 所示，有双间隙与单间隙之分。都是靠改变磁路磁阻 R_m 来调节电抗的。磁路包含空气隙 δ 和铁芯，因而磁阻也包含这两部分——$R_{m\delta}$ 和 R_{mFe}，即

$$R_m=R_{m\delta}+R_{mFe}=\frac{\delta}{\mu_0 S_\delta}+\frac{l}{\mu S_{Fe}}$$

式中，μ_0 和 μ 分别为空气和铁芯材料的磁导率；δ 和 l 分别为磁路中空气隙的长度和铁芯磁路的长度；S_δ 和 S_{Fe} 则各为空气隙中和铁芯中磁路的截面积。

由于 $\mu\gg\mu_0$，$R_{mFe}\ll R_{m\delta}$，为简便计算略去 R_{mFe}、且不考虑磁通经过空气隙段的扩散现象，可近似地取 $S_\delta=S_{Fe}$。于是有

$$X_K=\frac{\omega N_k^2}{R_{m\delta}}=\omega\mu_0\frac{N_k^2 S_{Fe}}{\delta} \tag{2-5}$$

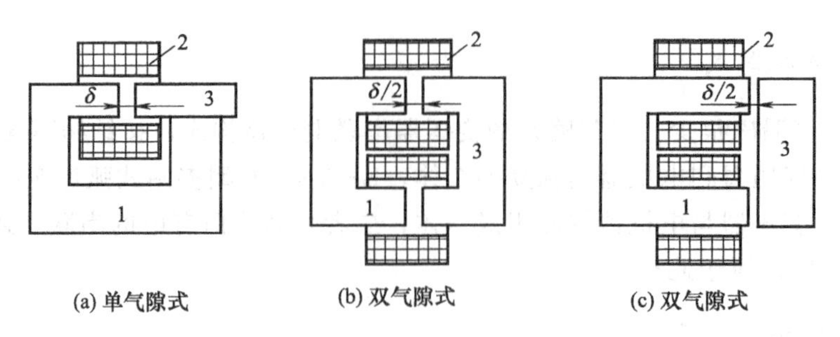

图 2-5 调节空气隙式电抗器

1—定铁芯；2—绕组；3—动铁芯

由上式可知，空气隙 δ 增大，则 X_K 减小；反之 X_K 增大。

既然要靠改变空气隙的大小来调节电流，铁芯就分为定铁芯和动铁芯两部分。当电抗绕组有电流通过时，这两部分铁芯间就会出现强大的电磁吸力 F，而 $F \propto B_\delta^2 S_\delta$ 以及 $B_\delta \propto I_f$，式中 B_δ 为电抗器空气隙内的磁感强度。

由于电流 I_f 是交变的，F 力的大小也随着变化，这就引起了动铁芯的振动，这种电磁力常达数千帕。当调至小电流时 δ 很小，由振动引起 δ 和 X_K 的变化幅度相对较大，因此对焊接电流的影响则不可忽视，常导致电弧不稳。所以，除应设法锁紧动铁芯以减轻其振动之外，还要限制最小空气隙和电流调节的下限。当然，振动还带来噪声，并使动铁芯传动机构易于损坏。这些是这种电抗器的缺点。图 2-5 (b)、(c) 所示的双间隙电抗器动铁芯上受到的电磁力比图 (a) 中所示单间隙的要大，振动也更严重。

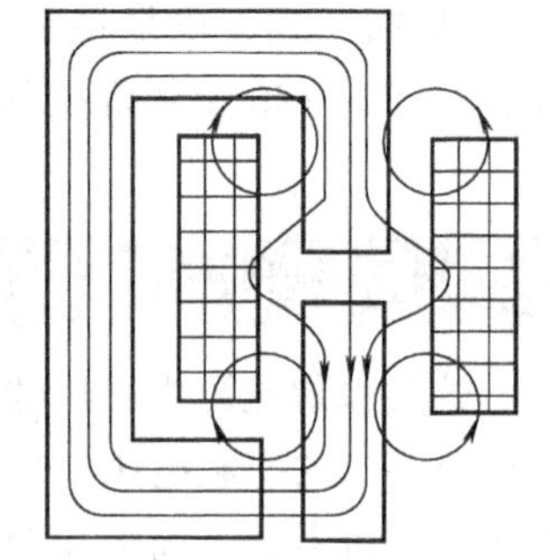

图 2-6 电抗器磁力线分布情况

此外，这种电抗器磁路中，磁力线经过空气隙时，不沿着铁芯轴线方向而向周围扩散，同时绕组两端有一部分磁力线经空气形成回路（见图 2-6）。这些方向杂乱的磁力线，有的以垂直方向穿过铁芯的硅钢片和绕组铜线，从而增加了铜、铁损耗而引起附加损耗。当间隙增大时，附加损耗也增大。显然，双间隙式比单间隙式的附加损耗更大。

当 δ 改变时 X_K 的变化如图 2-7 所示。X_K 的上限受到 δ 下限的限制（考虑振动问题）。另一方面由图可见，δ 大到一定程度后其调节作用不灵敏了，这是由于电抗器中只有经铁芯闭合的那部分磁通才受 δ 的影响，当 δ 较大时这部分磁通很少，就起不到主要作用。因而改变 δ 达到的电流调节范围是有限的。双间隙电抗器 δ 的调节范围比单间隙大一倍，对应的电流调节范围也大，不过电流的调节不及单间隙的均匀。

单间隙电抗器优点较多，故应用较广，双间隙电抗器适用于大容量弧焊变压器。总之，调节空气隙式电抗器能均匀调节电流，结构简单，在生产中得到实际应用。当然，它存在铁芯振动、附加损耗大的缺点。

2. 调节绕组式

其结构如图 2-8 所示。它的优点是没有活动铁芯，无振动问题，结构简单。由式 (2-5) 知，$X_K \propto N_k^2$，改变 N_k，可调 X_K，但只能作有级调节，故应用不广。

3. 饱和电抗器

其结构如图 2-9 所示。铁芯中无空气隙和活动铁芯，因而避免了上述电抗器的缺点。磁路磁阻为

$$R_m = \frac{l}{\mu S_{Fe}}$$

式中，l、S_{Fe}都是不可调的铁芯磁路长度和截面积，只有改变铁芯材料的磁导率 μ 以进行调节。铁磁材料的 μ 是随其饱和程度而变化的。因此，在铁芯上除二侧芯柱套有电抗线圈之外，中间芯柱上还设有直流控制绕组。改变后者流过的直流电流的大小，可改变铁芯饱和程度，导致 μ 及 R_m 改变，从而调节了 X_K。用这种电抗器可实现均匀的、大范围的调节，且易于控制、容易实现远距离调节电流；又因没有振动而电流稳定，故多用于要求较高的场合。有些钨极交流氩弧焊机中采用了这种电抗器。其缺点是耗用材料较多，体积、重量较大。

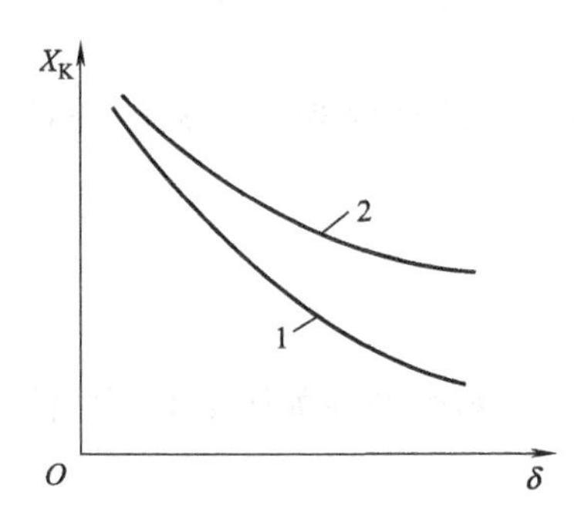

图 2-7　X_K 与 δ 的关系曲线
1—双间隙；2—单间隙

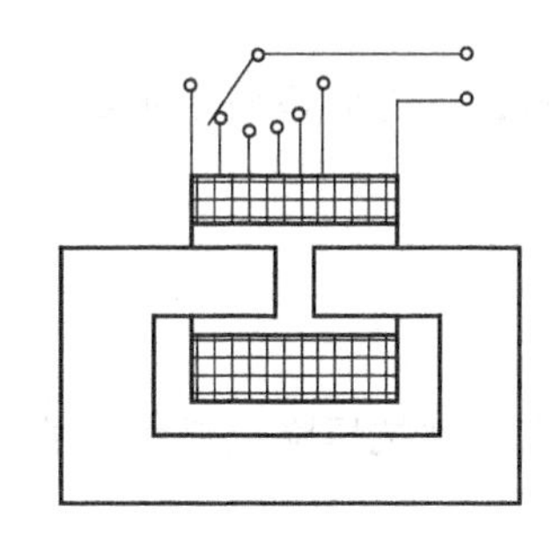

图 2-8　调节绕组匝数的电抗器

二、分体式弧焊变压器

它由变压器和电抗器两种独立部件组成，只是将其串联使用，故称为分体式。它可供作单站和多站交流弧焊电源，分别介绍于下。

（一）单站分体式弧焊变压器

这种电源供单个焊工使用，故称为单站式。

1. 结构

如图 2-10 所示，由变压器 T 和电抗器 L_K 组成。变压器一次绕组 1 和二次绕组 2 共同绕在二侧芯柱上。一、二次绕组之间磁的耦合紧密，漏磁很少。L_K 为电抗器，装有连着传动机构的手柄 3，摇动它可调节空气隙的大小。

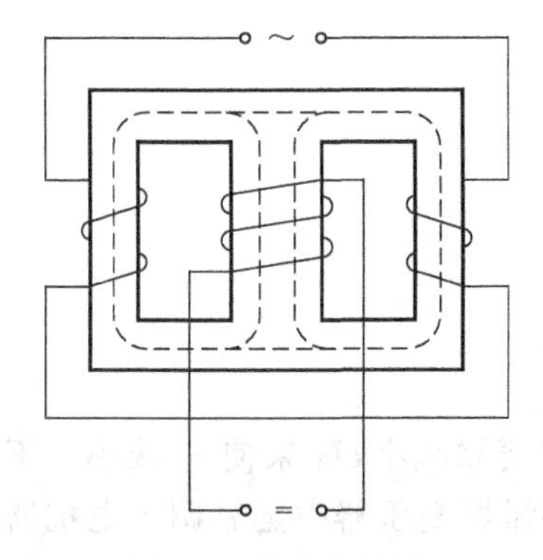

图 2-9　饱和电抗器

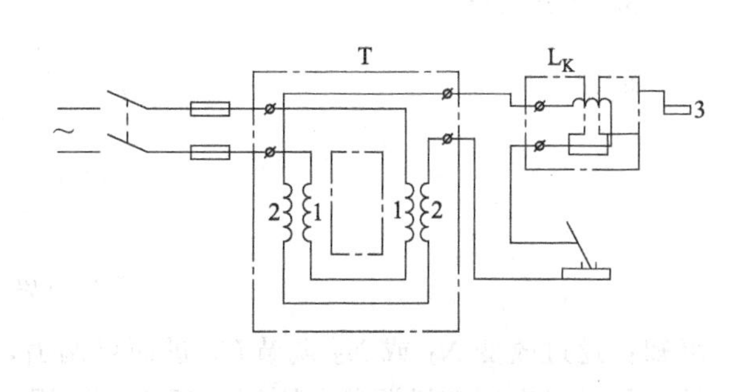

图 2-10　分体式弧焊变压器结构示意图

2. 工作原理

主要讨论空载电压的建立，如何获得下降外特性以及怎样限制短路电流的问题。

(1) 空载　这时电抗器线圈内没有电流，铁芯内无磁通，线圈两端没有电压。空载电压全靠变压器建立。因为变压器内部漏磁可略去，所以有

$$U_0=\frac{N_2}{N_1}U_1$$

(2) 负载　因变压器内部漏磁很少，漏抗 X_1、X_2 可以略去不计；一次和二次绕组的电阻 R_1 和 R_2 也可略去不计，则分体式弧焊变压器负载时的等效电路可用图 2-11 表示。所以，在有负载电流时，其二次电压 U_2 几乎不随电流大小而变，与空载电压近于相等，即

$$U_2\approx E_2\approx U_0$$

$U_2=f(I_f)$ 几乎是条水平线，如图 2-12 中线 1 所示。这种弧焊变压器的外特性方程式是：

$$U_f=U_0-J\dot{I}_fX_K$$

或

$$U_f=\sqrt{U_0^2-(I_fX_K)^2}$$

随着 I_f 增大，感抗压降也增大，故输出的电压 U_f 下降。外特性曲线如图 2-12 中曲线 2 或 3 所示。

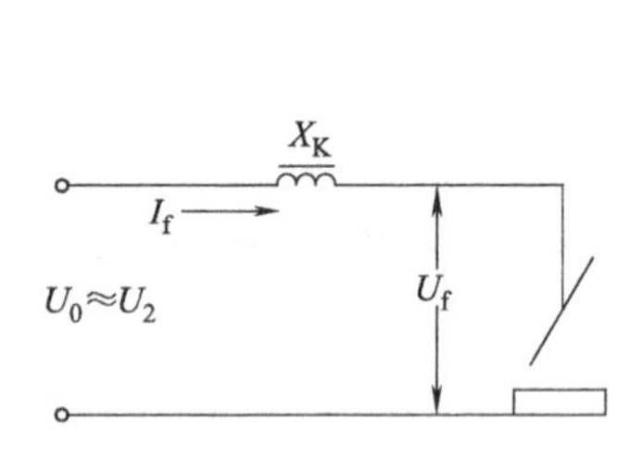

图 2-11　分体式弧焊变压器等值电路图

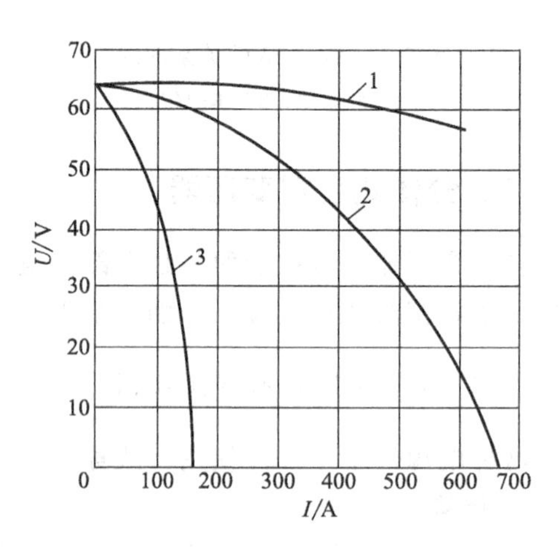

图 2-12　分体式弧焊变压器外特性

(3) 短路　这时 $U_f=0$，$I_f=I_{wd}$（I_{wd}为稳定短路电流），从外特性方程可得：$I_{wd}=U_0/X_K$，即靠 X_K 来限制短路电流。

3. 参数调节

根据

$$I_f=\frac{\sqrt{U_0^2-U_f^2}}{X_K}$$

$$U_0=\frac{N_2}{N_1}U_1$$

$$X_K=\omega\mu_0\frac{N_k^2S_\delta}{\delta}$$

可知：通过改变 N_1 或 N_2 调节 U_0 进而可调 I_f，但这样要靠减小 U_0 来使 I_f 减小，不利于稳弧，且只能实现有级调节，因而一般不宜采用。在这种弧焊变压器中是靠调节电抗器铁芯空气隙 δ 来调电流的。当 δ 减小，使 X_K 增大，从而 I_f 减小。当 δ 由最大调至最小时，外特性

曲线从图 2-12 中曲线 2 均匀改变至曲线 3。

这种弧焊变压器的优点是，变压器和电抗器可分别使用，易于搬动。但缺点也是明显的：小电流时电弧稳定性差、结构不紧凑、消耗材料较多，所以目前已不生产。

（二）多站分体式弧焊变压器

1. 特点

在造船、锅炉等工厂的焊接车间，焊接生产任务繁重，往往可以采用多站式弧焊变压器集中供电。这种弧焊变压器本身必须是平的外特性，要求当电流自零增至额定值时，变压器端电压的降低不超过空载电压的 3%～5%。这样可使各焊接站之间互不影响。若采用具有下降外特性的变压器，只要有一个焊接站先开始焊接，则因电源输出电压已降至电弧电压，使其他焊接站无法引弧；即便是各站能同时引弧，但在焊接过程中各站焊接电流也不能稳定，将随同时工作的站数及各站电流的变化而变化，显然这是不允许的。

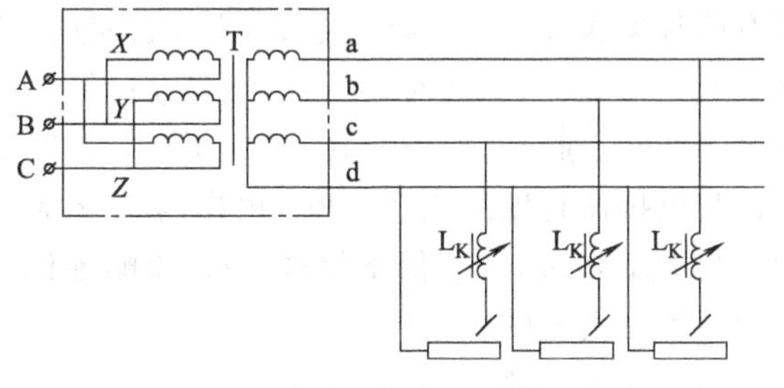

图 2-13 多站弧焊变压器供电方式

尽管多站式弧焊变压器本身的外特性是平的，而各焊接站在焊接时仍要求有下降的外特性，以及各自能独立地调节焊接电流。因而各站需另串电抗器，其供电电路如图 2-13 所示。

焊条电弧焊电源以短期重复方式工作（即焊接与休止相交替）。各个焊站的焊接与休止时间往往是交错的，因此用多站集中供电方式可提高设备利用率。一台多站式电源所能供应的站数可用下式计算：

$$n=\frac{I_{\mathrm{de}}}{KI_{\mathrm{me}}}$$

式中，n 为可供站数；I_{de}为多站弧焊电源的额定电流；I_{me}为每站所需额定电流；K 为同时利用系数（一般可取 0.6）。

采用多站式供电有下列优点：节省设备投资；经常处于满载工作状态，提高了设备利用率；便于管理、维护；减少供电容量；减少占用车间生产面积。但也有以下缺点：焊接电路是低压供电，线路能量损耗大；焊站不可随便移动，灵活性差；工作可靠性差。因此，应视具体情况权衡利弊而选用。

2. 产品介绍

国产有 BP-3×500 型。由一台具有正常漏磁的三相降压变压器和 12 个调节空气隙式电抗器组成，可供 12 个焊站使用。由于存在上述缺点和条件所限，这种弧焊变压器应用不多。

三、同体式弧焊变压器

（一）结构特点

这种弧焊电源的结构如图 2-14 所示，下部是变压器，上部是电抗器，各自的结构与分体式相同。图中将变压器一、二次绕组画成上下叠绕是为了一目了然，实际上是同轴缠绕，一次绕组在内层，二次绕组在外层。与分体式不同之处在于，将电抗器叠于变压器之上共用中间磁轭，以达到省料目的。但是二次绕组 W_2 与电抗绕组 W_k 以不同极性串联时，空载电压值和对铁芯中间公共磁轭尺寸的要求将是不同的，分析比较于下：

1. 空载

设空载磁通 Φ_0 的正方向如图 2-15 箭头所示。它绝大部分经中间共用磁轭闭合，如图中实线所示。因另一条磁路中有空气隙，磁阻很大，所以 Φ_0 中只有极少部分经上部气隙穿过 W_k 而闭合，如图中虚线所示。各部分空载磁通在二次绕组 W_2 和电抗绕组 W_k 上感生的空载电动势 E_{20}、E_{k0} 的极性如图中正、负号所示（按右螺旋定则确定，右手拇指指向磁通方向，另外四指所图 2-15 空载时磁通分布指由负到正即为规定的感应电动势正方向。不同绕组对应的正极性端或对应的负极性端称之为同名端）。我们知道，W_2 应与 W_k 串联使用，但有两种串联方式：一种是令 E_{20} 与 E_{k0} 相加，即为顺连（将两者的非同名端联在一起），如图 2-16（a）所示，这时 $U_0=E_{20}+E_{k0}$；另一种是令 E_{20} 与 E_{k0} 相减，即为反联（将两者的同名端联在一起），如图 2-16（b）所示，这时 $U_0=E_{20}-E_{k0}$。由此可见，由于共用磁轭变压器与电抗器有磁的联系，W_k 也参与建立空载电压。但是，Φ_0 中穿过 W_k 的份额是很小的，故 $E_{k0} \ll E_{20}$，E_{k0} 值不超过 3V。粗略地说，可以仍认为 $U_0 \approx E_{20}$，顺反联对空载电压的影响并不是主要的。

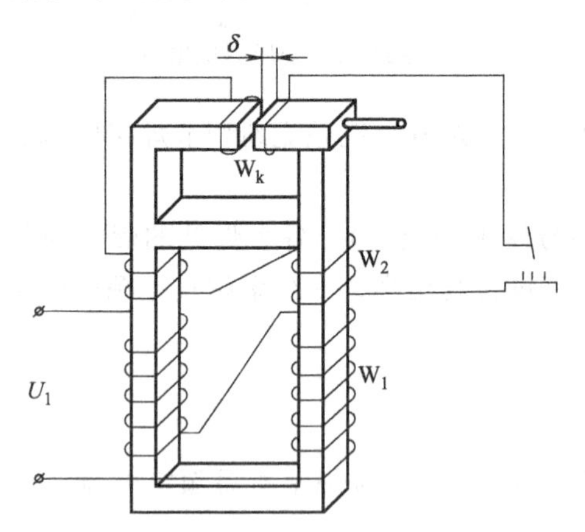

图 2-14 同体式弧焊变压器结构示意图

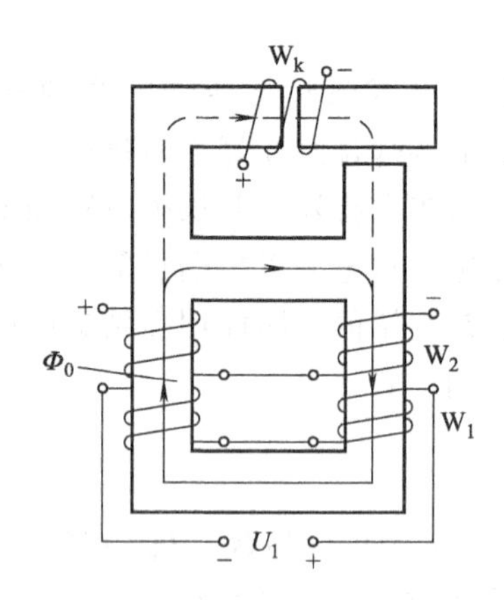

图 2-15 空载时磁通分布

2. 负载

如图 2-16 所示。负载时 W_2 与 W_k 串联，有 I_f 流过二次电路。变压器一、二次绕组共同建立主磁通，因变压器漏磁可以忽略，负载时变压器主磁通即等于空载磁通 Φ_0。为分析方便，将 Φ_0 中穿过 W_k 的部分略去。W_k 中有 I_f 流过，产生磁通 Φ_k，W_k 中电流方向及 Φ_k 方向如图中箭头所示。当然，Φ_k 的大部分经中间公共磁轭闭合，但也有少量经变压器铁芯穿过 W_1、W_2 绕组。因为后者磁路长、磁阻大，故分配的磁通份额较小。为了简便将这部分磁通也略去（所以图中并未画出）。顺联［图 2-16（a）］与反联［图 2-16（b）］相比，W_k 中电流方向不同，其产生的 Φ_k 方向相反，以致在中间公共磁轭中与 Φ_0 的关系不同。顺联时中间磁轭中总磁通 Φ 为 Φ_0 与 Φ_k 之差，如矢量图 2-16（c）所示，结果 $\Phi>\Phi_0$。反联时中间磁轭总磁通 Φ 是 Φ_0 与 Φ_k 之和，如矢量图 2-16（d）所示，结果 $\Phi<\Phi_0$。由此可见，采用反联则中间磁轭中总磁通不会大于 Φ_0，中间磁轭虽公用，但不必加大截面积，因而是比较合理的。因此这类产品都是将 W_2 与 W_k 反联。

在忽略了上述次要磁通后，它的工作原理与规范调节同于分体式，这里不再赘述。与分

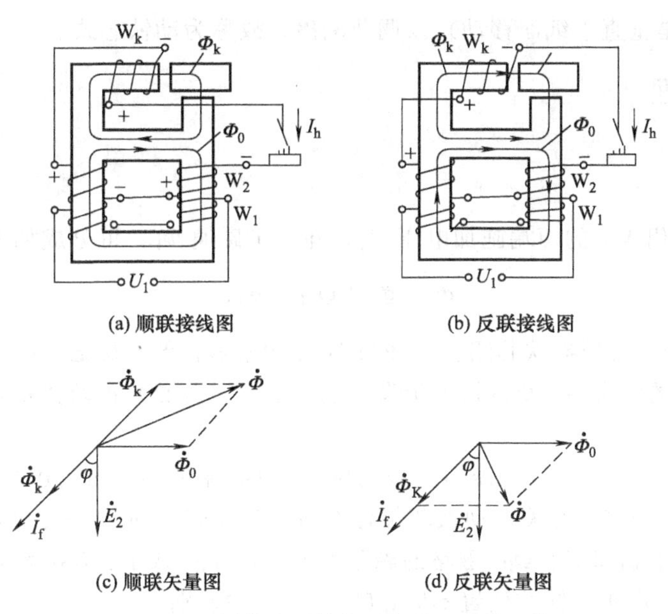

图 2-16 同体式弧焊变压器顺、反联比较

体式相比，不同之处在于结构紧凑、省料，但要笨重些。由于用于小电流时有电弧不够稳定的缺点，故宜做成大、中容量的电源，供作焊条电弧焊、埋弧焊电源。

（二）产品介绍

国产同体式弧焊变压器有两个系列：

BX 系列有 BX-500 型（旧型号为 BA-500 型），用于焊条电弧焊，靠手摇传动机构调节电流。

BX2 系列（旧型号为 BC 系列）有 BX2-500、BX2-700、BX2-1000 和 BX2-2000 型。后两型号因容量大，调节机构笨重，配备有三相交流电动机以驱动电流调节机构，这样也便于摇调。前两型号分手动和电动调节两种，可供选用。BX2 系列弧焊变压器主电路图如图 2-17 所示，一次绕组备有抽头，电网电压正常时将点 81 与 80 连接使用。当电网电压降低时应改为将点 79 与 82 连接使用，此时减少了一次绕组匝数以保持应有的空载电压。

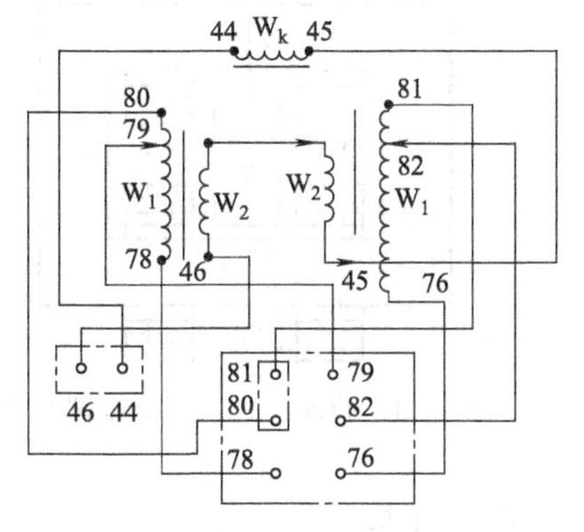

图 2-17 BX2-500、1000、2000 型弧焊变压器主电路

模块三 动铁芯式弧焊变压器

一、结构特点

它是一种增强漏磁式弧焊变压器，靠增强本身漏磁获得下降外特性，其结构见图 2-18。为增加漏磁需使一次绕组 W_1 和二次绕组 W_2 耦合得不紧密。由图 2-18 可见，W_1 和 W_2 是各自分开绕在变压器铁芯Ⅰ上的，二者之间相距 δ_{12}。并且在 W_1、W_2 之间设有铁芯Ⅱ，用它构成磁分路，以减小漏磁磁路磁阻，从而使漏磁显著增强。铁芯Ⅱ可以移动，进出于铁芯

I 的窗口（在图中是垂直于纸面移动）以调节漏磁，故称为动铁芯式。

二、工作原理

（一）空载

这时在一次绕组 W_1 的两端施加电压 U_1，建立了磁通 Φ_1，可分成如下三部分：

$$\Phi_1 = \Phi_0 + \Phi_{L1} + \Phi_{fL1}$$

式中，Φ_0 是经过变压器铁芯闭合，并与 W_1、W_2 耦合的主磁通；Φ_{L1}是经过空气闭合，只与 W_1 本身耦合的漏磁通；Φ_{fL1}是由于设置动铁芯（磁分路）而增加的漏磁通，称为一次附加漏磁通。

磁通分布如图 2-19 所示。变压器空载电压是由 Φ_0 穿过 W_2 感应建立的，所以 U_0 不仅与 N_2/N_1 有关，还与 K_M 有关。动铁芯位置不同，Φ_{L1}不变、而 Φ_{fL1}是要随着变化的。当动铁芯移出变压器铁芯窗口时，Φ_{fL1}磁路的磁阻增大，使 Φ_{fL1}减小、K_M 增大，于是 U_0 增大；反之，则 U_0 减小。由于动铁芯位置不同，U_0 有几伏的差别。

$$U_0 = \frac{N_2}{N_1} K_M U_1$$

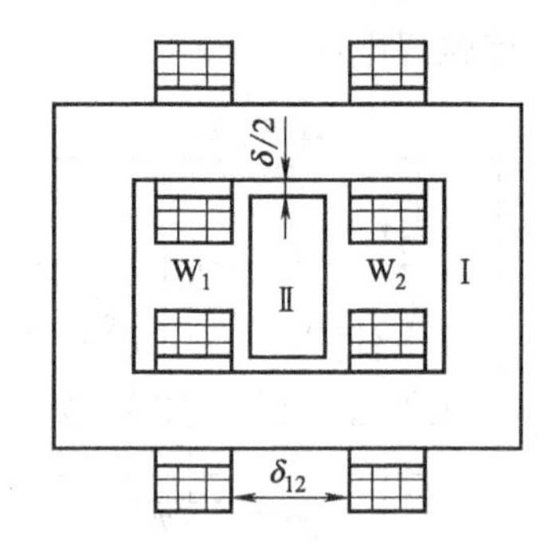

图 2-18 动铁芯式弧焊变压器结构

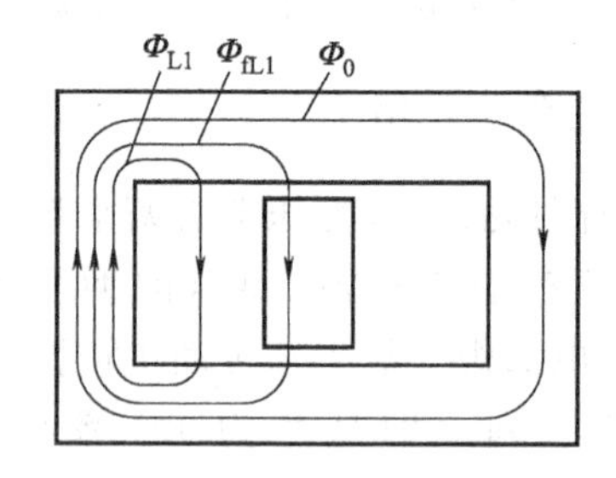

图 2-19 空载时磁通分布

（二）负载

这时除了一次绕组上施加有电压 U_1，而磁势 I_1N_1 能产生磁通之外，二次绕组接通负载而有电流 I_f，磁势 I_fN_2 也能产生磁通，它们的分布如图 2-20 所示。变压器主磁通 Φ 是由一、二次绕组磁势共同建立的。此外，各自产生漏磁通 Φ_{L1}、Φ_{L2}和附加漏磁通 Φ_{fL1}、Φ_{fL2}，而有对应的漏抗 X_{L1}、X_{L2}和附加漏抗 X_{fL1}、X_{fL2}。其等效电路如图 2-21 所示。图中变压器总漏抗 X_{ZL}为：

$$\begin{aligned} X_{ZL} &= X'_{L1} + X_{L2} + X'_{fL1} + X_{fL2} \\ &= \left(\frac{N_2}{N_1}\right)^2 X_{L1} + X_{12} + \left(\frac{N_2}{N_1}\right)^2 X_{fL1} + X_{fL2} \\ &= X_L + X_{fL} \end{aligned}$$

式中，$X_L = \left(\frac{N_2}{N_1}\right)^2 X_{L1} + X_{L2}$ 是变压器漏抗；$X_{fL} = \left(\frac{N_2}{N_1}\right)^2 X_{fL1} + X_{fL2}$ 是变压器附加漏抗。

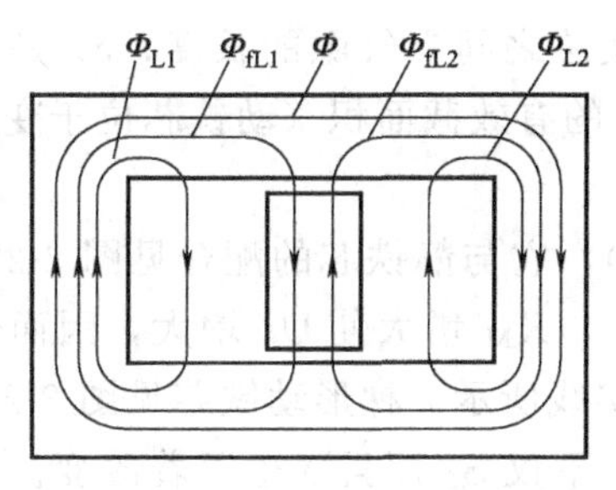

图 2-20　负载时磁通分布情况

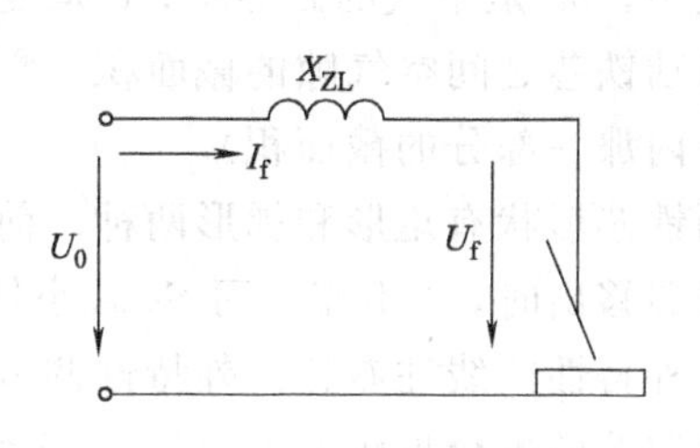

图 2-21　等效电路

其外特性方程式是：$U_f = U_0 - jI_fX_{ZL}$ 或 $U_f = \sqrt{U_0^2 - I_f^2X_{ZL}^2}$，即靠变压器本身具有的总漏抗获得下降外特性。

（三）短路

这时 $U_f = 0$，$I_f = I_{wd}$，从外特性方程式可得：

$$I_{wd} = \frac{U_0}{X_{ZL}}$$

由上式可见，可靠 X_{ZL} 限制短路电流。

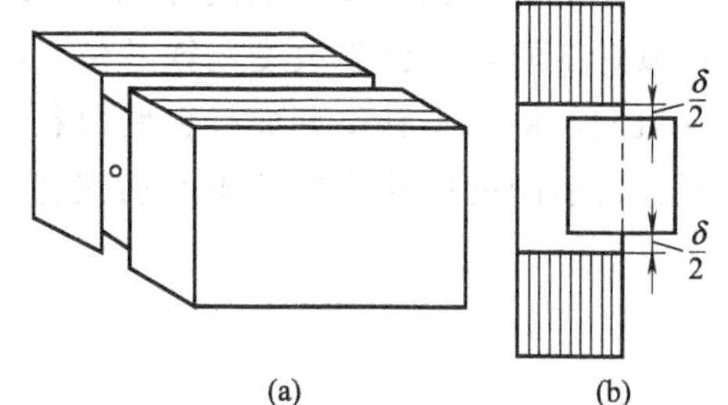

图 2-22　矩形动铁芯及其静铁芯的配合

三、参数调节

根据 $I_f = \frac{\sqrt{U_0^2 - U_f^2}}{X_{ZL}}$，$U_0 = \frac{N_2}{N_1}K_MU_1$

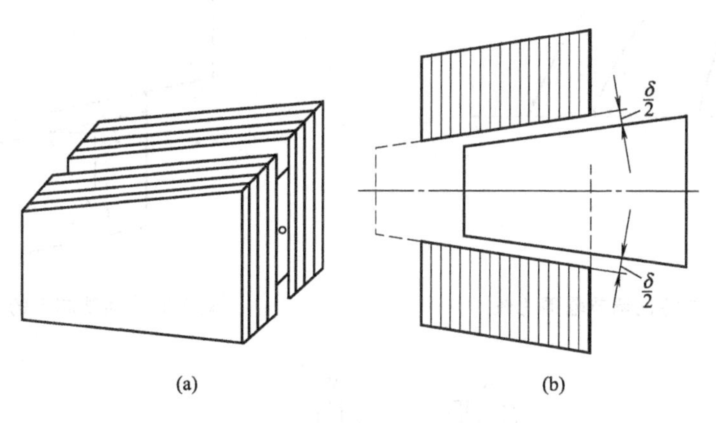

图 2-23　梯形动铁芯及其与静铁芯的配合

可知，通过改变 X_{ZL} 可调节 I_f。具体地说，是通过移动动铁芯来调节 X_{ZL}，X_L 与动铁芯位置无关，所以这只是调节了 X_{fL}。前已讲过：

$$X = \frac{\omega N^2}{R_m}，所以 X_{fL} \propto \frac{\omega N_2^2}{R_m}$$

R_m 是附加漏磁通所经磁路的磁阻。由图 2-19 可见，磁路包含铁芯部分和空气隙部分。由于铁芯内磁阻远小于空气隙的磁阻，为了简便，略去前者，只计后者即，$R_m \approx \delta/\mu_0 S_\delta$。于是

$$X_{fL} \propto \omega\mu_0 \frac{N_2^2 S_\delta}{\delta}$$

式中，μ_0 是空气的磁导率；δ 是变压器铁芯与动铁芯之间空气隙的长度；S_δ 是变压器铁芯与动铁芯之间空气隙的截面积，它近似等于动铁芯的有效截面积（动铁芯位于变压器铁芯窗口内那一部分的截面积）。

动铁芯形状有矩形和梯形两种。前者见图 2-22（a），它与静铁芯的配合见图 2-22（b）。当动铁芯移出时，δ 不变，而 S_δ 减小使 X_{fL} 减小；同时，K_M 增大使 U_0 增大，因而促使 I_f 增大，外特性曲线往右移。外特性调节范围如图 2-24 实线所示。梯形动铁芯见图 2-23（a），它与静铁芯的配合见图 2-23（b）。当动铁芯位置不同，不仅 S_δ 而且 δ 也跟着改变。动铁芯在最里位置时 δ 很小、近于零，因而 X_{fL} 最大值比矩形动铁芯的大，电流调节的下限较小。动铁芯在最外位置时 δ 比矩形铁芯的大，X_{fL} 最小值比矩形铁芯的小，因而电流调节的上限较大。其外特性调节范围如图 2-24 中虚线所示，电流调节范围比矩形动铁芯的大。矩形动铁式弧焊变压器，由于改变动铁芯位置，电流调节范围不够宽，还要辅以改变二次绕组匝数进行粗调，使用不够便利而且也费材料。梯形动铁芯式性能比较优越，在我国和日本已广为应用。目前国内已停止生产矩形动铁芯式弧焊变压器。

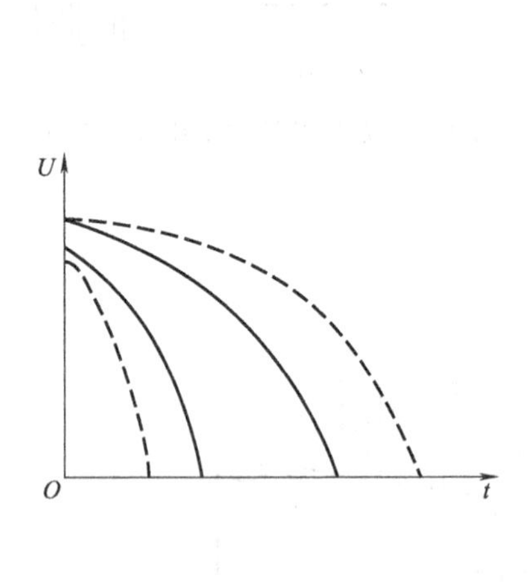

图 2-24 外特性调节范围比较

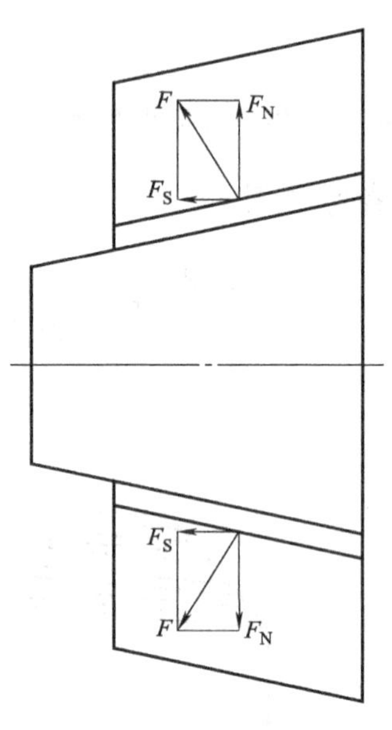

图 2-25 动铁芯上的电磁力

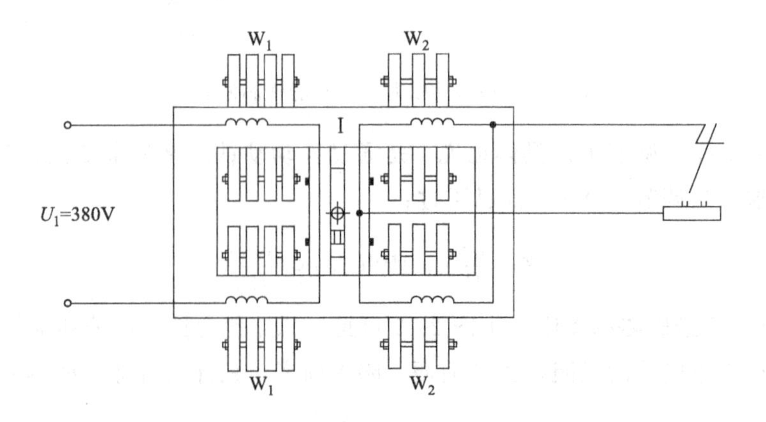

图 2-26 BX1-300 结构原理图

四、产品介绍

动铁芯式弧焊变压器也存在动铁芯振动的问题。但作用在两个气隙处电磁力的垂直分量可以抵消（见图 2-25）。因此，振动很轻微几乎无噪声，不致影响焊接电流的稳定。这类变压器由于内部漏抗足够大，不必用电抗器，从而节省了原材料的消耗。同时，结构简单，易造好用，颇受欢迎。但由于有两个空气隙，使附加损耗较大，故宜于做成中、小容量的产品。国产动铁芯式弧焊变压器目前有 BX1 系列，包括 BX1-135、BX1-300、BX1-500 型，它们的动铁芯是梯形的。

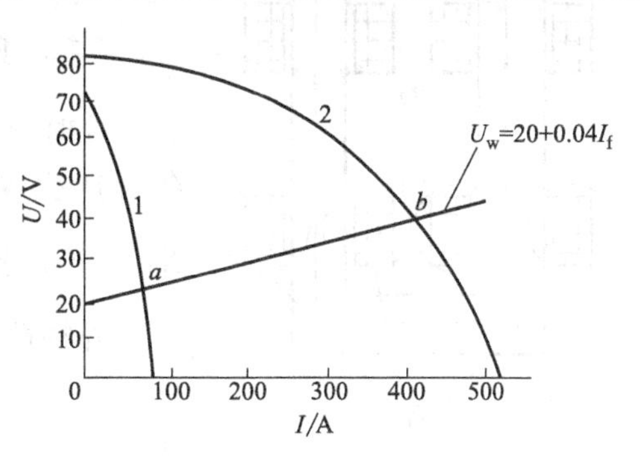

图 2-27　BX1-300 外特性曲线

现以 BX1-300 型弧焊变压器为例加以说明。其结构及原理电路见图 2-26。外特性及其调节范围见图 2-27。仅需移动动铁芯以调电流，其调节范围颇为宽广，达到了 75～400A，整个范围内皆均匀可调，而且电流的变化与活动铁芯移动距离近于呈线性关系。

模块四　动绕组式弧焊变压器

一、结构特点

动绕组式弧焊变压器结构见图 2-28。它的铁芯形状特点是高而窄，在两侧的芯柱上套有一次绕组 W_1 和二次绕组 W_2。W_1 和 W_2 是各自分开缠绕的。W_1 在下方是固定不动的，W_2 在上方是活动的，摇动手柄可令其沿铁芯柱上下移动，以改变其与 W_1 之间的距离 δ_{12}。由于铁芯窗口较高，δ_{12} 可调范围较大。这种结构特点，使得一次与二次绕组之间磁的耦合不紧密而有很强的漏磁。由此所产生的漏抗就足以得到下降外特性，而不必附加电抗器。它是属于增强漏磁式弧焊变压器。

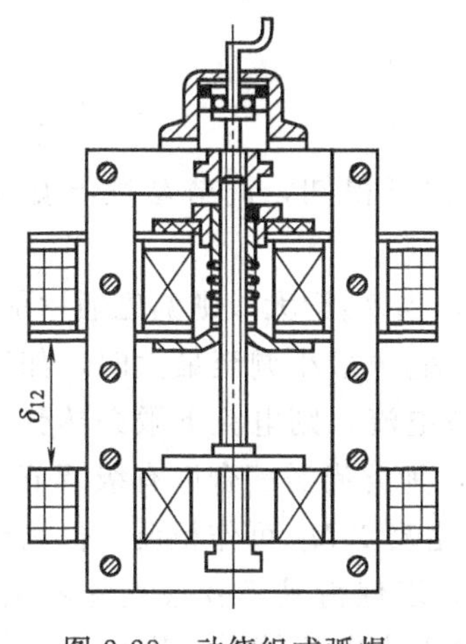

图 2-28　动绕组式弧焊变压器结构示意图

二、工作原理

它与动铁芯式同属增强漏磁式，共同特点是变压器一、二绕组间磁耦合不紧密。不同之处在于，动绕组式在绕组间无动铁芯作磁分路，而代之以绕组之间距离较大而且可调。因而动绕组式弧焊变压器中，只有经空气闭合的漏磁而没有经动铁闭合的附加漏磁，其余工作原理则与动铁芯式相同。

（一）空载

这时一次绕组磁势产生了磁通 Φ_1，其大部分经铁芯闭合同 W_1、W_2 匝链为空载主磁通

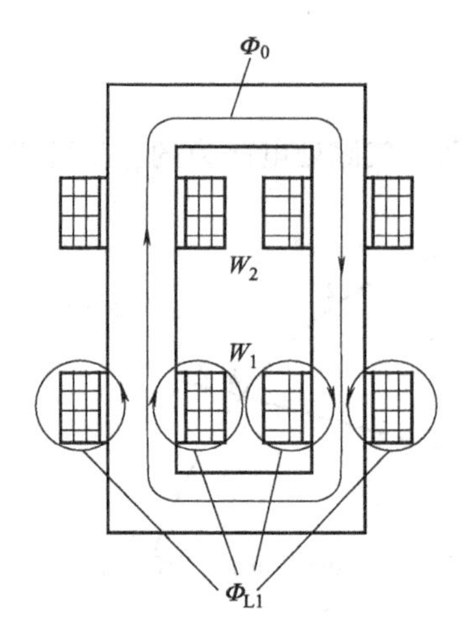

图 2-29 空载时磁通分布

Φ_0；少部分经空气闭合只与 W_1 本身匝链为漏磁通 Φ_{L1}。它们分布情况见图 2-29。故 $U_0=\frac{N_2}{N_1}K_M U_1$，$K_M=\Phi_0/\Phi_1$

（二）负载

这时一、二次绕组都有磁势，共同建立了主磁通 Φ_0，又各自产生漏磁 Φ_{L1}、Φ_{L2}（见图 2-30），而产生漏抗 X_{L1}、X_{L2}，变压器总漏抗为 $X_{ZL}=X'_{L1}+X_{L2}=\left(\frac{N_2}{N_1}\right)^2 X_{L1}+X_{L2}$

外特性方程式为：

$$U_f=U_0-jI_f X_{ZL}$$

或

$$U_f=\sqrt{U_0^2-(I_f X_{ZL})^2}$$

即靠变压器内部增强了的漏抗 X_{ZL} 获得下降外特性。

（三）短路

这时 $U_f=0$、$I_f=I_{wd}$，所以 $I_{wd}=U_0/X_{ZL}$，即靠 X_{ZL} 限制短路电流。

三、参数调节

$$I_f=\frac{\sqrt{U_0^2-U_f^2}}{X_{ZL}}$$

根据

$$U_0=\frac{N_2}{N_1}K_M U_1$$

以及空气漏抗的计算公式（推导从略）

$$X_{ZL}=KN_2^2(\delta_{12}+A) \tag{2-6}$$

式（2-6）中 K 及 A 是与变压器结构数据有关的常数。由公式可得知，调节参数有如下办法：

（1）改变 δ_{12} 以进行均匀调节　对比图 2-30 与图 2-31 可知，当 δ_{12} 增大，则漏磁通增加、而主磁通减少，使 X_{ZL} 增大，K_M、U_0 减小，以致 I_f 减小。当 δ_{12} 由最小调至最大时，如图 2-32 所示，外特性曲线可由 4 调至 3 或由 2 调至 1。用此法调节电流，则电流下限必然受到变压器铁芯窗口高度的限制，因而电流调节范围常达不到要求，为此尚需配合以有级调节。

（2）改变 N_2 以进行有级调节　X_{ZL} 是与 N_2^2 成比例的，因此改变 N_2 可作粗调。但只改变 N_2，则 U_0 亦随着变化，所以在改变 N_2 的同时也改变 N_1，以保持其不变或变化不大。例如工作于大电流挡时，可令两盘 W_2、W_1 各自并联；而工作于小电流挡时，则可令它们各自串联。这样，X_{ZL} 和 I_f 在变化前后要各自相差 4 倍，当然可借以扩大电流调节范围。为使工作于小电流挡时 U_0 应略有提高以利稳弧，只要在将两盘 W_1 串联时甩掉一部分，使 N_2/N_1 略有提高即可。图 2-32 即为联合使用上述二法调节规范所得的外特性。图中 1、2 为小电流挡，这时 W_1、W_2 各自串联；3、4 为大电流挡，这时 W_1、W_2 各自并联。

四、产品介绍

动绕组式弧焊变压器突出的优点是没有活动铁芯，因此避免了由于铁芯振动所引起的小

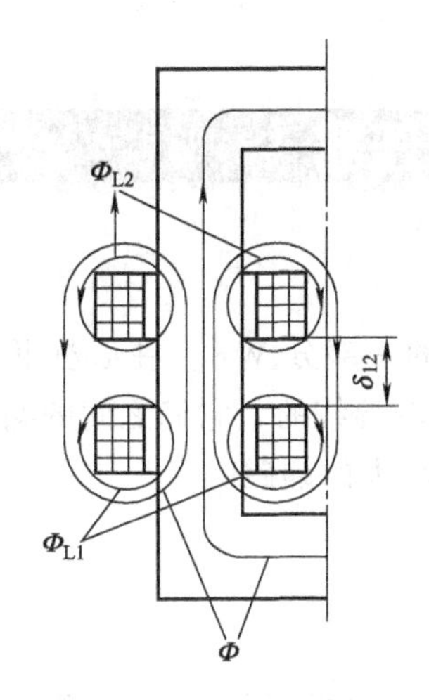

图 2-30　负载时磁通分布

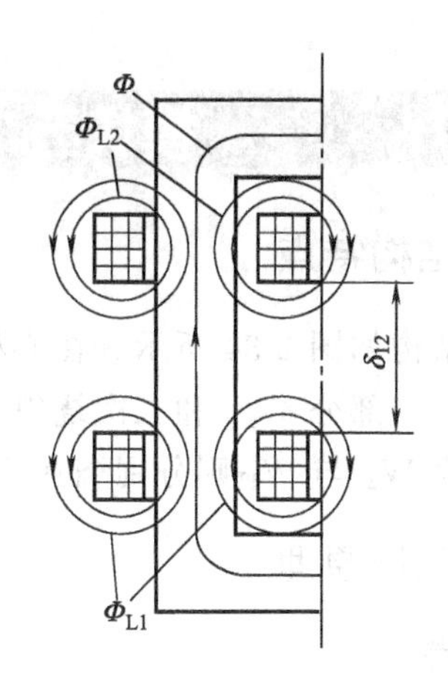

图 2-31　当 δ_{12} 较大时的磁通分布

电流时电弧不稳等一系列不利后果。虽然一、二次绕组之间也作用有电磁力，但却要小得多，几乎不引起危害。且当调至小电流时，δ_{12}最大，电磁力更小，故电弧稳定。它的缺点是：电流调节下限受到铁芯高度的限制，因而只适用于中等容量。由于要辅以改变绕组匝数来调节规范，因而使用时不如梯形动铁芯式方便；另外，就是消耗电工材料较多、经济性较差。国产这类产品属 BX3 系列，有 BX3-120、BX3-300、BX3-500 型，主要用于焊条电弧焊；还有 BX3-1-300、BX3-1-500 型，它们空载电压比前者略高，主要用于氩弧焊。它们的电路图大同小异，今以 BX3-1-500 型为例加以说明。它的电路示于图 2-33。图中 0-9、8-8 是二次绕组；4-6、1-3 是一次绕组，各有抽头 5 和 2。一次电流的大、小挡，用转换开关换接。当转换开关处于“0”位时，则如图示，一次绕组从电网切除，弧焊变压器不工作。当转换开关逆时钟转过 90°到“1”位—小电流挡时，它使 2 与 5 接通；这时一次电路通路是：4→5→2→1，即将 W_1 的 4-5 和 2-1 部分串接起来接到电网，而将其 5-6 和 2-3 部分甩掉不用。相应地，两盘二次绕组亦应串联，即应当用连接片将 0 与 8 点接通，则二次通路是 9→0→8→7。当转换开关顺时针转 90°到“Ⅱ”位—大电流挡时，它使 3 与 4、1 与 6 相连，令两个一次绕组所有匝数全部并联使用。相应地，两盘二次绕组亦应并联，用金属连接片将 8 与 9、7 与 0 接通即可。通过改变 δ_{12}，两挡各自所得到的外特性调节范围如图 2-32 所示。

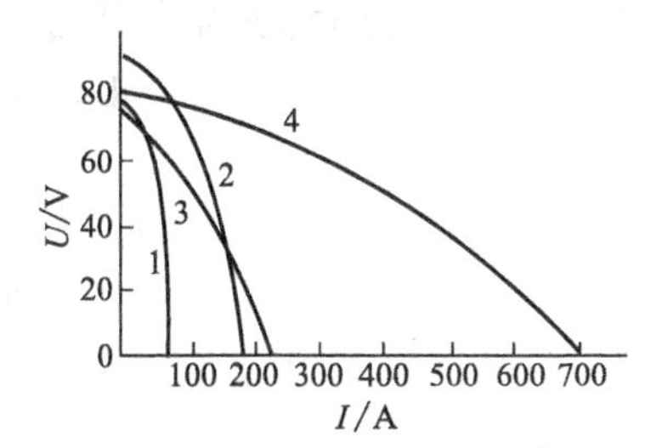

图 2-32　BX3-1-500 型弧焊变压器外特性
曲线 1,2—小电流挡时；
曲线 3,4—大电流挡时

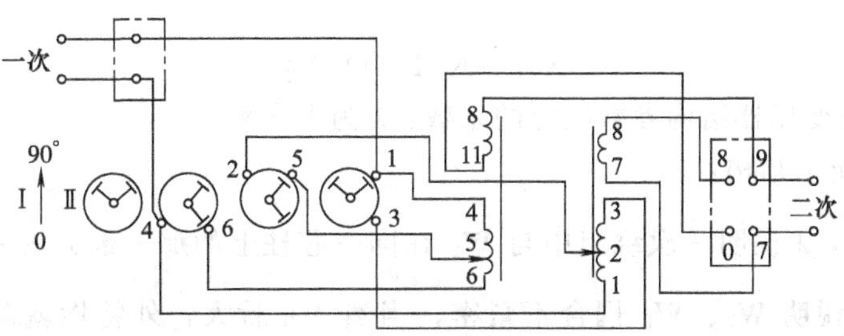

图 2-33　BX3-1-500 型弧焊变压器电路图

模块五 抽头式弧焊变压器

一、结构特点

它的结构如图 2-34 所示。在心柱Ⅰ上绕有一次绕组的一部分 $W_{Ⅱ}$；在心柱Ⅱ上绕有一次绕组的另一部分 $W_{1Ⅱ}$ 和二次绕组 W_2。$W_{1Ⅱ}$ 和 W_2 是同轴缠绕的，它们之间的漏磁可以忽略不计。而 W_2 与 $W_{1Ⅰ}$则分别绕在不同心柱上，彼此间有较大的漏磁。

二、工作原理

1. 空载

如图 2-35 所示，一次绕组在铁芯Ⅰ中产生磁通 Φ_1，其主要部分 Φ_0 经铁芯闭合 与 W_2 匝链，另一部分 Φ_{L1} 经空气闭合只与 $W_{Ⅱ}$自身匝链为漏磁。于是有

$$U_1=4.44fN_{1Ⅰ}\Phi_{L1m}+4.44fN_{1Ⅱ}\Phi_{0m}$$

$$U_0=4.44fN_2\Phi_{0m}$$

$$\frac{U_0}{U_1}=\frac{N_2\Phi_{0m}}{N_{11}\Phi_{L1m}+N_{12}\Phi_{0m}}=\frac{K_MN_2}{N_{11}+K_MN_{12}}$$

$$U_0=\frac{K_MN_2}{N_{11}+K_MN_{12}}U_1 \tag{2-7}$$

式中，$K_M=\Phi_0/\Phi_1$（或 Φ_{0m}/Φ_{1m}）为耦合系数。

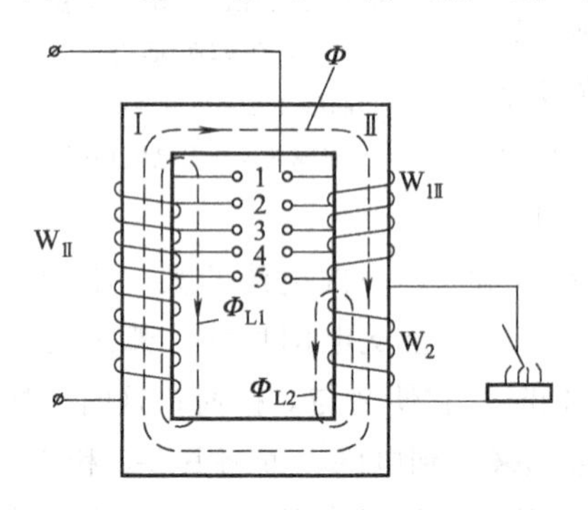

图 2-34 两心柱抽头式弧焊变压器

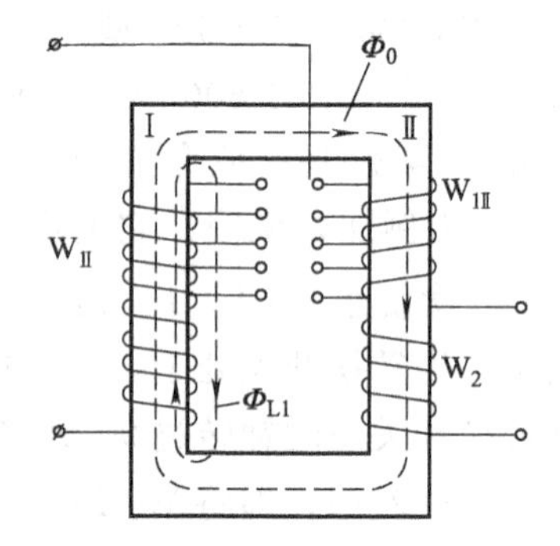

图 2-35 空载时磁通分布

2. 负载

如图 2-34 所示，这时有一次漏磁通 Φ_{L1}、二次漏磁通 Φ_{L2}，对应产生漏抗 X_1、X_2，靠这些漏抗获得下降外特性式，即 $U_f=U_0-jI_fX_{ZL}$为其外特性方程式。变压器总漏抗可按下述经验公式计算：

$$X_{ZL}=K(1-\lambda)^2N_2^2 \tag{2-8}$$

式中，K 是由变压器结构参数决定的系数：λ 为重合率。

对于图 2-34 所示结构：

$\lambda=\dfrac{N_{12}}{N_{11}+N_{12}}$，$\lambda$ 说明一次绕组中与 W_2 在同一芯柱上的那一部分占一次绕组总匝数的比率。λ 值小，则说明 W_1、W_2 耦合不紧密，当然 X_{ZL}就大，外特性就陡；反之外特性就缓。但是这种变压器与动铁芯、动线圈式相比，其增强漏磁的措施不够有力，所以 X_{ZL}是比

较小的，即式（2-8）中的 K 值较小。因而外特性下降得不陡。

三、参数调节

根据以下式子 $I_f=\frac{\sqrt{U_0^2-U_f^2}}{X_{ZL}}$，$U_0=\frac{K_M N_2}{N_{11}+K_M N_{12}}$，

$$X_{ZL}=K\ (1-\lambda)^2 N_2^2，\lambda=\frac{N_{12}}{N_{11}+N_{12}}$$

因而可通过改变 λ 以调节电流，即一次绕组上设许多抽头，用转换开关改变 $N_{1Ⅱ}$ 和 $N_{1Ⅰ}$，如图 2-34 所示，可以调节五级。一般都是在减少 $N_{1Ⅱ}$ 的同时增加 $N_{1Ⅰ}$，这样可使 U_0 几乎不变，否则将出现减小电流时 U_0 也降低，而不利于稳弧。图 2-34 中五对接点正是这样安排的。当把 1 接点连通时，$W_{1Ⅱ}$ 弃之不用、$\lambda=0$，X_{ZL} 最大，I_f 最小；当把 5 接点连通时，λ 最大、X_{ZL} 最小，I_f 最大。由于一次绕组匝数不能太多、K 值不大，所以电流调节下限受到限制，调节电流时外特性变化见图 2-36。这种弧焊变压器电流调节范围不大，又只能作有级调节。有时为扩大调节范围也辅以改变 N_2 作为粗调。

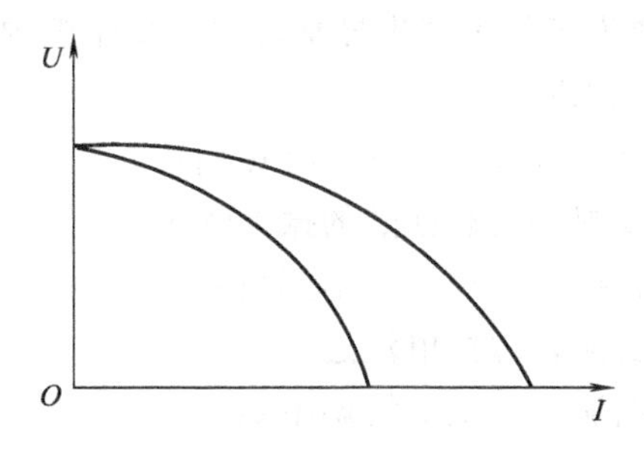

图 2-36　抽头式弧焊变压器外特性

四、特点及产品介绍

这种弧焊变压器的结构简单，易于制造，无活动部分，避免了电磁力引起振动带来的弊病，因而电弧稳定，无噪声，使用可靠，成本低廉。但其调节性能欠佳。由于以上特点，这种变压器一般都做成轻便型，适用于维修工作及一些乡镇企业。国产产品有 BX6-120-1 型，其额定电流为 120A，电流调节范围是 45～160A，额定负载持续率为 20%，重量只有 25kg。

模块六　弧焊变压器的维护及故障排除

一、弧焊变压器的维护

要保证弧焊变压器的正常使用，必须对弧焊变压器进行定期与日常的保养、维护。日常使用中的保养和维护，包括保持弧焊变压器内外清洁，经常用压缩空气吹净尘土；机壳上不应堆放金属或其他物品，以防止弧焊变压器在使用时发生短路和损坏机壳；弧焊变压器应放在干燥通风的地方，注意防潮等。

弧焊变压器定期的维护和保养可以分为以下三种形式：

（1）每日一次的检查及维护　在开机工作之前进行。检查及维护内容包括：电源开关、

调节手柄、电流指针是否正常；焊接电缆连接处（弧焊变压器输出端、焊钳及地线夹头等）是否接触良好；开机后观察冷却风扇转动是否正常等。

（2）每周一次的检查及维护　在周末下班前进行，并填写检查记录。检查和维护内容包括：内外除尘，擦拭机壳；检查转动和滑动部分是否灵活，并定期上润滑油，检查电源开关接触情况及焊接电缆连接螺栓、螺母是否完好，检查接地线连接处是否接触牢固等。

（3）每年一次的综合检查及维护　检查维护内容包括：拆下机壳，清除绕组及铁芯上的灰尘及油污；更换损坏的易损件（如调节螺杆及螺母、电缆连接螺栓和螺母等）；对机壳变形及破损处进行修理并油漆；检查变压器绕组的绝缘情况；对焊钳进行修理或更换：检修焊接电流指针及刻度盘；对破损的焊接电缆进行修补或更换等。

二、弧焊变压器的常见故障及其排除

弧焊变压器产生故障的原因是多种多样的，除设计问题、制造质量问题外，绝大部分原因还是属于使用和维护不当所造成的。弧焊变压器一旦出现故障，应能及时发现，立即停机检查，迅速准确地判定故障产生的原因，并及时排除故障。

弧焊变压器发生故障表现为工作中产生异常现象。由于弧焊变压器结构比较简单，其异常现象也容易发现。常见的异常现象有：

① 焊机内部绕组或焊接电缆接头处冒烟或有焦煳味。

② 焊机空载时振动声大或焊接时有强烈的振动噪声。

③ 焊机空载时机壳有轻微振动，焊接时不能引弧。

④ 空载电压低，不容易引弧，焊接电流过小。

⑤ 电流调节范围窄，大电流或小电流均调不到。

⑥ 空载电压过高，电流过大。

⑦ 焊接时电流忽大忽小，焊接电流不稳定。

⑧ 弧焊变压器机壳麻电。

⑨ 熔体（保险丝）烧断。

⑩ 调节手柄摇不动或摇起来很吃力。

表 2-1　弧焊变压器常见故障及排除方法

故障现象	产生原因	排除方法
1. 弧焊变压器无空载电压，不能引弧	(1)地线和工件接触不良 (2)焊接电缆断线 (3)焊钳和电缆接触不良 (4)焊接电缆与弧焊变压器输出端接触不良 (5)弧焊变压器一、二次线圈断路 (6)电源开关损坏 (7)电源熔体(保险丝)烧断	(1)使地线和工件接触良好 (2)修复断线处 (3)使焊钳和电缆接触良好 (4)修复连接螺栓 (5)修复断路处或重新绕制 (6)修复或更换开关 (7)更换保险丝
2. 输出电流过小	(1)焊接电缆过细过长，压降太大 (2)焊接电缆盘成盘状，电感大 (3)地线采用临时搭接而成 (4)地线与工件接触电阻过大 (5)焊接电缆与弧焊变压器输出端接触电阻过大	(1)减小电缆长度或加大线径 (2)将电缆放开，不使成盘状 (3)换成正规铜质地线 (4)采用地线夹头以减小接触电阻 (5)使电缆与弧焊变压器输出端接触良好

续表

故障现象	产生原因	排除方法
3. 焊接电流不稳定，忽大忽小	(1)电网电压波动 (2)调节丝杆磨损	(1)增大电网容量 (2)更换磨损部件
4. 空载电压过低	(1)输入电压接错 (2)弧焊变压器二次绕组匝间短路	(1)纠正输入电压 (2)修复短路处
5. 空载电压过高，焊接电流过大	(1)输入电压接错 (2)弧焊变压器绕组接线搞错	(1)纠正输入电压 (2)纠正接线
6. 弧焊变压器过热，有焦煳味，内部冒烟	(1)弧焊变压器过载 (2)弧焊变压器一次或二次绕组短路 (3)一、二次绕组与铁芯或外壳接触	(1)减小焊接电流 (2)修复短路处 (3)修复接触处
7. 弧焊变压器噪声过大	(1)铁芯叠片紧固螺栓未旋紧 (2)动、静铁芯间隙过大	(1)旋紧紧固螺栓 (2)铁芯重新叠片
8. 弧焊变压器工作状态失常(如电流大、小挡互换;空载电压过高或过低;无空载电压或空载短路等)	弧焊变压器维修时，将内部接线接错	纠正接线

焊机异常现象是故障的表现形式，有时一种异常现象可能表示几种故障原因。例如，焊条与工件之间打不着火，不能引弧，可能是电源开关损坏、保险丝烧断、电源动力线断脱、变压器一次绕组或二次绕组断路、焊接电缆和焊机输出端接触不良等多种原因造成的。从这些可能的原因中找出真正的故障所在，就需要有一定的理论知识和实践经验；利用仪器或仪表按一定的顺序对焊机电气线路进行检查。检查的范围是经分析后确定的，是有的放矢地检查，而不是从头到尾盲目地检查。这样才能在较短的时间内准确地找出故障，避免判断错误而造成恶劣后果。

弧焊变压器常见故障及排除方法见表 2-1。

思考与练习

一、填空题

1. 交流电抗器的电抗值为 $X_k=\omega\mu_0 N_k^2 S_\delta/\delta$ 由该式可知，对于一定的电抗器来说，只能通过改变电抗器的__________和__________来调节电抗值。

2. 同体式弧焊变压器为减小中间磁轭的截面积，要求该类产品的变压器副边绕组和电抗器绕组必须__________连接。

3. 动铁式弧焊变压器当动铁芯从最里移到最外位置时，可将电流由__________调到__________。

4. 弧焊变压器按获得下降外特性的方法不同可分为__________弧焊变压器和__________弧焊变压器。

5. 同体式弧焊变压器主要是通过改变__________来实现细调，采用改变__________来作为分档粗调。

6. 弧焊变压器分为正常漏磁式和增强漏磁式两大类，那么动圈式弧焊变压器属于

____________类型。

7. 弧焊变压器分为正常漏磁式和增强漏磁式两大类，那么抽头式弧焊变压器属于____________类型。

8. 抽头式弧焊变压器是靠____________方法来获得下降外特性的。

9. 正常漏磁式弧焊变压器获得外特性的方法是____________。

10. 分体式弧焊变压器串联电抗器通过改变____________调节焊接电流。

11. 弧焊变压器是一种具有____________外特性的____________变压器。

12. 分体式弧焊变压器由一台具有____________的降压变压器及一个____________组成。

二、选择题

1. 下图是分体式弧焊变压器外特性曲线，当调节电抗器铁芯空气隙 δ 由大变小时，外特性曲线将（　　）。

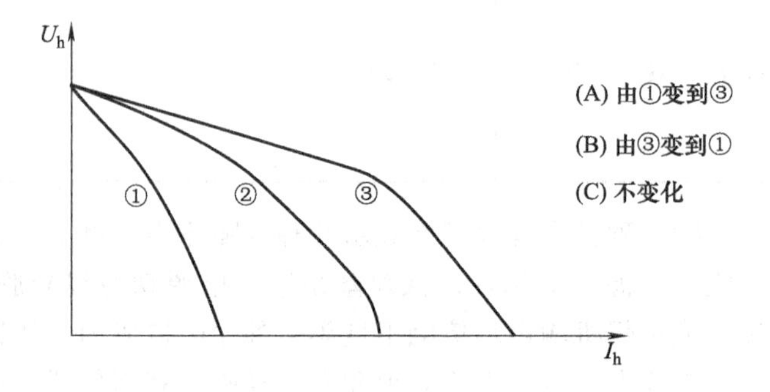

2. BX6 系列弧焊电源是属于（　　）类型弧焊电源。

（A）脉冲式

（B）增强漏磁式弧焊变压器

（C）逆变式

（D）硅弧焊整流器

3. 弧焊变压器主要应用于焊条电弧焊、埋弧焊和（　　），应具有下降的外特性。

（A）等离子弧焊　　（B）电阻焊　　（C）电渣焊　　（D）钨极氩弧焊

4. 动圈式弧焊变压器漏抗的调节可以通过改变一次和二次绕组之间的距离 δ_{12} 来实现。当 δ_{12} 增大时，漏抗增加，焊接电流（　　）。

（A）减小　　（B）增大　　（C）不变　　（D）其他

5. BP-3×500 型弧焊电源是属于（　　）弧焊电源。

（A）脉冲式　　（B）正常漏磁式弧焊变压器

（C）逆变式　　（D）硅弧焊整流器

6. 动圈式弧焊变压器铁芯的形状是（　　）。

（A）T 字形　　（B）口字形　　（C）环形　　（D）日字形

7. BX1-300 型弧焊电源属于（　　）弧焊变压器。

（A）串联电抗器式　　（B）动铁芯式　　（C）动圈式　　（D）抽头式

8. BX3-300 型弧焊电源，两线圈之间的距离增大，则焊接电流将（　　）变化。

(A) 增大　　(B) 不变　　(C) 减小　　(D) 波动

三、问答题

1. BX3-300为什么将初、次级绕组各自分成匝数相等的两盘，并且初级绕组留有一个抽头？

2. 写出弧焊变压器的详细的电压平衡方程式（即其外特性方程式）及其简化式，并据此画出弧焊变压器的简化矢量图以及外特性曲线。

3. 用矢量图分析同体式弧焊变压器次级绕组与电抗绕组进行顺联或反联时，中间磁轭磁通量大小的不同，并说明采用那种连接方法合理。

4. 画出动铁芯式弧焊变压器在负载时的磁通分布图，并写出总漏抗的表达式。

5. 动绕组式弧焊变压器的结构有哪些特点？焊接电流如何调节？

第三单元　弧焊整流器

学习目标：了解弧焊整流器的组成、分类；分析各种类型弧焊整流器的结构、工作原理、性能及典型产品的介绍；掌握其工艺参数的调节以及常见故障及其维修方法。

模块一　弧焊整流器的组成与分类

一、弧焊整流器的组成

弧焊整流器是将50Hz的工频单相或三相电网电压，利用降压变压器将高电压降为焊接时所需的低电压，经整流器整流和输出电抗器滤波，从而获得直流电，对焊接电弧提供电能。为了获得脉动小、较平稳的直流电，以及使电网三相负载均衡，通常采用三相整流电路。弧焊整流器的电路一般由主变压器、外特性调节机构、整流器、输出电抗器等几部分组成。图3-1为硅弧焊整流器组成框图。

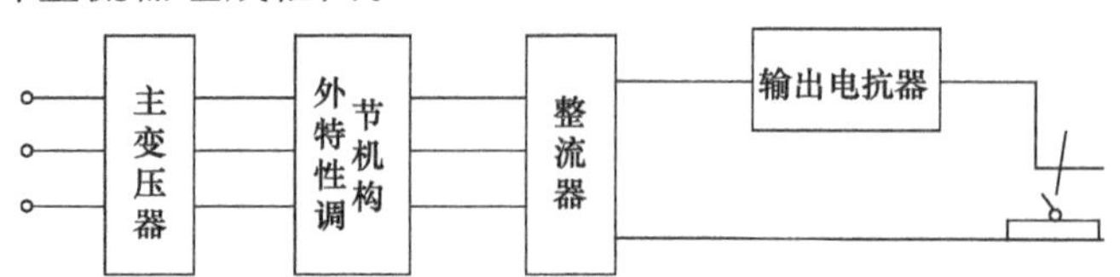

图3-1　硅弧焊整流器组成框图

（1）变压器　其作用是把三相380V的交流电变换成几十伏的三相交流电。

（2）外特性调节机构　其作用是使硅弧焊整流器获得形状合适、并且可以调节的外特性，以满足焊接工艺的要求。

（3）整流器　其作用是把三相交流电变换成直流电。通常采用三相桥式整流电路。

（4）输出电抗器　它是接在直流焊接回路中的一个带铁芯并有气隙的电感线圈，其作用主要是改善硅弧焊整流器的动特性和滤波。

此外，硅弧焊整流器中都装有风扇和指示仪表。风扇用以加强对上述各部分、特别是硅二极管的散热，仪表用以指示输出电流或电压值。

二、弧焊整流器的分类

弧焊整流器的种类，大致可按以下几种情况分类。

（一）按主电路和整流器件的不同分

（1）硅弧焊整流器　如磁饱和电抗器式弧焊整流器。

(2) 晶闸管式弧焊整流器　如 ZX5 系列。

(3) 晶体管式弧焊整流器　如 QHT-80 等。

(二) 按外特性形状不同分

(1) 下降外特性（含缓降外特性和恒流外特性）弧焊整流器　其外特性是缓降或陡降的，主要用作焊条电弧焊、等速送丝式埋弧焊、钨极氩弧焊、等离子弧焊接及切割的直流电源。

(2) 平特性弧焊整流器　其外特性是平的或呈 L 形，主要用作 CO_2 气体保护焊及其他熔化极气体保护焊、等速送丝式埋弧焊或多站式焊条电弧焊的直流电源。

(3) 多特性弧焊整流器　它具有下降和平硬两种外特性，可根据实际焊接需要任意选择，主要用作熔化极气体保护焊和埋弧焊的直流电源。

模块二　硅弧焊整流器

硅弧焊整流器与弧焊发电机相比具有以下优点：易造易修、节省材料、成本低、效率高；易于获得不同形状的外特性，以满足不同焊接工艺的要求；动特性及输出电流波形易于控制，适应性强；易于实现远距离调节和对电网电压进行补偿；噪声小。

目前，由于弧焊电源的飞速发展，一些高效、节能、体积小、重量轻、控制特性和动特性优良的弧焊电源（如弧焊逆变器等）相继问世，硅弧焊整流器有被取而代之的趋势。

本模块以磁饱和电抗器式弧焊整流器为例，分析各种磁饱和电抗器式弧焊整流器的结构、工作原理、性能及典型产品。

一、硅弧焊整流器的分类

可按有无磁饱和电抗器来分类。

(1) 有磁饱和电抗器的硅弧焊整流器　这类硅弧焊整流器根据其结构特点不同又可分为：①无反馈磁饱和电抗器式硅弧焊整流器；②外反馈磁饱和电抗器式硅弧焊整流器；③全部内反馈磁饱和电抗器式硅弧焊整流器；④部分内反馈磁饱和电抗器式硅弧焊整流器。

(2) 无磁饱和电抗器的硅弧焊整流器　这类硅弧焊整流器按主变压器的结构不同又可分为：①变压器为正常漏磁的，这类硅弧焊整流器的外特性是近于水平的，按空载电压调节方法不同又分为抽头式、辅助变压器式和调压器式；②变压器为增强漏磁的，这类硅弧焊整流器由于主变压器增强了漏磁，因而无需外加电抗器即可获得下降外特性，按增强漏磁的方法不同又可分为动圈式、动铁式和抽头式。

二、磁饱和电抗器

在以硅为整流器件的磁饱和电抗器式弧焊整流器中，磁饱和电抗器是其中一个重要组成部分，它对弧焊整流器的性能有直接影响。

铁磁材料的磁化曲线 $B=f(H)$ 和 $\mu=f(H)$，如图 3-2 所示。由图可知，铁磁材料的磁化曲线是非线性的，磁导率 μ 不是常数，而是随磁场强度 H 的变化而变化的。当 H 增大到一定数值后，随着 H 的增大 μ 急剧减小，而磁感应强度 B 的

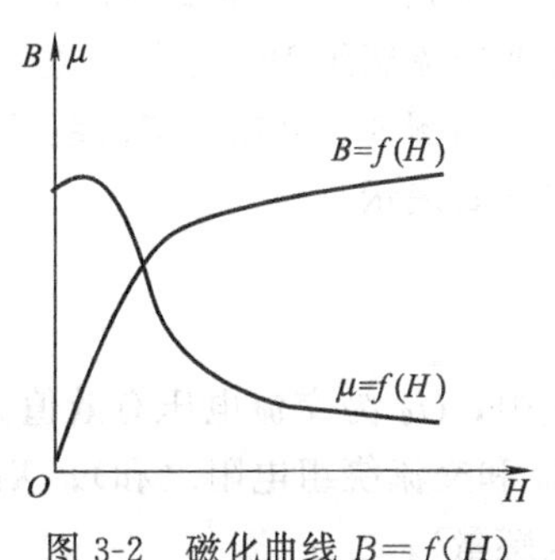

图 3-2　磁化曲线 $B=f(H)$ 和 $\mu=f(H)$

增加显著减慢，这种现象称为饱和。B 越大，铁芯越饱和。铁磁材料的这一特性是磁饱和电抗器的工作基础。

(一) 单铁芯式磁饱和电抗器

1. 结构

单铁芯式磁饱和电抗器是磁饱和电抗器的基本单元，如图 3-3 所示。它由一个闭合铁芯和两个绕组组成：W_k 为控制绕组（或称直流绕组、励磁绕组），两端所加电压为直流控制电压 U_k，流过 W_k 的电流为控制电流 I_k。I_kN_k（N_k 为控制绕组 W_k 的匝数）产生的磁通 Φ_k 称为控制磁通。W_k 的导线较细，匝数较多，I_k 较小。W_j 为交流绕组（或称工作绕组），接在交流电路中，流过其中的电流为负载电流 I_h。由 I_hN_j（N_j 为交流绕组 W_j 的匝数）产生的磁通 Φ_j 称为工作磁通。W_j 的导线较粗，匝数不多，I_h 较大。Φ_k 与 Φ_j 均通过铁芯而闭合，直流磁动势 I_kN_k 和交流磁动势 I_hN_j 共同磁化铁芯。

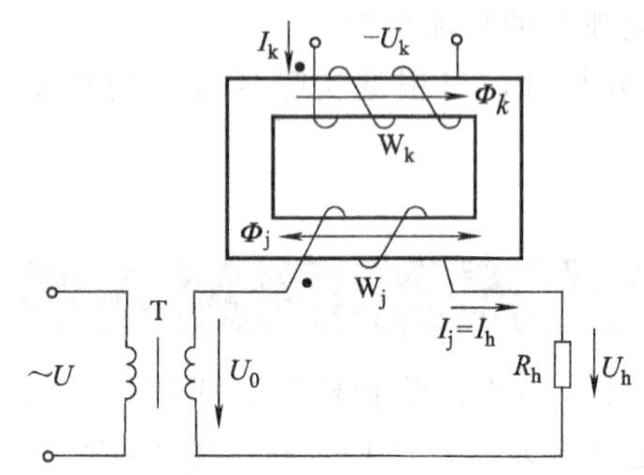

图 3-3 单铁芯式磁饱和电抗器的交流电路

图中黑点“•”表示绕组的同名端。当电流都从同名端流入或流出时，两个绕组产生的磁通 Φ_k 与 Φ_j 方向相同。

2. 工作原理

当控制绕组 W_k 两端加直流控制电压 U_k 后，W_k 中将通过直流电流 I_k，由磁路全电流定律可得

$$H=\frac{I_kN_k}{l} \tag{3-1}$$

式中，l 为磁路平均长度。而铁芯磁路的磁导率

$$\mu=\frac{dB}{dH} \tag{3-2}$$

式中，B 为磁通密度或磁感应强度，H 为磁场强度。

又由电工学知，交流铁芯线圈的电感量 L 为

$$L=\frac{\mu N_j^2 S}{l} \tag{3-3}$$

式中，S 为磁路截面积。

由式（3-1）和式（3-3）可知，改变 I_k 的大小，就可改变 H、B 和 μ 的大小，从而可以改变交流绕组 W_j 电感 L 值。

由图 3-3 可知，交流绕组 W_j 加上电压 U_0 后，经负载 R_h 流过电流 I_h，I_h 的有效值可用下式表示

$$I_h=\frac{U_0}{|Z|}=\frac{U_0}{\sqrt{R^2+X_L^2}} \tag{3-4}$$

式中，U_0 为交流电压有效值；$|Z|$ 为交流电路的阻抗；R 为交流电路的总电阻（负载电阻 R_h 和交流绕组电阻之和）；X_L 为交流绕组的感抗（$X_L=\omega L$，ω 为角频率，L 为交流绕组的电感量）。

由上述可知，若改变控制电流 I_k 的大小，则磁路的磁场强度 H、磁导率 μ 将发生变化。

改变铁芯磁饱和程度，使交流绕组 W_j 的电感 L 和感抗 X_L 发生变化，从而使负载电流 I_h 发生变化。并且，I_k 较小的变化能使 μ 有较大的变化，亦即 I_h 有较大的变化。这就是说，通过磁饱和电抗器，可以用 I_k 较小的变化引起 I_h 较大的变化，因此，磁饱和电抗器也称为"磁放大器"。

磁饱和电抗器的工作原理还可用磁化曲线进一步说明。

图 3-3 所示交流电路的电压平衡方程式是：

$$u_h = u_0 - u_L$$

式中，u_0 为变压器二次侧电压；u_h 为负载电压；u_L 为 W_j 两端的感抗压降。由于

$$u_L = N_j \frac{d\Phi}{dt} \tag{3-5}$$

故

$$u_h = u_0 - N_j \frac{d\Phi_j}{dt} \tag{3-6}$$

而

$$\dot{U}_h = \dot{U}_0 - \dot{U}_L$$

$$U_L = 4.44 f N_j \Phi_{jm} = K\Delta\Phi \tag{3-7}$$

式中，$\Delta\Phi$ 为交变磁通变化的幅值（Φ_j 变化一周中，最大值与最小值之差），$\Delta\Phi = 2\Phi_{jm}$；K 是常数，$K = 4.44 f N_j / 2$。

由于 U_0 是定的，$\Delta\Phi$ 越大，即 U_L 越大，则负载电压 U_h 就越小。

由铁磁材料的磁化曲线知，铁芯的磁状态（饱和程度）由工作于磁化曲线上的区段决定。而铁芯的磁状态是由交流磁动势 I_jN_j 和直流磁动势 I_kN_K 共同磁化的。I_kN_k 确定了磁化曲线上的起始工作点（相当于晶体管输出特性曲线上的静态工作点），再叠加上不同幅值的交流磁动势 I_jN_j，即确定了在磁化曲线上的工作段。例如图 3-4 中，当 $I_k = 0$ 时，起始工作点 P_0 在原点，在 I_jN_j 的磁化作用下工作于磁化曲线的 ab 段，处于非饱和区，一定的 I_jN_j 产生较大的磁通变化幅度 $\Delta\Phi$。若 I_jN_j 增大会使 $\Delta\Phi$ 显著增大，因而得到较陡的下降外特性。当 I_k 较大，使起始工作点 P_0' 靠近饱和区，则在相同 I_jN_j 共同磁化下，工作于 $a'b'$ 段上，处于较饱和的区域，磁通变化幅度 $\Delta\Phi'$ 较小。以 P_0' 为起始工作点，即使 I_jN_j 增大，而 $\Delta\Phi'$ 也增大得不明显，因而对应的外特性较平缓。由此不难理解，如何利用磁饱和电抗器来控制电源外特性的形状。

下面再讨论怎样用磁饱和电抗器控制电源输出的电流。如图 3-5 所示，图中 1 为磁化曲线。交流电路要输出一定电压 U_h，则对应要求 W_j 两端有一定的 U_L，即要求磁饱和电抗器铁芯内有一定的 $\Delta\Phi$ [见式 (3-7)]。当 $I_k = 0$ 时，起始工作点 P_0 在原点，$\Delta\Phi$ 对应的工作段在非饱和区，不大的 I_j 即可产生 $\Delta\Phi$（图 3-5 中曲线 2 所示）；当 I_k 较大时，起始工作点为 P_0'，由于工作段 $a'b'$ 靠近饱和区，因此为产生同样的 $\Delta\Phi$，就需要较大的 I_j。可见，增大 I_kN_k 可使 I_jN_j 增大。若使 $N_k \gg N_j$，可通过较小的 I_k 变化而引起 I_j 较大的变化，即磁饱和电抗器具有电流放大作用。

单铁芯式磁饱和电抗器具有以下缺点：

① 由图 3-5 可以看出，当控制电流 I_k 较大时，负载电流 I_h 正负半波不对称，波形发生畸变。这样，会导致直流分量的出现，使主变压器铁芯饱和，主变压器一次电流增加，铁芯发热甚至烧毁。

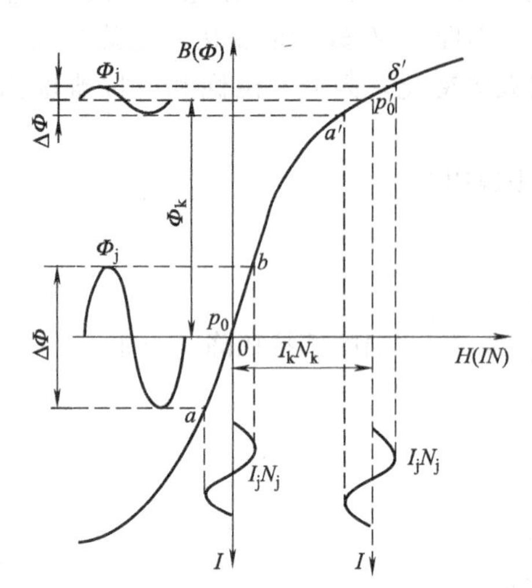

图 3-4 磁饱和电抗器对电压的控制

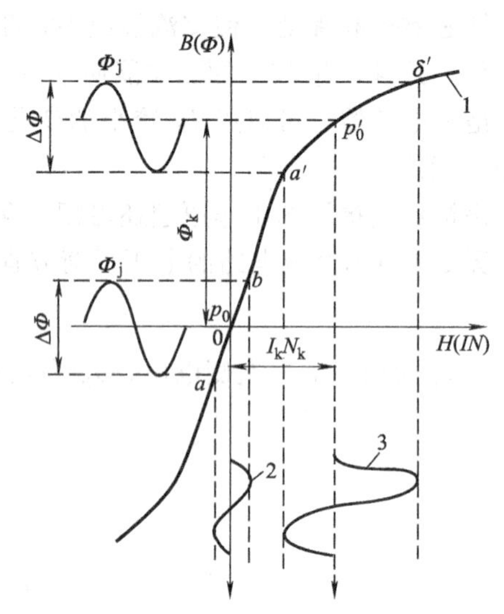

图 3-5 磁饱和电抗器对电流的控制

② 由于负载电流 I_h 是交变的，在铁芯中产生的交变磁通 Φ_j 同时匝链绕组 W_j 与 W_k，会在 W_k 中感应出较高的交变电动势和交变电流，影响直流控制回路的正常工作。

由于存在上述两个缺点，单铁芯式磁饱和电抗器是不实用的。用双铁芯式磁饱和电抗器可以克服上述问题。

（二）双铁芯式磁饱和电抗器

双铁芯式磁饱和电抗器的结构如图 3-6 所示，它是由两个单铁芯式磁饱和电抗器通过不同的接线方式组合而成。接线时，W_k 绕组应串联且同名端接在一起，这样可使直流控制电路中感应的交流电动势相互抵消。

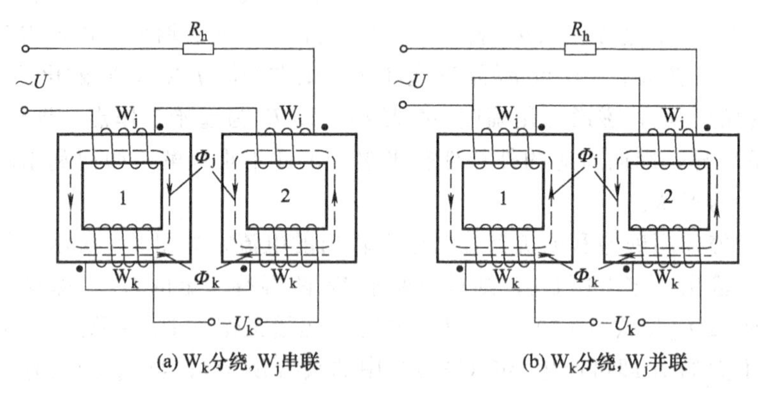

图 3-6 双铁芯式磁饱和电抗器结构

这种连接方式使两个铁芯磁状态具有以下特点：如图 3-6（a）所示为交流电某一半周时的情况，铁芯 1 中的 Φ_k 与 Φ_j 的方向相同，总磁通 $\Phi_1=\Phi_k+\Phi_j$，处于较饱和的状态；而铁芯 2 中的 Φ_k 与 Φ_j 的方向相反，总磁通 $\Phi_2=\Phi_k-\Phi_j$，处于不很饱和状态。在交流电的另一半周，两铁芯的磁状态互易。而不同铁芯上的两个 W_j 绕组是互相串联或并联使用的，对于某一半周来说总是由一较饱和的和另一个很不饱和的磁饱和电抗器相串联或并联，所以总的负载电流 I_h 的波形正负半周是对称的，避免了畸变。双铁芯式磁饱和电抗器还可将两个铁芯并在一起公用控制绕组，如图 3-7 所示。由于两个铁芯中的 Φ_j 以相反方穿过 W_k，所以在 W_k 中也不会感应出交变电动势。

（三）磁饱和电抗器的反馈

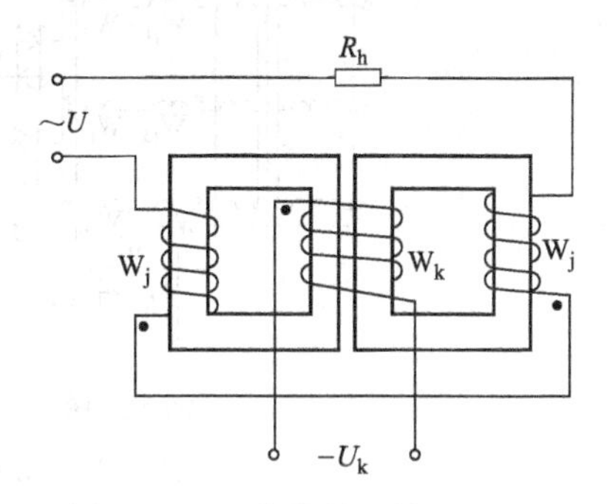

图 3-7 W_k 共绕的双铁芯磁饱和电抗器

所谓“反馈”，就是将输出量的部分或全部回输过来用以增强（或削弱）输入量。反馈有正反馈和负反馈、电流反馈和电压反馈、内反馈和外反馈等多种形式。磁饱和电抗器主要是通过不同的反馈来获得不同的外特性的。

在磁饱和电抗器中，当反馈量电流（或电压）在铁芯中产生的附加磁通与控制电流产生的磁通方向一致，增强控制电流的励磁作用时，这种反馈称为电流（或电压）正反馈；反之，称为电流（或电压）负反馈。

输出量经过整流后通过交流绕组本身实现的反馈，称为内反馈（即交流绕组兼起反馈作用）；经整流后供给一个附加反馈绕组实现的反馈，称为外反馈。

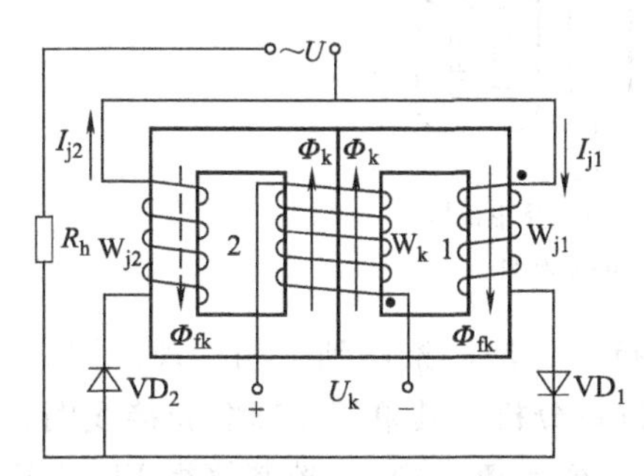

图 3-8 内反馈式磁饱和电抗器原理图

习惯上把正反馈简称为反馈，负反馈则仍用全称。图 3-8 是最简单的内反馈式磁饱和电抗器原理。由于二极管 VD 的整流作用，流过交流绕组 W_j 的电流是经过半波整流的脉动直流电。脉动直流电可以看成由交流成分与直流成分两部分组成。交流成分流过交流绕组 W_j 时产生感抗压降 I_jX_j，起电抗器的作用；而直流成分产生的直流磁通 Φ_{fk} 与控制电流 I_k 产生的磁通 Φ_k 是同向的，从而加强了控制绕组的励磁作用。在 I_k 相同的情况下，由于反馈的作用，磁饱和电抗器输出电流更大，故称为正反馈。由于这里的反馈是利用交流绕组本身来实现的，所以是内正反馈（简称内反馈）。

三、无反馈磁饱和电抗器式弧焊整流器

（一）结构

这种硅弧焊整流器的基本电路如图 3-9 所示。它由三相正常漏磁式平特性变压器 T、三相无反馈磁饱和电抗器 AM、硅整流器件组 UR 和输出电抗器 L 组成。

三相无反馈磁饱和电抗器的结构如图 3-10 所示。

图 3-10（a）所示磁饱和电抗器由六个口字形铁芯组成，每相有两个铁芯和两个交流绕组。控制绕组 W_k 三相共绕，这样结构紧凑，节省铜线。图 3-10（b）所示磁饱和电抗器由三个口字形铁芯组成，每相只有一个铁芯和一个交流绕组，控制绕组三相共绕，这种结构只适用于每相只有一个交流绕组的电路。

（二）工作原理

1. 外特性

无反馈磁饱和电抗器式弧焊整流器具有陡降外特性，这主要是靠无反馈磁饱和电抗器获

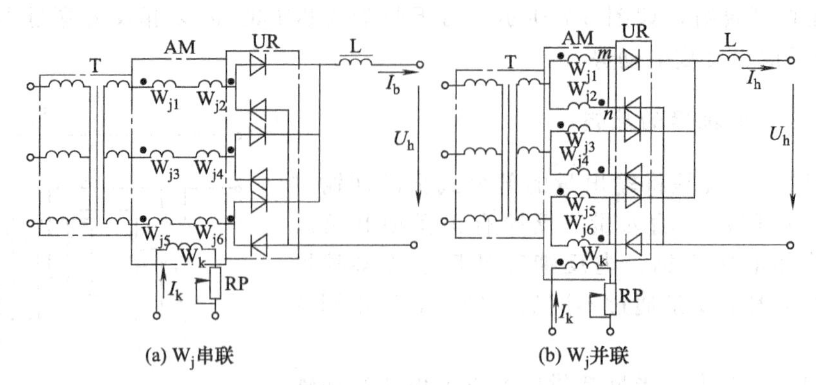

图 3-9 无反馈磁饱和电抗式弧焊整流器基本电路

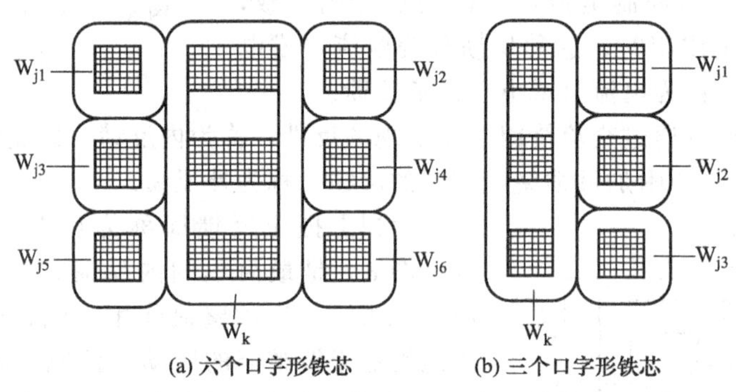

图 3-10 三相无反馈磁饱和电抗器结构图

得的。为便于分析外特性，先分析单相无反馈磁饱和电抗器，然后推广到三相。现以图 3-9 (a) 所示的无反馈三相磁饱和电抗器式弧焊整流器为例进行分析。其单相原理图和接线图如图 3-11 所示。正半周时（图中实线箭头），$\Phi_1=\Phi_k+\Phi_{j1}$，$\Phi_2=\Phi_k-\Phi_{j2}$，控制绕组 W_k 中通过的总磁通 $\Phi_{总}=2\Phi_k+\Phi_{j1}-\Phi_{j2}$；负半周时（图中虚线箭头），$\Phi_1=\Phi_k-\Phi_{j1}$，$\Phi_2=\Phi_k+\Phi_{j2}$，$\Phi_{总}=2\Phi_k-\Phi_{j1}+\Phi_{j2}$。正负半周两铁芯交替处于较饱和和不饱和的磁状态。在图 3-11 (a) 中，若忽略交流绕组的电阻压降，则可列出如下的电压平衡方程式

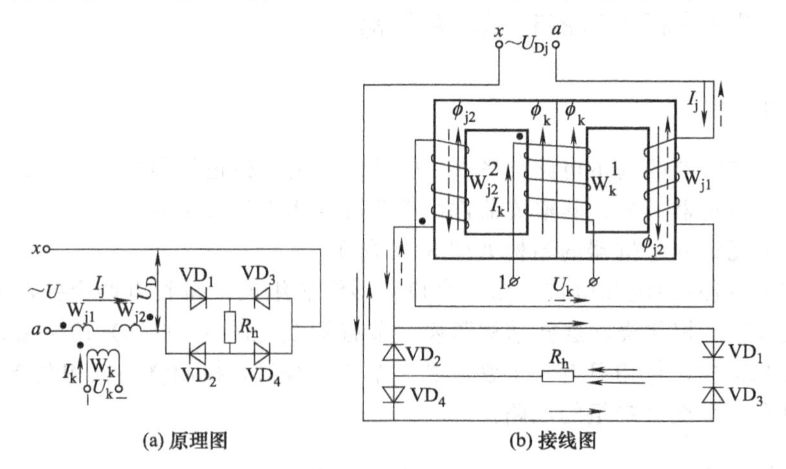

图 3-11 单相无反馈磁饱和电抗器

$$u_0=u-u_L=u-\left(N_{j1}\frac{d\Phi_{j1}}{dt}+N_{j2}\frac{d\Phi_{j2}}{dt}\right) \tag{3-8}$$

或
$$\dot{U}_0=\dot{U}-\dot{U}_L \tag{3-9}$$

由电压平衡方程式可以看出，由于U一定，W_{j1}、W_{j2}中磁通的变化量$\Delta\Phi_m$越大，则交流绕组上的感抗压降U_L就越大，整流器输入交流电压U越小，相应得到的整流器输出电压U_0就越小。

下面根据不同I_k值来分析单相无反馈磁饱和电抗器式弧焊整流器的外特性。

(1) $I_k=0$　控制磁通$\Phi_k=0$，起始工作点在磁化曲线的原点。

① 空载　电弧电流$I_h=0$，磁饱和电抗器交流绕组W_j中无电流，不产生感抗压降，即$U_L=0$，整流器输出电压即为U_0，如图3-14中的Q_0点。

② 负载　当负载电阻R_h较大，亦即I_h较小时，$\Delta\Phi_m$较小，此时铁芯未达到饱和［见图3-12 (a)］；随着R_h的减小，I_h增加，I_{jm}也增加时，两铁芯中的磁通变化幅值$\Delta\Phi_m$将迅速增加，则交流绕组的感抗压降迅速增大。在外加电源电压U一定的条件下，由式(3-9)可知，整流器输入电压U_0将迅速下降，相应整流器输出电压U_h也将迅速下降，得到的外特性如图3-14中曲线Q_0S_0段，是陡降的。随着R_h的进一步减小，I_{jm}进一步增加，铁芯达到较饱和［见图3-12 (b)］，$\Delta\Phi_m$增加很慢，感抗压降增加也很慢，因而整流器输入电压U_0和输出电压U_h降低也很缓慢，得到的外特性如图3-14中曲线S_0T_0段，T_0为短路点，此时$U_h=0$。曲线$Q_0S_0T_0$即为$I_k=0$时的外特性。

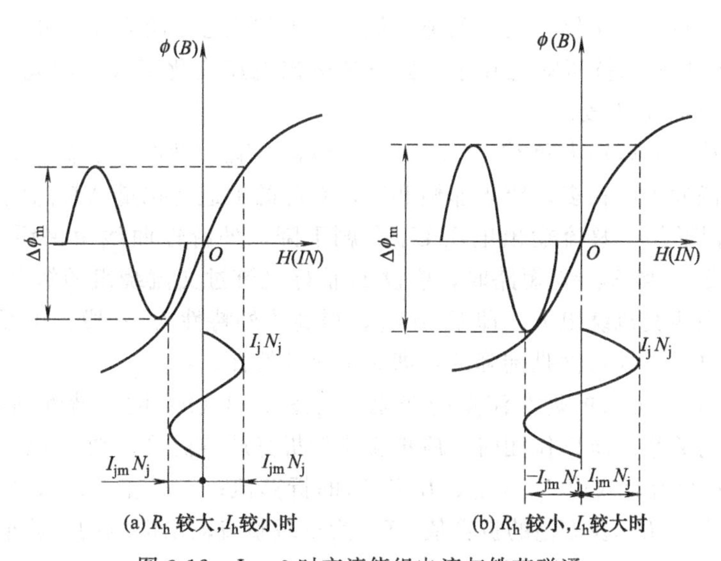

图3-12　$I_k=0$时交流绕组电流与铁芯磁通

(2) $I_k=I_{k1}\neq0$　此时有控制磁通Φ_{k1}。在直流磁动势$I_{k1}N_k$的作用下，起始工作点在P_1点［见图3-13 (a)］，位于饱和区。

① 空载　$I_h=0$，W_j中无电流，不产生感抗压降，因而空载电压与$I_k=0$时相同，如图3-13 (b) 中的U_0。

② 负载　$I_h\neq0$，W_j中有电流通过，两铁芯中分别产生磁通Φ_{j1}与Φ_{j2}。正负半周两铁芯交替处于增磁（较饱和）和去磁（不饱和）的磁状态。因此，可以通过分析某一半周（例如正半周）时磁通的最大变化量，推导出输出电压和电流的关系。

当负载电阻R_h较大，亦即负载电流$I_h=I_{ha}$较小时，流过两交流绕组的交流电流为I_{ja}，于是增磁铁芯的磁通为$(\Phi_{k1}+\Phi_{j1a2})$，磁工作点由P_1移到a_1点。从a_1点到a_2点的磁通变

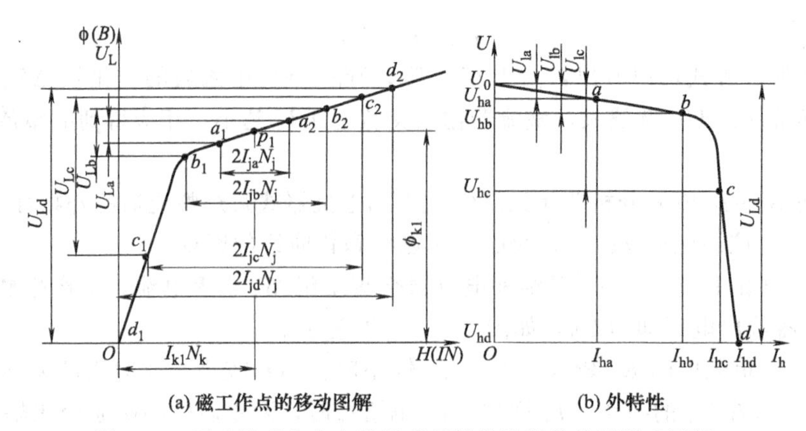

(a) 磁工作点的移动图解　　(b) 外特性

图 3-13　无反馈磁饱和电抗器式弧焊整流器外特性形成图解

化量为 $\Delta\Phi_a$，相应地引起两交流绕组总感抗压降为 U_{La}，对应的整流输出电压为 U_{ha}。在图 3-13（b）中，由 U_{ha}、I_{ha}可得到 a 点。减小负载电阻 R_h，I_h 增加，令 $I_h=I_{hb}>I_{ha}$，此时，流过两交流绕组的电流为 I_{jb}，则增磁铁芯的磁工作点由 P_1 移至 b_2 点，去磁铁芯的磁工作点移至 b_1 点。从 b_1 点到 b_2 点磁通的变化量为 $\Delta\Phi_b$，相应引起两交流绕组总感抗压降为 U_{Lb}，对应的整流输出电压为 U_{hb}。在图 3-13（b）中，由 U_{hb}、I_{hb}可得到 b 点。

由上述可知，在某一半周，去磁的那个铁芯其工作状态未跨入非饱和区时，由于磁通变化量 $\Delta\Phi$ 较小，引起的感抗压降也较小，则整流输出电压变化不大，因此外特性较为平缓，如图 3-13（b）中的 U_0ab 段。

若再减小负载电阻以增大负载电流，如 $I_h=I_{hc}>I_{hb}$，此时，虽然增磁铁芯增磁不多，但去磁铁芯中的磁通下降很多，跨入非饱和区，对应的磁通变化量 $\Delta\Phi_c$急剧增大，交流绕组感抗压降 U_{Lc}急剧增加，整流输出电压 U_{hc}急剧下降，外特性曲线由平缓转为陡降［见图 3-13（b）中 bc 段］。当 $R_h=0$ 短路时，假设 I_{jd}恰好是流过交流绕组的短路电流，则电源空载电压全部降落在两交流绕组上，即 $U=U_{Ld}$，得到的外特性为 cd 段。由图 3-13（b）可以看出，这种弧焊电源的外特性是陡降的，即为恒流外特性。

因为图 3-13（a）分析的是交流量的变化，而图 3-13（b）的外特性曲线表示的是直流输出电压和电流的关系，所以作图时，应把交流量折算成直流量。图 3-13（b）中 I_{ha}、I_{hb}、I_{hc}及 I_{hd}分别表示交流有效值 I_{ja}、I_{jb}、I_{jc}及 I_{jd}的折算值；U'_{La}、U'_{Lb}、U'_{Lc}及 U'_{Ld}分别为感抗压降 U_{La}、U_{Lb}、U_{Lc}及 U_{Ld}的折算值；U_0 为空载整流输出电压的折算值。

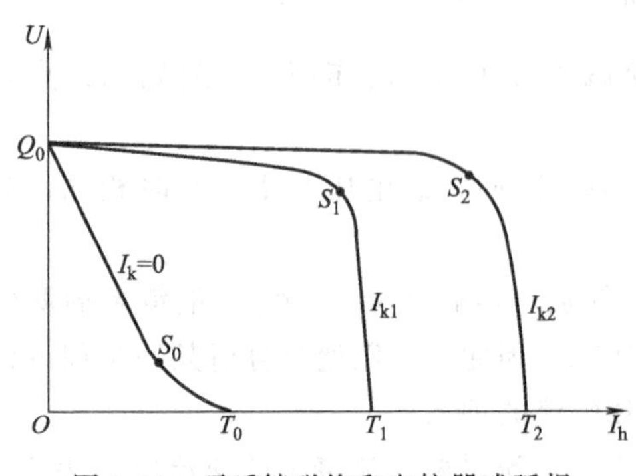

图 3-14　无反馈磁饱和电抗器式弧焊整流器的外特性

（3）$I_k=I_{k2}>I_{k1}$　起始工作点 P_1 往右移，铁芯更加深入饱和 区，虽然空载电压不变，但只有更大的负载电流 I_h 才能使去磁铁芯工作段跨入非饱和区，而使外特性转入陡降段，所以 $I_k=I_{k2}$时的外特性由平缓转入陡降所需的 I_h 值比 $I_k=I_{k1}$时要大，外特性曲线陡降往右移，如图 3-14 中曲线 $Q_0S_2T_2$ 所示。

由图 3-14 可以看出，该整流电源在小电流时，其外特性会出现外拖。若铁芯材料好，铁芯截面尺寸合适，该整流电源可以获得较小的短路电流太大，容易产生飞溅，薄板焊接时易出现烧穿现象。

以上讨论的是单相磁饱和电抗器的情况。由于每相整流时都有交流绕组的电感起作用，因而可推知三相整流结果其电源外特性与单相类似，具有陡降的外特性。

由图 3-13（a）可以看出，单相无反馈磁饱和电抗器式弧焊整流器，当负载短路时，铁芯中的磁动势有如下关系

$$I_{jd}N_j \approx I_k N_k \tag{3-10}$$

式（3-10）表明，当负载短路时，磁饱和电抗器控制绕组的安匝数近似与一个交流绕组的安匝数相等，这就是无反馈磁饱和电抗器的等安匝原理。

2. 调节特性

这种电源在负载短路时，交流绕组中的电流接近于方波，故其有效值与平均值近似相等，加之该电源的外特性近于垂直陡降，短路电流与正常负载电流近似相等，所以式(3-10)也可以表示正常负载电流与控制电流的关系，即

$$I_h N_j = \pm I_k N_k \tag{3-11}$$

式（3-11）即为无反馈磁饱和电抗器式弧焊整流器的调节特性或控制特性，它表示出整流输出电流 I_h 与控制电流 I_k 的关系，即 $I_h = f(I_k)$。根据式（3-11）可以作出单相无反馈磁饱和电抗器式弧焊整流器的调节特性，如图 3-15 所示。图中，当 $I_k = 0$ 时，$I_h = I_0 \neq 0$。这是因为式（3-11）是近似的。实际上，当 $I_k = 0$ 时，磁饱和电抗器虽然工作在非饱和区，交流绕组的感抗压降很大，但并不是无限大。因此，在交流绕组和负载中总有一定的电流通过，这个电流就是 I_0，I_0 叫做磁饱和电抗器的空载焊接电流。此外由图 3-15 可以看出，I_h 并不是随 I_k 的增加而无限制地增大，而是受空载电压和负载回路总阻抗的限制，即 I_h 值上升到一定值后不再继续增大而转为水平线段。

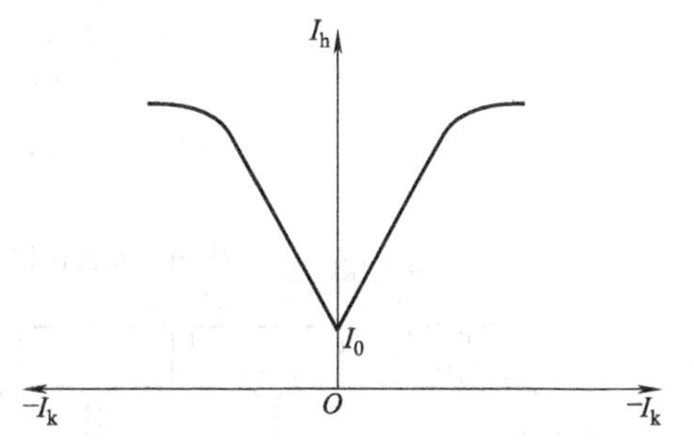

图 3-15 无反馈磁饱和电抗器式弧焊整流器调节特性

再者，由于磁饱和电抗器交流绕组中的电流是交变的，无论 I_k 为正或负对铁芯的磁状态无影响，所以调节特性对 I_h 坐标轴呈对称，即控制电流可以取正，也可取负，如式(3-11)所示。

可以推知，三相无反馈磁饱和电抗器式弧焊整流器也具有图 3-15 所示的调节特性。由式（3-11）可以得出

$$I_h = \frac{N_k}{N_j} I_k = K_I I_k \tag{3-12}$$

式中，K_I 为电流放大倍数。

可见，无反馈磁饱和电抗器的电流放大倍数 K_I，由控制绕组匝数 N_k 与交流绕组匝数 N_j 之比所决定。为得到放大作用，制作电抗器时，取 $N_k \gg N_j$。

（三）产品介绍

国产的无反馈磁饱和电抗器式弧焊整流器有 ZXG7-300、ZXG7-500 及 ZXG7-300-1 型。

前两种用于焊条电弧焊，后一种用于焊条电弧焊和钨极氩弧焊（两用）。另外，当两台或多台串联使用时，也可用作等离子弧切割。现以 ZXG7-300 型弧焊整流器为例加以介绍。

ZXG7-300 型弧焊整流器电路如图 3-16 所示。其主变压器与无反馈磁饱和电抗器做成一体，组成主变压器一磁饱和电抗器组。主变压器为三相变压器，其二次端部较长，延伸到磁饱和电抗器铁芯上，兼起交流绕组的作用，如图 3-17 所示。这种结构比较紧凑，可以减轻重量和节省材料。并且这个组件的内感抗比较大，可以不用输出电抗器。

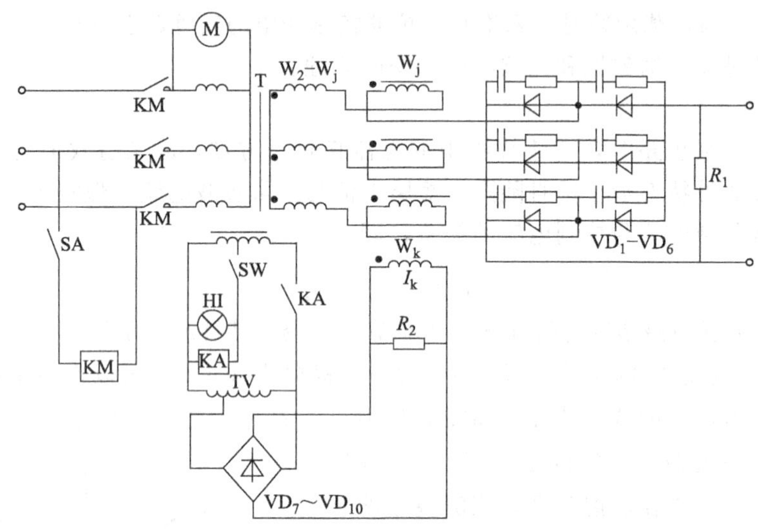

图 3-16 ZXG7-300 型弧焊整流器电路图

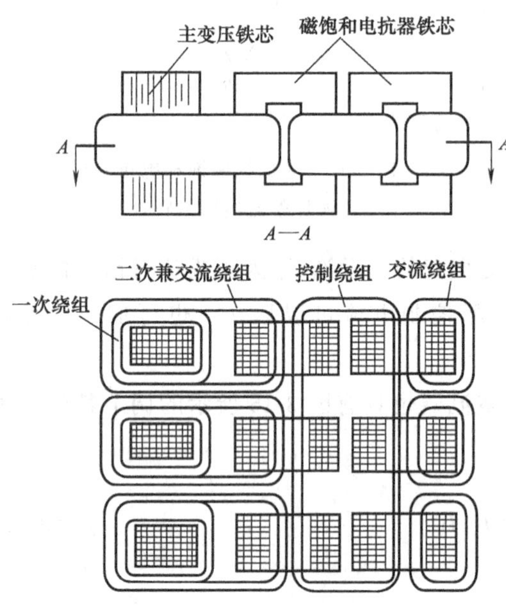

图 3-17 ZXG7-300 型弧焊整流器的结构图

焊接时，合上开关 SA，接触器 KM 吸合，主变压器 T 接通电源，风扇电动机 M 转动并压合风压开关 SW，使继电器 KA 吸合，指示灯 HL 亮，调压器 TV 通电，控制绕组接通，可以进行焊接。

调压器 TV 用以调节控制电流 I_k，从而调节焊接电流。风压开关 SW 起保护作用：当风扇因故障而停转时，风压开关自动断开，继电器 KA 释放，控制电流降为零，焊接电流也降到趋于零，因而保护了弧焊整流器。电阻 R_1、R_2 起过电压保护作用。这种弧焊整流器的外特性是近于垂直陡降的（见图 3-18），当弧长变化时，焊接电流变化很小，适用于薄板焊条电弧焊、钨极氩弧焊。

这种弧焊整流器的缺点是所采用的磁饱和电抗器没有反馈，电流放大倍数较小，控制电流较大。

四、全部内反馈磁饱和电抗器式弧焊整流器

无反馈磁饱和电抗器式弧焊整流器可获得较为陡降的外特性，但由于短路电流太小，不

易引弧。再者，由式（3-12）可知，无反馈磁饱和电抗器欲想得到较大的负载电流 I_h，可通过增加控制绕组匝数 N_k 和增大控制电流 I_k 来实现。但 N_k 增加，不仅使磁饱和电抗器的体积和重量增加，而且将增大磁饱和电抗器的惯性（控制电流滞后于控制电压的变化），导致动特性变差。若增大 I_k，将使控制电路元件过于笨重且难以控制。因而，为了提高磁饱和电抗器的电流放大倍数和获得所需的外特性，可采用带有正反馈的磁饱和电抗器。全部内反馈磁饱和电抗器式弧焊整流器，就是采用带有正反馈的磁饱电抗器，来提高电流放大倍数和获得所需外特性的。

（一）结构

全部内反馈磁饱和电抗器式弧焊整流器的基本电路，如图 3-19 所示。

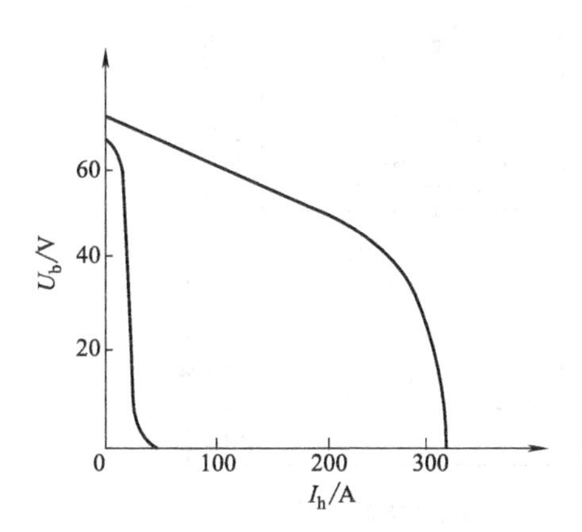

图 3-18 ZXG7-300 型弧焊整流器外特性

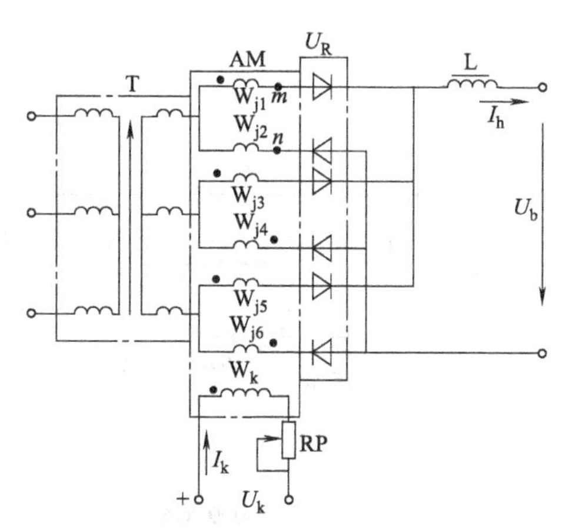

图 3-19 全部内反馈磁饱和电抗器式弧焊整流器基本电路图

它由主变压器 T、全部内反馈磁饱和电抗器 AM、硅整流元件组 UR 和输出电抗器 L 组成。

比较图 3-9 和图 3-19 可以看出，这两种弧焊整流器的主要差别在于磁饱和电抗器上。无反馈磁饱和电抗器中 m、n 两点是用一根导线短接的，而全部内反馈磁饱和电抗器中 m、n 两点是断开的。

全部内反馈磁饱和电抗器，可采用图 3-10（a）或图 3-20 所示的结构。后者采用六个口字形铁芯，每相占两个，六个交流绕组 W_j 被控制绕组 W_k 包围。这种结构的优点是磁耦合好，漏磁小，控制灵敏。

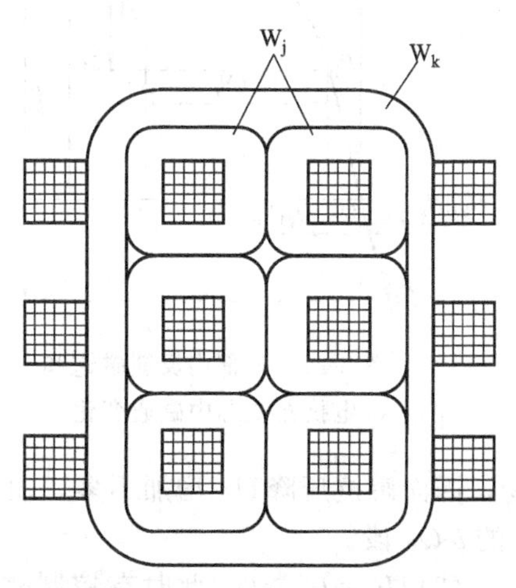

图 3-20 全部内反馈磁饱和电抗器结构图

（二）工作原理

1. 外特性

无反馈磁饱和电抗器式弧焊整流器，在任一瞬时总有一个交流绕组中产生的磁通起去磁作用，使铁芯处于非饱和状态。负载时，磁通的变化量 $\Delta\Phi_m$ 较大，产生较大的感抗压降而得到陡降的外特性。若能使两个铁芯都达到饱和状态，负载时使 $\Delta\Phi_m$ 保持一定值，则产生的感抗压降与整流输出电压均为定值。这样输出电压与负载电流无关，从而得到平的外特性。全部内反馈磁饱和电抗器，就是利用内反馈使铁芯达到“自饱和”而得到平外特性的。单相全部内反馈磁饱和电抗器的工作情况，如图3-21所示。在图3-21（b）中，实线箭头和虚线箭头分别表示电源在正、负半周时电流和磁通的方向。可以看出，全部内反馈磁饱和电抗器的交流绕组在正、负半周是轮流通电的，每个交流绕组中的电流是方向不变的半波脉动电流。交流绕组中的磁通 Φ_j 与控制磁通 Φ_k 方向一致。正半周时，$\Phi_1=\Phi_k+\Phi_{j1}$，$\Phi_2=\Phi_k$，控制绕组 W_k 中通过的总磁通 $\Phi_{总}=2\Phi_k+\Phi_{j1}$。负半周时，$\Phi_1=\Phi_k$，$\Phi_2=\Phi_k+\Phi_{j2}$，$\Phi_{总}=2\Phi_k+\Phi_{j2}$。$I_j$ 起增磁（正反馈）作用，因此铁芯易达到饱和状态。这里交流绕组兼起电流正反馈绕组的作用。

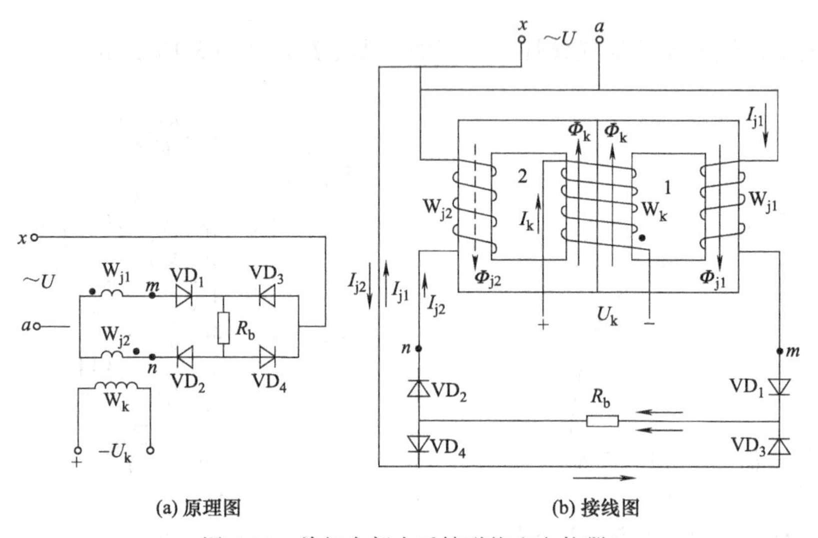

(a) 原理图　　(b) 接线图

图 3-21　单相全部内反馈磁饱和电抗器

下面分析不同控制电流时，单相全部内反馈磁饱和电抗器的外特性。设铁芯的磁化曲线如图3-22所示。

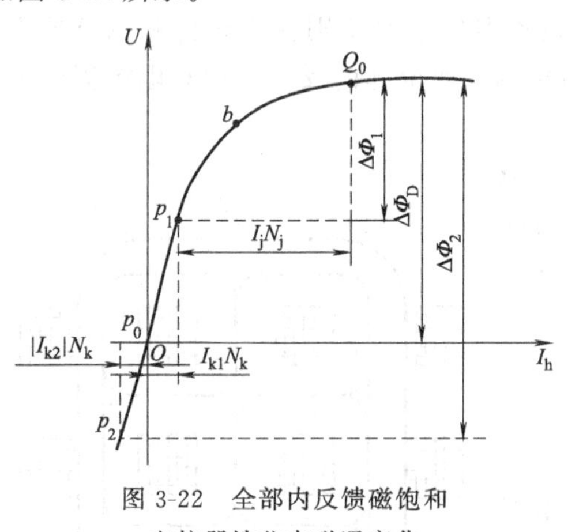

图 3-22　全部内反馈磁饱和电抗器铁芯中磁通变化

（1）$I_k=0$　当 $I_k=0$ 时，$\Phi_k=0$，起始工作点 P_0 在原点（见图3-22）。空载时，负载电流为零，流过交流绕组的电流也为零，交流绕组的感抗压降 U_L 为零，整流器输出电压为空载电压 U_0。如果交流绕组中电流 I_j 较小，则铁芯工作于非饱和区，在铁芯达到饱和以前（如图3-22中 b 点以前），随着 I_h 增加，I_j 也增加，铁芯磁通变化量 $\Delta\Phi_0$ 迅速增大，交流绕组的感抗压降 U_L 也迅速增大，输出电压则迅速降低，对应的外特性为陡降段如图3-23中曲线2的 P_0-b 段。随着 I_h 进一步增大，将使磁工作点超过 b 点进入饱和区，此时，随着 I_h 的增加 $\Delta\Phi_0$ 增加得很少，因而感抗压降 U_L 增加不多，输出电压降低很少，使外特性转入平缓，见图3-23中曲线2的 b-Q_0 段。

（2）$I_k=I_{k1}>0$　此时有控制磁通 Φ_{k1}，起始工作点在 P_1 点，它靠近磁化曲线的饱和区。空载时，情形同 $I_k=0$。负载时，在铁芯未到达饱和点 b 以前，随着 I_h 的增加 I_j 也增加，铁芯中产生的磁通变化量较大，感抗压降也较大，形成的外特性较为陡降。但由于 Φ_{k1} 的作用，使铁芯达到饱和时间提前，所以 $\Delta\Phi_1 < \Delta\Phi_0$。因此，交流绕组的感抗压降比 $I_k=0$ 要小，整流输出电压比 $I_k=0$ 时要大，外特性陡降段 P_0-b_1 应位于 P_0-b 段上方。过了饱和点 b 以后，$\Delta\Phi_1$ 增加缓慢，外特性由陡降转为平缓，形成的外特性如图 3-23 曲线 1 所示。

(3) $I_k=I_{k2}<0$　起始工作点在 P_2 点，它远离正向饱和区。在饱和点 b 以前，随着负载电流 I_h 增加 I_j 也增大，产生的磁通变化量 $\Delta\Phi_2$ 急剧增加，且 $\Delta\Phi_2 > \Delta\Phi_0$，导致交流绕组感抗压降急剧增加，整流输出电压迅速下降，形成的外特性为陡降的。由于 $\Delta\Phi_2 > \Delta\Phi_0$，交流绕组的感抗压降比 $I_k=0$ 时要大，整流输出电压比 $I_k=0$ 时要小，其陡降段 P_0-b_2 应位于 P_0-b 段下方。过了饱和点 b 后 $\Delta\Phi_2$ 增加缓慢，外特性曲线转为平缓，形成的外特性如图 3-23 中曲线 3 所示。

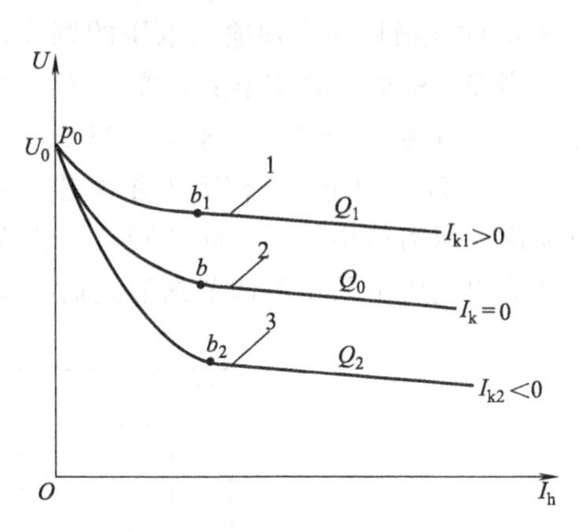

图 3-23　全部内反馈磁饱和电抗器式弧焊整流器的外特性

由于每一相的工作情况相同，由单相全部内反馈磁饱和电抗器的工作原理，可以推断三相全部内反馈磁饱和电抗器式弧焊整流器的外特性是平缓的。

2. 调节特性

由外特性可知，改变 I_k 的大小，可以改变外特性水平段电压的高低。因此，这种电源的调节特性就是输出电压 U_h 与控制电流 I_k 的关系，即 $U_h=f(I_k)$。由图 3-23 可知，有一个控制电流 I_k，就有一个输出电压 U_h 与之对应，所以不难做出调节特性 $U_h=f(I_k)$ 的关系曲线，如图 3-24 所示。

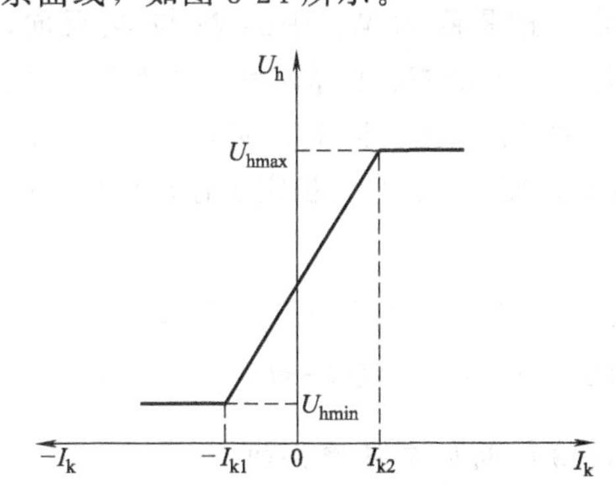

图 3-24　全部内反馈磁饱和电抗器式弧焊整流器的调节特性

形成如图 3-24 所示形状调节特性的原因如下：

当 $I_k>0$ 时，随着 I_k 增加，由 I_k 所产生的磁通 Φ_k 使铁芯提前达到饱和，且 I_k 越大，磁工作点越接近于饱和区，磁通变化量 $\Delta\Phi$ 越小，输出电压越大。

当 $I_k<0$ 时，由 I_k 产生的 Φ_k 削弱铁芯中的磁通，使铁芯达到正向饱和的时刻推迟，且 $|I_k|$ 越大，磁工作点远离正向饱和区程度增大，磁通的变化量 $\Delta\Phi$ 增加，交流绕组的感抗压降增大，整流输出电压减小。

因此，通过改变控制电流 I_k 的大小，就可以调节整流输出电压 U_h 的高低。

（三）偏移绕组

由图 3-24 可以看出，要使输出电压从最小值 U_{hmin} 调节到最大值 U_{hmax}，控制电流 I_k 必须从 $-I_{k1}$ 调至 $+I_{k2}$。这样，不仅要调节 I_k 的大小，而且还要改变 I_k 的极性。显然，这将导致控制电路复杂，给控制带来不便。为此，需要设置偏移绕组，使输出电压由最小值调到最大值时而无需改变 I_k 的极性。

图 3-25（a）中，W_P 是偏移绕组，由直流电源供电，它与控制绕组绕在同一铁芯上，产生固定的、并与控制磁通方向相反的磁通 Φ_P。在全部内反馈磁饱和电抗器式弧焊整流器中设置偏移绕组有以下两个作用。

（1）偏移调节特性 设置偏移绕组后，可以使调节特性偏移，如图 3-25（b）所示，使 I_k 不必改变极性而实现输出电压的调节。其原理如下：

当 W_P 中通以直流电后，在铁芯中产生磁通 Φ_P。如果使 Φ_P 刚好等于控制绕组中通以 $-I_{k1}$ 时产生的磁通 $-\Phi_{k1}$，这样，当 $I_k=0$ 时，铁芯中总的直流控制磁通 $\Phi'_k=\Phi_k-\Phi_P=-\Phi_P=-\Phi_{k1}$（去磁），相当于在铁芯中预先加了一个 $-I_{k1}$，对照图 3-24 中 $-I_{k1}$ 点可知，此时输出电压为最小值。在此基础上，再在 W_k 中通以正方向的 I_k，由小到大调节 I_k，就可以使输出电压由最小值调节到最大值。调节特性曲线如图 3-25（b）所示。

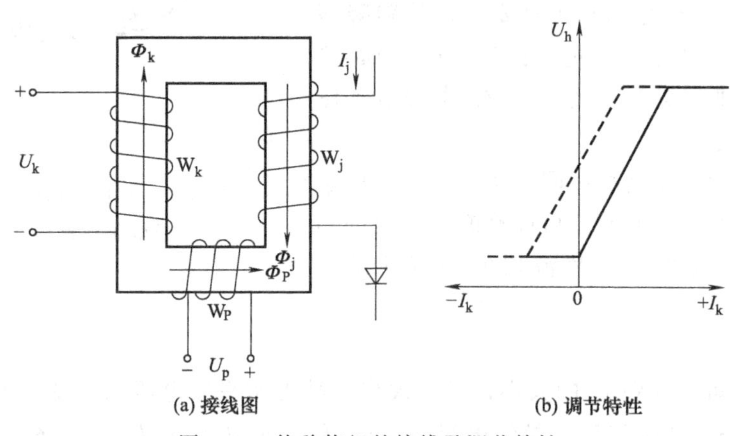

(a) 接线图 (b) 调节特性

图 3-25 偏移绕组的接线及调节特性

（2）稳定输出电压 当电网电压 U 波动时，输出电压 U_h 也必然随之波动。接入偏移绕组和在控制绕组电源采取稳压措施后，就可使 U_h 稳定。这是因为 W_P 中的 Φ_P 与 Φ_k 反向，铁芯中总控制磁通 $\Phi'_k=\Phi_k-\Phi_P$。当电网电压 U 下降时，一方面 U_h 下降，另一方面 U_p（由电网电压 U 降压、整流后获得）也下降，Φ_P 也下降。而 I_k 不变，因此，$\Phi'_k=(\Phi_k-\Phi_P)$ 上升，起始工作点 向饱和区伸展，$\Delta\Phi$ 减小，U_L 也减小，使 U_h 上升，稳定了输出电压 U_h，反之亦然。上述过程可表示如下：

当电网电压 U 下降时：$U\downarrow\rightarrow U_h\downarrow\uparrow\leftarrow$

$U_P\downarrow\rightarrow\Phi_P\downarrow\xrightarrow{I_k\text{不变}}(\Phi_k-\Phi_P)\uparrow\rightarrow\Delta\Phi\downarrow\rightarrow U_L\downarrow$

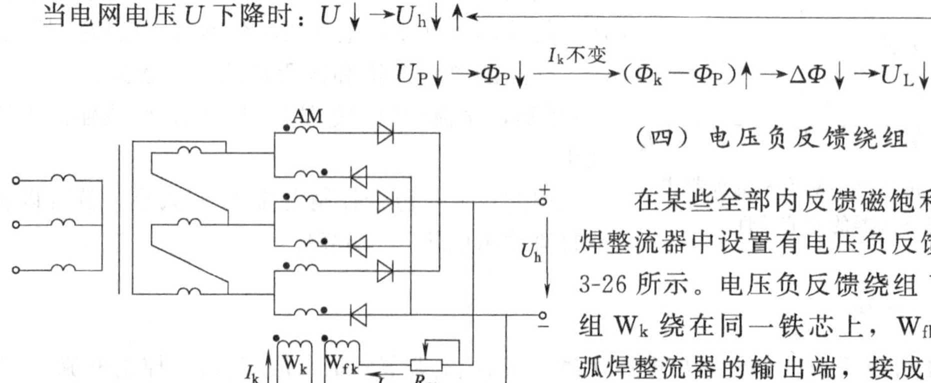

图 3-26 有电压负反馈绕组的全部内反馈磁饱和电抗器式弧焊整流器主电路图

（四）电压负反馈绕组

在某些全部内反馈磁饱和电抗器式弧焊整流器中设置有电压负反馈绕组，如图 3-26 所示。电压负反馈绕组 W_{fk} 与控制绕组 W_k 绕在同一铁芯上，W_{fk} 的两端接至弧焊整流器的输出端，接成电压负反馈，即反馈磁通 Φ_{fk} 与控制磁通 Φ_k 方向相反。由于此电压负反馈是采用附加绕组实现的，所以它属于外负反馈。

有电压负反馈时的调节特性如图 3-27 中曲线 2 所示。图中曲线 1 为无电压负反馈时的调节特性。曲线 3 为反馈线，它表示反馈电路中反馈电压（即输出电压）U_h 与反馈电流 I_{fk} 的关系。因为反馈电路总电阻 R_{fk} 为 $R_{fk}=\dfrac{U_h}{-I_{fk}}$ 所以 R_{fk} 的数值为斜率，过原点作一直线就是反馈线，它可以反映 U_h 与 $-I_{fk}$ 的数值关系。

有电压负反馈时调节特性曲线 2 的形成可以这样解释：当无电压负反馈时，$I_k=I_{k1}$，U_h 便得到最大值，而有电压负反馈时，I_k 要增至 I_{k2}，才能获得最大值，且 $I_{k2}-I_{k1}=|-I_{fk3}|$。

设置电压负反馈绕组有如下作用：

① 由于反馈磁通起去磁作用，所以与偏移绕组类似具有稳定输出电压的作用。

② 由于有电压补偿作用，使外特性工作部分成为比较理想的水平特性，如图 3-28 所示。

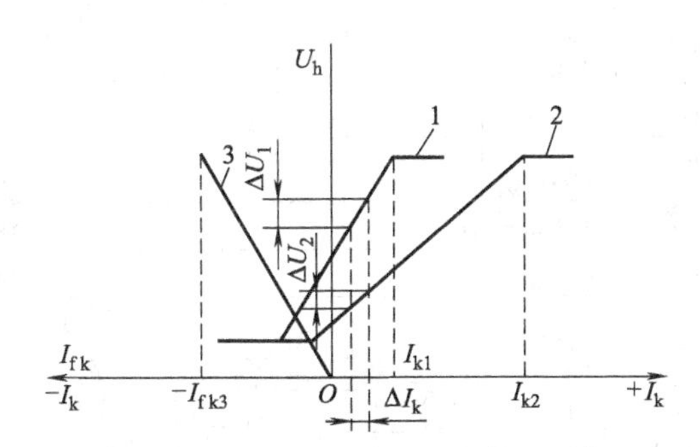

图 3-27 有电压负反馈时的调节特性（曲线 2）

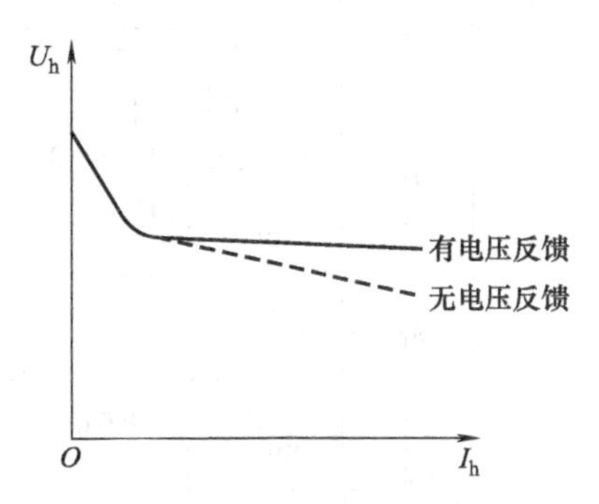

图 3-28 电压负反馈使外特性变平

③ 由于调节特性斜率变小，输出电压可以均匀调节。如图 3-27 所示，当 I_k 变化 ΔI_k 时，有电压负反馈时引起的输出电压变化为 ΔU_2，而无电压负反馈时为 ΔU_1，显然 $\Delta U_2<\Delta U_1$，即在相同控制电流变化范围内，有电压负反馈时输出电压变化幅度小，可连续、均匀地调节。

（五）产品介绍

全部内反馈磁饱和电抗器式弧焊整流器国内定型产品有 ZPG1-500、ZPG1-1500、ZPG2-500、GD-500 等型号。这种弧焊整流器适用于二氧化碳和惰性气体熔化极电弧焊。现以 ZPG1-500 型为例加以介绍。

ZPG1-500 型弧焊整流器电路图如图 3-29 所示，其主要部分及其作用如下：

(1) 变压器 T_1　绕组接法为Y/△，其作用是将电源电压降到焊接所需的电压。

(2) 三相磁饱和电抗器 AM　三相共有六个交流绕组，还有一个公共的控制绕组 W_k 和一个偏移兼电压负反馈绕组 W_B。

(3) 整流器 UR_1　由六组整流元件 VD_1～VD_6 组成，每组由两只硅二极管并联，硅管安装在圆形风筒内，便于风机冷却。

(4) 通风机组　由风压开关 SW 和电风扇 M 组成。当风扇工作时，风压开关合上，接通接触器 KM 的电路，使主变压器 T_1 通电。当风扇发生故障而停止鼓风时，风压开关断开，KM 断开，从而断开主变压器 T_1，以保护硅整流元件组和其他电气部件。

(5) 输出电抗器 L_2　其串联在焊接回路中，是一个带有空气隙的铁芯式电抗器，绕组

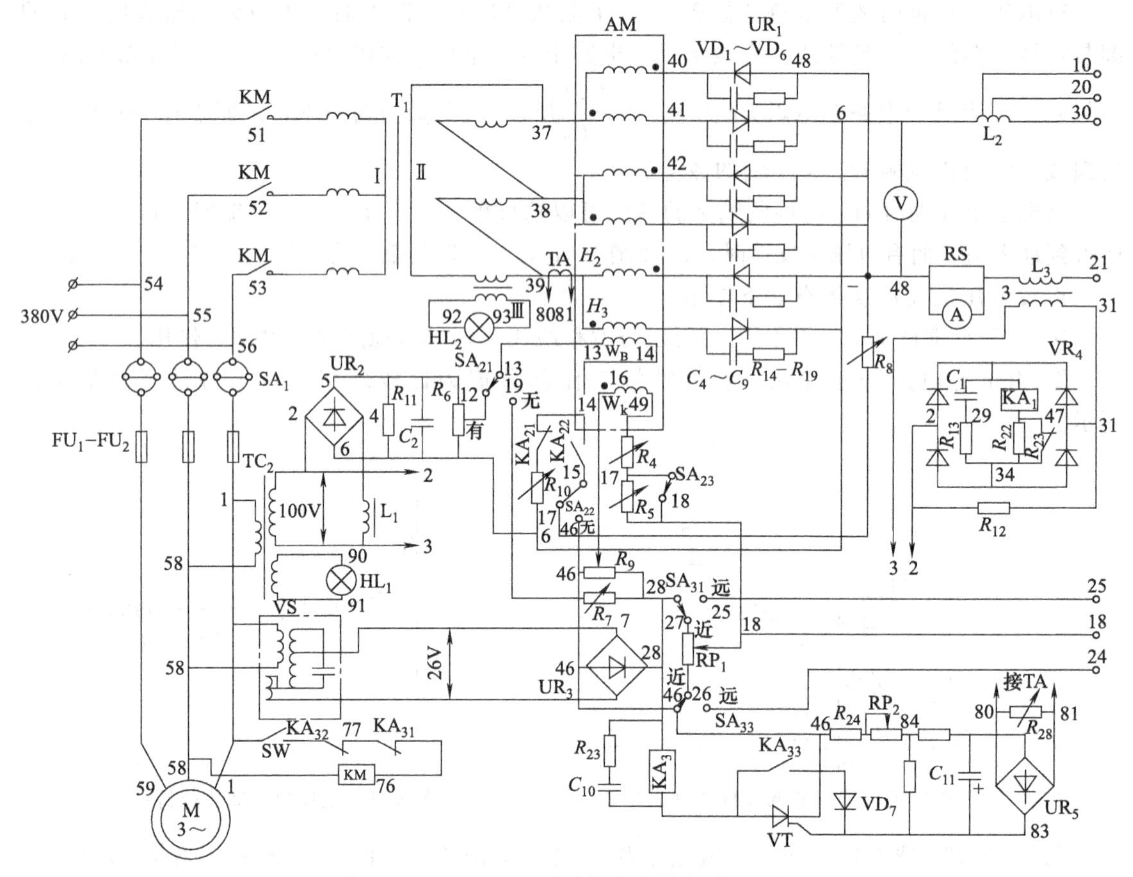

图 3-29 ZPG1-500 型弧焊整流器电路原理图

有两个抽头，使用时可分为三档，以适应不同直径焊丝的焊接。

(6) 控制电路 它主要包括控制绕组电路、偏移和电压负反馈绕组电路、电弧电压反馈引入电路及过载保护电路。

① 控制绕组电路 它由稳压器 VS、整流桥 UR_3、可调电阻 R_4、R_5、R_9、电位器 RP_1、远近控制开关 SA_3（由 SA_{31}和 SA_{32}组成）及直流控制绕组 W_k 所组成。该电路可给 W_k 提供稳定的并且可以调节的控制电压 U_k。

其中，稳压器 VS 是铁磁谐振式稳压器，其结构见图 3-30，它是一种特殊的变压器。特点是：铁芯的两个心柱截面积不同，在截面积较大的、不饱和的铁芯柱上绕有一次绕组 W_1 和补偿绕组 W_b；在截面积较小的、饱和的铁芯柱上绕有二次绕组 W_2。它的基本原理是：当电网电压变化时，一方面饱和铁芯柱中的磁通变化很小，因而 W_2 两端电压变化也很小；另一方面，由于电网电压变化可引起不饱和铁芯柱中磁通发生变化，因而 W_b 两端电压也随着变化。由于接线时使 W_b 与 W_2 反向串联，这样 W_b 两端电压的变化可以与 W_2 两端电压的微量变化相抵消，因而输出电压 U_{sc}很稳定，所以，稳压器可以稳定控制绕组电压，使之不受电网波动的影响。

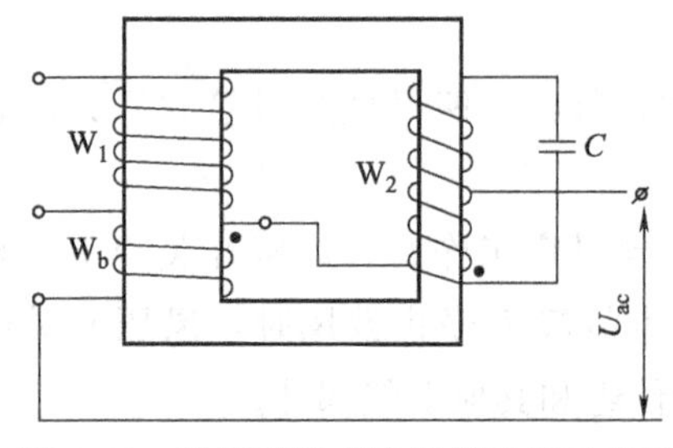

图 3-30 铁磁谐振式稳压器结构示意图

直流控制绕组的电路可简化为图 3-31。经 UR_3

整流得到的电压由点 28、46 输入。R_9 及 RP_1 构成差动电路，U_k 由点 16 与点 18 的电位差决定，即，$U_k=U_{16,46}-U_{18,46}$。R_9 动点调定于中间位置不动，当滑动 RP_1 动点的上下位置时，即可改变 U_k 的大小及正负极性以调节电源的输出电压。例如，RP_1 调至上端时，U_k 为负；调至下端时，U_k 为正。RP_1 从上至下调节时，U_h 便从低到高变化。用转换开关 SA_{31} 和 SA_{32} 可选择近控和远控方式。当置于"近"时，由电源箱上的 RP_1 调节 U_h；置于"远"时，则由装于可携带的控制盒内的 RP_3 代替 RP_1 调节 U_h。

② 偏移和电压负反馈绕组电路　当转换开关 SA_2 接通"有"（点 13 与点 12 接通）时，形成电压负反馈电路，如图 3-32 所示。它是由控制变压器 TC_2、整流桥 UR_2、补偿电抗器 L_1、电阻 R_{11}、电容 C_2、电压反馈电路上的可调电阻 R_6、R_8、三相转换开关 SA_2 和偏移兼补偿绕组 W_B 组成。其作用是偏移调节特性和补偿电网电压波动时对输出电压的影响。引弧前，继电器 KA_2 不吸合，其常闭触点 KA_{21} 闭合，而常开触点 KA_{22} 断开，TC_2 二次电压经 UR_2 整流，从 R_6 上取下的电压 UR_6 经 R_{10}、KA_{21} 和 SA_{21} 加到 W_B 上，产生与 W_K 相反的磁通。R_6 和 R_{10} 在出厂前已调定，因而偏移磁通是固定的。这样工作时，只要调节 RP_1，便可均匀地调节输出电压。当电弧引燃后，KA_{21} 断开，KA_{22} 闭合，于是 6、17 两点间的反馈电压 U_{fk} 与 12、6 两点的给定电压 UR_6 叠加后接入补偿绕组 W_B，由 W_B 建立的直流磁通与控制磁通方向相反。当电网电压或电弧电压上升时，UR_6 或 U_{fk} 上升，因此 W_B 两端电压升高，它产生的去磁磁通显著增加，W_k 因有稳压措施而保持磁通不变，这样，实际控制磁通减小，使输出电压迅速降低，电弧电压得到较快恢复，反之亦然。

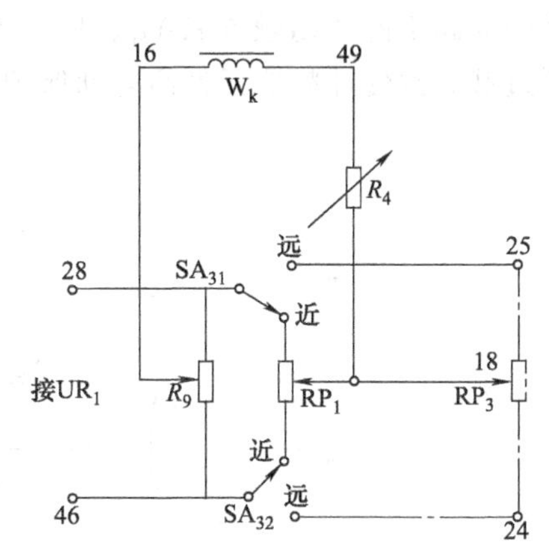

图 3-31　控制绕组电路简化图

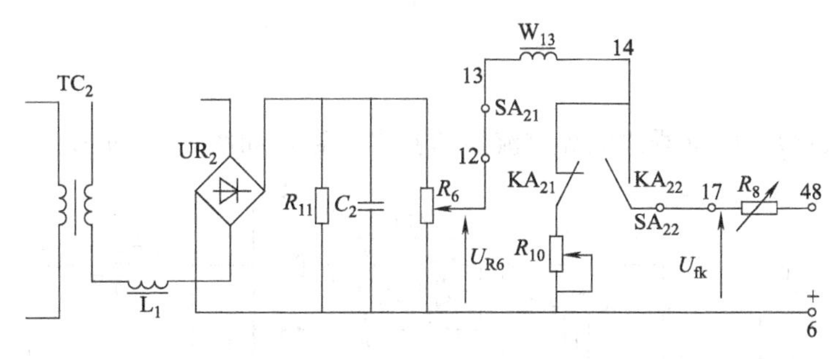

图 3-32　偏移和电压负反馈绕组电路

③ 电弧电压反馈引入电路（或称电弧继电器电路）　它由控制变压器 TC_2、整流桥 UR_4、电阻 R_{12}、R_{13}、R_{22}、电容 C_1、中间继电器 KA_2 及饱和电抗器 L_3 组成，用于在电弧引燃后把电弧电压引入负反馈电路中，如图 3-29 所示。电弧继电器 KA_2 线圈由 UR_4 供电，而 UR_4 是经 L_3 的交流绕组接往 TC_2 的。L_3 的直流控制绕组串联于焊接电路中。空载时，L_3 的直流控制绕组中无电流流过，L_3 的铁芯处于不饱和状态，其交流绕组感抗很大，TC_2 二次的 100V 交流电压几乎全部降落在交流绕组上，于是 UR_4 的输出电压很低，不足以使 KA_2 动作。

电弧引燃后，电弧电流超过 40～50A 时，L_3 铁芯饱和，相应的感抗很小，于是 TC_2 的

100V 电压绝大部分供给 UR_4 而使 KA_2 动作，即 KA_{21} 断，KA_{22} 通，从而将电弧电压反馈量 U_{fk} 接入 W_B。

④ 过载保护电路 它由互感器 TA、整流桥 UR_5、电阻 R_{23}～R_{25}、R_{27}、可调电阻 R_{28}、电位器 RP_2、电容 C_{10}、C_{11}、整流二极管 VD_7、晶闸管 VT、直流中间继电器 KA_3 等组成，如图 3-33 所示。当焊接电流过大时，主变压器 T_1 的二次电流必然增加，TA 的二次感应电压升高，使 UR_5 输出电压足以触发 VT，VT 阳极回路所接的 KA_3 得电后动作，接在 KM 线圈回路上的常闭触点 KA_{31}、KA_{32} 断开，使 KM 失电，主变压器二次即被切断电源，以避免过载，致使硅整流元件组得到保护。

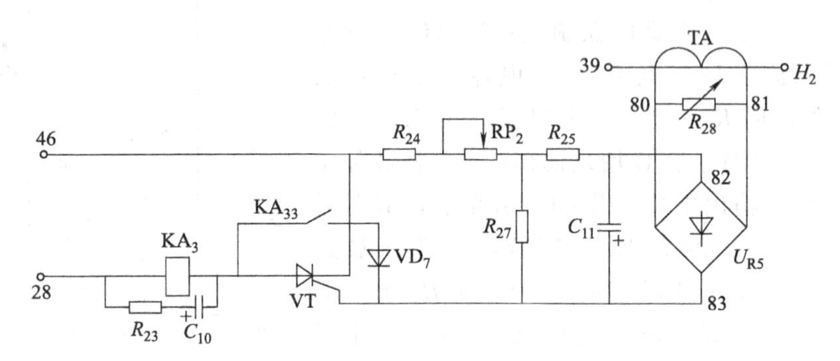

图 3-33 过载保护电路

为使引弧及熔滴过渡时的暂短短路不致使 KA_3 动作，在 KA_3 线圈两端并联 C_{10} 和 R_{23}，以用来稳定 KA_3 的工作。RP_2 用来调节过载电流的整定值。R_{28} 是用于获得一定的过载信号电压。

当故障排除后欲重新启动弧焊整流器时，必须先将 SA_1 切断，使 KA_3 复位，VT 关断，然后再将 SA_1 闭合，此时电源即可重新启动。

五、部分内反馈磁饱和电抗器式弧焊整流器

（一）结构

部分内反馈磁饱和电抗器式弧焊整流器的基本电路，如图 3-34 所示。

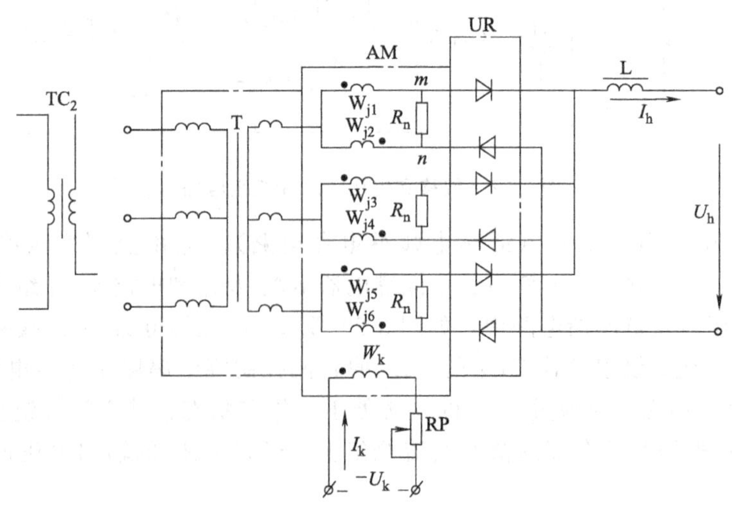

图 3-34 部分内反馈磁饱和电抗器式弧焊整流器基本电路图

它与全部内反馈磁饱和电抗器式弧焊整流器在结构上的差别，主要是 m、n 两点间的接法不同。前者 m、n 两点间接了一个内桥电阻 R_n，而后者 m、n 两点间是断开的。部分内反馈磁饱和电抗器可以采用 3-10（a）或图 3-20 所示的结构。

（二）工作原理

1. 外特性

部分内反馈磁饱和电抗器 m、n 两点（内桥）既不是短接的，也不是断开的，而是接一个内桥电阻 R_n，因此可以推断，部分内反馈磁饱和电抗器式弧焊整流器的外特性既不是陡降的，也不是水平的，而是介于两者之间为下降的。这恰恰是通过内桥电阻 R_n 来实现的。下面先分析单相部分内反馈磁饱和电抗器，然后再推广到三相，其原理图和接线图，如图 3-35 所示。

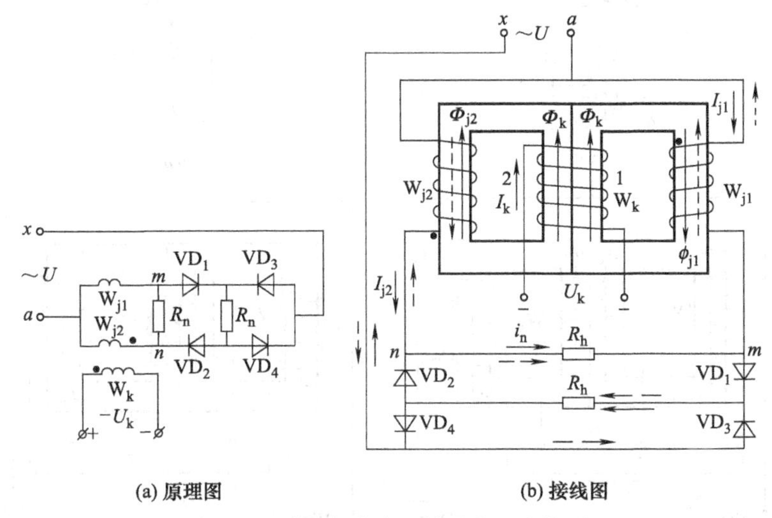

图 3-35　单相部分内反馈磁饱和电抗器

图 3-35（b）中的实线箭头和虚线箭头分别表示电源在正、负半周的电流和磁通方向。正半周时 $\Phi_1=\Phi_k+\Phi_{j1}$，$\Phi_2=\Phi_k-\Phi_{j2}$，W_k 中通过的总磁通 $\Phi_{总}=2\Phi_k+\Phi_{j1}-\Phi_{j2}$；负半周时，$\Phi_1=\Phi_k-\Phi_{j1}$，$\Phi_2=\Phi_k+\Phi_{j2}$，$W_k$ 中通过的总磁通 $\Phi_{总}=2\Phi_k-\Phi_{j1}+\Phi_{j2}$。

下面以电源正半周为例，分析三种磁饱和电抗器 W_k 中总磁通 $\Phi_{总}$ 的情况。无反馈磁饱和电抗器 $\Phi_{总}=2\Phi_k+\Phi_{j1}-\Phi_{j2}$；全部内反馈磁饱和电抗器 $\Phi_{总}=2\Phi_k+\Phi_{j1}$；部分内反馈 $\Phi_{总}=2\Phi_k+\Phi_{j1}-\Phi_{j2}$。从形式上看，无反馈磁饱和电抗器的 $\Phi_{总}$ 与部分内反馈磁饱和电抗器的 $\Phi_{总}$ 相同，但从内桥电流（见图 3-36）可知，由于有内桥电阻 R_n 存在，$I_{j1}>I_{j2}$，即 $\Phi_{j1}>\Phi_{j2}$，所以部分内反馈磁饱和电抗器的 $\Phi_{总}$ 大于无反馈磁饱和电抗器的 $\Phi_{总}$，有一定的正反馈，因此可知，部分内反馈磁饱和电抗器式弧焊

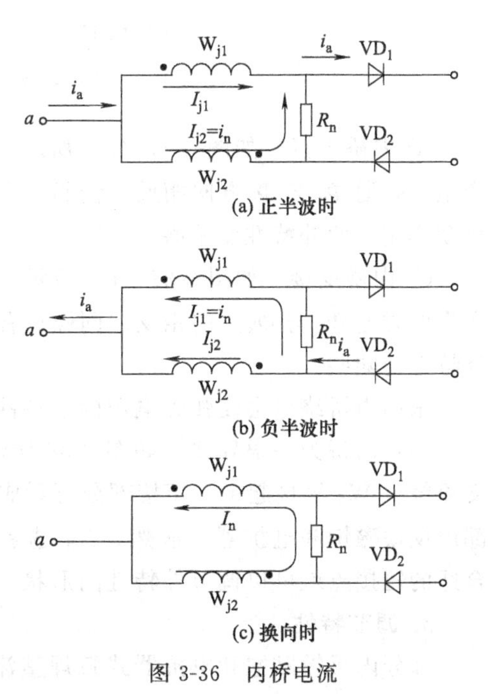

图 3-36　内桥电流

整流器的外特性是下降的。

2. 内桥形式

目前常用的内桥形式主要有以下几种。

(1) 内桥为小电阻 R_n 如图 3-34 所示，它通常用康铜丝制成，阻值很小。为得到不同的内桥电流，内桥电阻应可分段调节，以改变内桥电阻的阻值。

(2) 内桥为绕组 W_n 如图 3-37 所示，它由两个绕组串联构成，一般用 1.5mm 导线绕在交流绕组外层，匝数为 15～20 匝。W_n 除了和 R_n 一样有分流作用外，还由于内桥电流 i_n 流经 W_n 时产生磁通 Φ_n。按 Φ_n 与 Φ_k 方向是否一致分为两种接法。

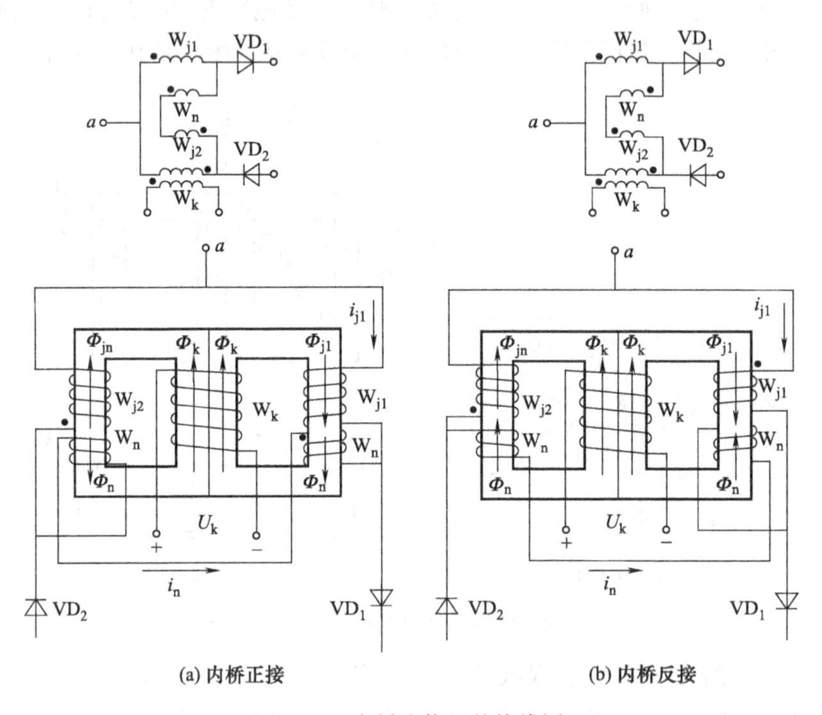

(a) 内桥正接　　(b) 内桥反接

图 3-37 内桥为绕组的接线图

① 内桥正接 如图 3-37 (a) 所示，Φ_n 与 Φ_k 同向，具有正反馈作用；而 i_n 流经 W_j 时产生的磁通 Φ_{jn} 与 Φ_k 方向相反，仍起负反馈作用。所以内桥正接的综合作用将削弱内桥的负反馈作用，使外特性变平些。

② 内桥反接 如图 3-37 (b) 所示，Φ_n 与 Φ_k 反向，具有负反馈作用；而 i_n 流经 W_j 时产生的磁通 Φ_{jn} 与 Φ_k 方向相反，同样具有负反馈作用。可见内桥反接加强了负反馈作用，使外特性变陡些。

采用内桥绕组会使弧焊电源的动特性变差，故这种结构的电源目前已很少生产了。

(3) 内桥为一根导线 如图 3-38 所示，在两个交流绕组的抽头处，用一根导线将部分交流绕组 W_d 短接起来。短接部分可看成是无反馈磁饱和电抗器；未短接部分可以看成是全部内反馈磁饱和电抗器。显然，N_d 越多，外特性越陡降；N_d 越少，则外特性越平。选择合适的短接点就可以调节外特性的形状，即调节外特性下降的程度。

3. 调节特性

部分内反馈磁饱和电抗器式弧焊整流器的调节特性，如图 3-39 所示，它表示控制电流

I_k 与输出电流 I_h 之间的关系。其形状介于无反馈和全部内反馈磁饱和电抗器式弧焊整流器的调节特性之间。

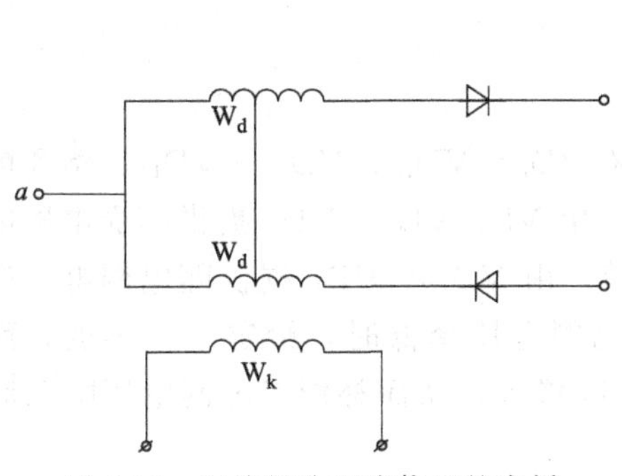

图 3-38 短接部分交流绕组的内桥

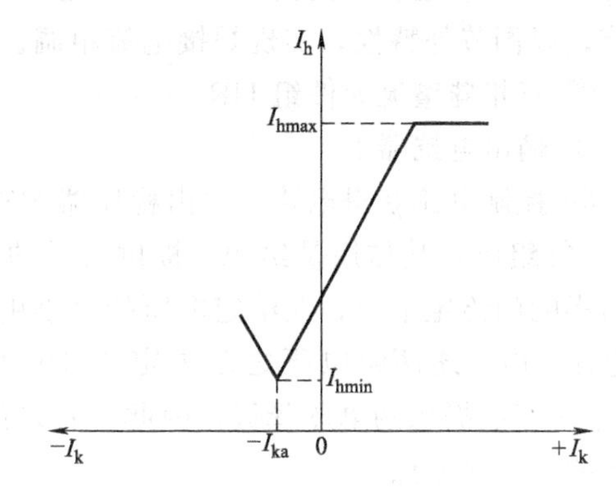

图 3-39 部分内反馈磁饱和电抗器式弧焊整流器调节特性

出现 I_{hmin} 可以这样解释：当 $I_k=0$ 时，由于部分内反馈的存在，I_h 并不是最小。要得到最小的负载电流 I_{hmin}，必须将 I_k 调到负值，例如 $-I_{ka}$，由 $-I_{ka}$ 产生的 $-\Phi_{ka}$ 正好抵消部分正反馈的作用，输出电流才为 I_{hmin}。I_k 自向负值方向增加，起始工作点由于负反馈将伸展到磁化曲线的反向饱和段，因此，I_h 将随 $|I_k|$ 增大而增大。

（三）产品介绍

部分内反馈磁饱和电抗器式弧焊整流器国内定型产品有 ZXG-300、ZXG-400、ZXG-500 等型号。以上产品具有下降外特性，主要用于焊条电弧焊、钨极氩弧焊、埋弧焊及等离子弧焊。

现以 ZXG-400 型为例作简单介绍，其电路图如图 3-40 所示。它主要由以下几部分组成。

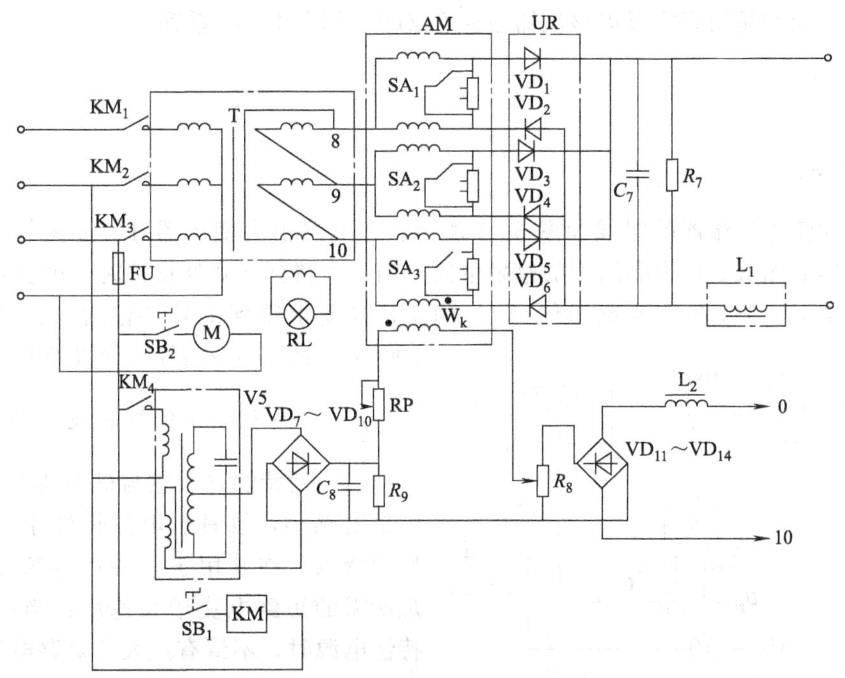

图 3-40 ZXG-400 型弧焊整流器电路图

① 三相主变压器 T 接法为Y/△形。

② 三相磁饱和电抗器 AM 采用电阻内桥内反馈式，内桥阻值用转换开关 $SA_{1\text{-}3}$ 作有级调节，以调节外特性，实现焊接电流粗调。

③ 三相硅整流元件组 UR。

④ 输出电抗器 L_1。

⑤ 控制电流获得电路 它由稳压器 VS、整流桥 VD_7～VD_{10}、VD_{11}～VD_{14}、饱和电抗器 L_2 等组成，其作用是给 W_k 提供所需的电流 I_k。由 VS、VD_7～VD_{10} 提供不受电网电压波动影响的给定电压，此给定电压的大小由 RP 调节；由 VD_{11}～VD_{14} 提供随电网电压变动的电压。由上述两组电压之差决定 I_k 的大小。当电网电压降低时，给定电压不变，而由 VD_{11}～VD_{14} 提供的电压降低，因此二者差值增加，I_k 增大，从而补偿了电网电压降低对 I_h 的影响。反之亦然。

L_2 用来提高补偿灵敏度，保证在电网电压波动的情况下焊接电流较稳定。RP 用来调节 I_k，作为焊接电流的细调节。

⑥ 控制电路 它由开关 SB 和接触器 KM 组成，用以启动和停止弧焊电源。启动时，按下 SB_1，KM 线圈吸合，其触头 KM_1～KM_4 接通 T、VS，指示灯 HL 亮；同时接通 SB_2，风扇电动机 M 转动，对弧焊电源风冷，可以焊接。停止时，按下 SB_1，则 KM 失电而切断上述各部分电源。

模块三 晶闸管式弧焊整流器

随着大功率晶闸管在 20 世纪 60 年代的问世、弧焊电源相应地出现了晶闸管式弧焊整流器。由于其本身具有良好的可控性，因而对电源外特性形状的控制、焊接工艺参数的调节都可以通过改变晶闸管的导通角来实现，而不需要用磁饱和电抗器，它的性能更优于磁饱和电抗器式电源。国产晶闸管式弧焊整流器主要有 ZDK 系列和 ZX5 系列。

一、概述

（一）组成

晶闸管式弧焊整流器的组成如图 3-41 所示。主电路由主变压器 T、晶闸管整流器 UR 和输出电抗器 L 组成。C 为晶闸管的触发电路。当要求得到下降外特性时，触发脉冲的相流器的组成给定电压 U_{gi} 和电流反馈信号 U_{fI} 确定；当要求得到平外特性时，其动特性指标（如 di_{sd}/dt、I_{sd}/I_{wd}等）加以控制和调节。

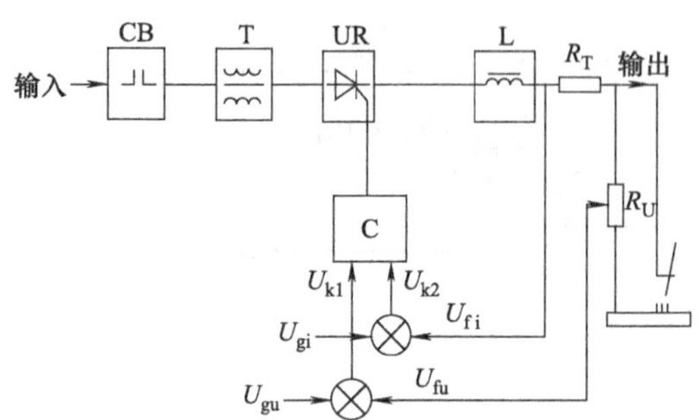

图 3-41 晶闸管式弧焊整流器的组成

（二）晶闸管式弧焊整流器的主要特点

（1）动特性好 它与硅弧焊整流器相比，内部电感小，故具有电磁惯性小、反应速度快的特点。在其用于平特性电源时，可以满足所需的短路电流增长速度；当用于下降外特性电源时，不致有过大的短路电流冲击。

（2）控制性能好 由于它可以用很小的

触发功率来控制整流器的输出，并具有电磁惯性小的特点，因而易于控制。通过不同的反馈方式可以获得所需的各种外特性形状。电流、电压可在较宽的范围内均匀、精确、快速地调节，并且易于实现对电网电压的补偿。因此这种整流器可用做弧焊机器人的配套电源。

(3) 节能　它的空载电压较低，其效率、功率因数较高，输入功率较小，故节约电能。

(4) 省料　与磁饱和电抗器式电源相比，它没有磁饱和电抗器。故可以节省材料，减轻重量。

(5) 电路复杂　除主电路和控制电路外，还有触发电路，使用的电子元件较多，这对电源使用的可靠性有很大影响，同时对电源的调试和维修的技术要求也较高。

(6) 存在整流波形脉动问题　晶闸管式弧焊整流器是通过改变晶闸管的导通角来调节电流和电压的，因而电流和电压波形的脉动比磁饱和电抗器式电源的大。尤其是在下降外特性的情况下，空载电压比工作电压要高得多，要求电压变化范围很大。空载时，晶闸管需要全导通，以输出高电压；负载时，则要求其导通角变得较小，以输出低电压。当导通角很小时，整流波形脉动加剧，甚至出现波形不连续，导致焊接电弧不稳定。解决办法是在晶闸管上并联二极管和限流电阻构成维弧电路。

(三) 应用范围

(1) 平特性晶闸管弧焊整流器　适用于熔化极气体保护焊、埋弧焊以及对控制性能要求较高的数控焊，还可作为弧焊机器人的电源。

(2) 下降特性晶闸管弧焊整流器　适用于焊条电弧焊、钨极氩弧焊和等离子弧焊。

二、主电路

晶闸管式弧焊整流器的主电路有三相桥式半控整流电路、六相半波可控整电路和带平衡电抗器的双反星形可控整流电路，以及三相桥式全控整流电路。本书主要介绍前三种整流电路。

(一) 三相半波可控整流电路

1. 纯电阻性负载

这种电路如图 3-42 所示。变压器一次绕组为△连接，二次绕组为Y连接，图中的 O 点是整流电压的负极。晶闸管 VT_1、VT_2、VT_3 接成共阴极组（晶闸管的阴极绕组连接在一起称为共阴极组），晶闸管导通条件除了阳极电位高于阴极电位外，同时还必须在晶闸管的门极（控制极）上加触发脉冲。R_h 为负载。

下面介绍控制角 $\alpha=0°$、$\alpha=30°$ 时的工作情况。

① 当 $\alpha=0°$时，整流电路的工作情况和三相不可控半波整流电路相同，称为全导通状态。此时，整流电压最大。随着控制角 α 的增大，整流电压相应减小。当 $\alpha=150°$时，整流电压为零。所以这种整流电路若用于焊接电源中，从空载到短路时要求的触发电压移相范围为 150°。

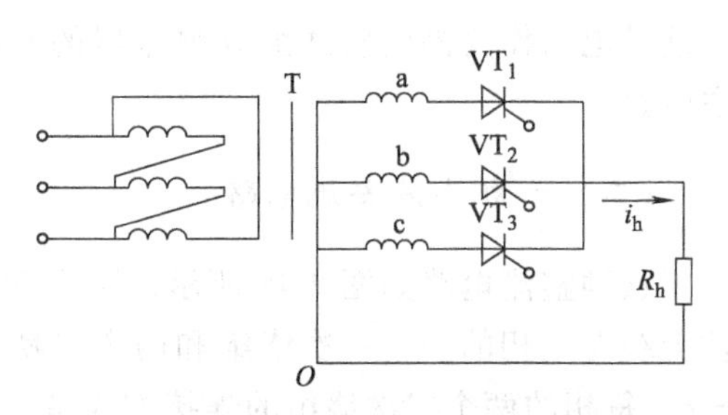

图 3-42　三相半波可控整流电路

② 当 $\alpha=30°$时，负载电流连续，各相晶闸管每周期导电 120°，即导通角 $\theta=120°$。

③ 负载电流 I_h 在一个周期内存在三个波峰，脉动较大，且 $\alpha>30°$时，i_h 不连续，各晶闸管导电时间小于 120°，且 $\theta=150°-\alpha$。

由此可得出结论：这种整流电路在焊接电源中是不适用的。

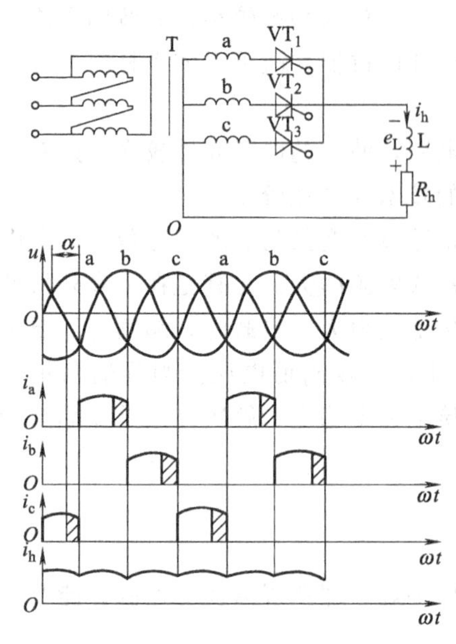

图 3-43 电阻电感性负载三相半波可控整流电路及其波形

2. 电阻电感性负载

这种电路如图 3-43 所示。图中 L 为输出电抗器。令 L 的电感量足够大，当负载电流减小时，在电感上就产生感应电动热 e_L，它是阻碍电流减小的。所以 e_L 的极性如图 3-43 中所示，以 a 相为例，当 a 相电压的瞬时值降到零甚至变为负值时，回路中加在负载 R_h 上的电压为 (u_a+u_L)，仍可为正，因此 a 相晶闸管继续导通。直至 b 相晶闸管导通为止。即当 $\alpha>30°$时，仍能使各相晶闸管导通 120°，而不是 $\theta=150°-\alpha$，从而使整流电路的电流是连续的。而此时整流的电压脉动很大，电压出现负值，但整流电路的电流脉动减小，如图 3-43 所示 i_h波形。当然这一结论的适用条件是输出电抗器的电感 L 足够大，电流波形中的阴影部分是靠感应电动势 e_L 维持导通的。

在电流连续的情况下，可以推导出负载电压平均值与控制角 α 的关系如下：

$$U_h=1.17U_2\cos\alpha \tag{3-13}$$

式中，U_2 为变压器二次电压有效值。

可见输出电压平均值 U_h 与控制角 α 成余弦关系。当 $\alpha=0°$时，U_h 最大，即 $U_h=1.17U_2$；当 $\alpha=90°$时，$U_h=0$。这一结论从整流电压波形中就可以看出，这时整流电压波形的正面积等于负面积（阴影部分），即平均值等于零，如图 3-44 所示。所以，电阻电感性负载三相半波可控整流电路可用于焊接电源的主电路。从空载到短路要求触发电压移相范围为 90°。

三相半波可控整流电路中只用三只晶闸管和三个触发单元，因此线路简单、可靠、经济、易于调试，其整流变压器为三相正常降压变压器。但在输出低电压或小电流情况下，波形脉动比较明显，甚至会出现电流波形不连续的情况，所以目前很少采用这种电路作为晶闸管式弧焊整流器的整流电路的主电路。

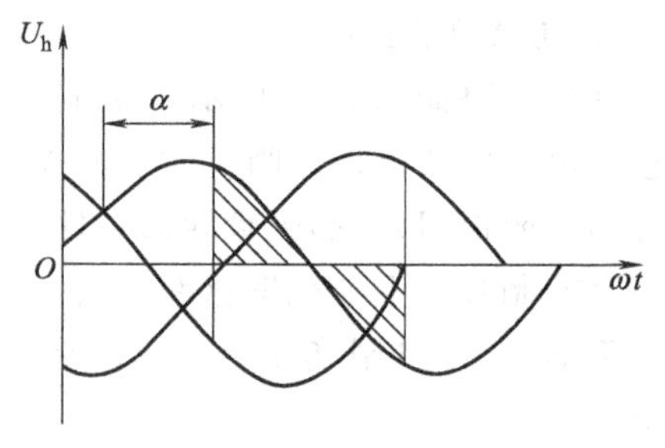

图 3-44 电阻电感性负载当 $\alpha=90°$时三相半波可控整流电路输出电压波形

（二）六相半波整流电路

这种整流电路如图 3-45 所示。图中 T 为三相变压器，铁芯有三个铁芯柱，每一个铁芯柱上绕有一相的一个一次绕组和两个二次绕组，两个二次绕组分别为 a、$-a$，b、$-b$，c、$-c$。每相的两个二次绕组的连接方式是：一个绕组的同名端与另一个绕组的非同名端接在一起，极性相反，然后再将三相六个二次绕组接成星形，这样即可输出相位差是 60°的六相电压。每个二次绕组各串联一只晶闸管，六只晶闸管接成共阴极组。所以六相半波整流电路在任何时刻总是由阳极电压最高，并且加了触发脉冲的晶闸管才能导通。负载串联在阴极与变压器中点 O 之间。

1. 纯电阻性电路

将图 3-45 中的电抗器 L 用导线短接，则负载电路中只存在负载电阻 R_h，这种电路即称为纯电阻性负载六相半波整流电路。

当 $\alpha=0°$时，整流输出波形如图 3-46（a）所示。图 3-46（a）中虚线所示为相相电压波形，分别在 $\omega t_1 \sim \omega t_6$ 的各自然换相点触发晶闸管 $VT_1 \sim VT_6$，令 $VT_1 \sim VT_6$ 轮换导通。如过了 ωt_1 时，则 u_a 最高，此时给 VT_1 的门极加了触发脉冲 u_{g1}，则晶闸管 VT_1 触发导通，其余五只晶闸管因承受反向电压而关断，这时负载两端的电压 $u_h=u_a$。过了 ωt_2 时，u_{-c} 最高，且给 VT_2 的门极加触发脉冲令 VT_2 导通，经过换相后晶闸管的导通由 VT_2 代替了 VT_1 的导通，则 $u_h= u_{-c}$。

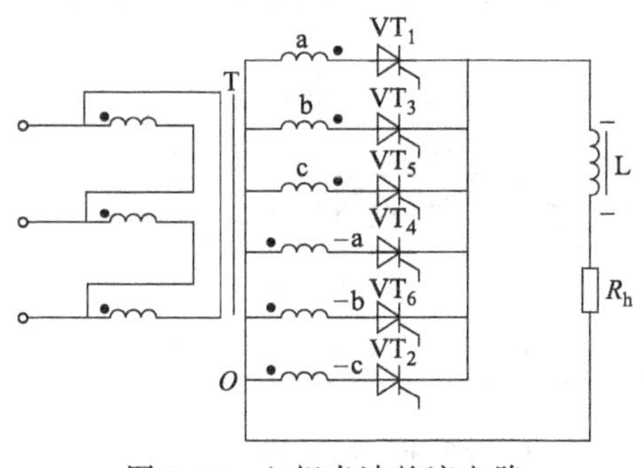

图 3-45 六相半波整流电路

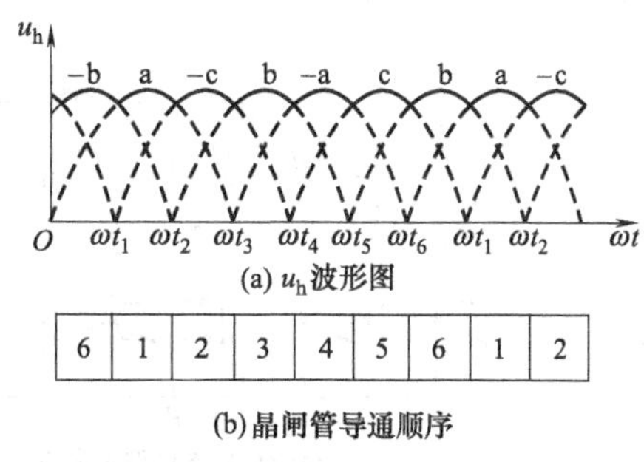

图 3-46 纯电阻负载当 $\alpha=0°$时六相半波整流波形

依此类推，六只晶闸管在自然换相点 $\omega t_1 \sim \omega t_6$ 处依次触发导通，各导通 60°。晶闸管 $VT_1 \sim VT_6$ 导通顺序见图 3-46（b）。u_h 的波形为相电压的包络线，如图 3-46（a）中的黑粗线所示。在一个周期内有六个电压波峰值。

当 $\alpha=60°$时，整流输出波形如图 3-47（a）所示。由图可知，$\alpha=60°$时为 u_h 连续的临界值。α 继续增大，由负载电压 u_h 和负载电流 i_h 波形将出现不连续。随着控制角 α 的增大，负载电压平均值 u_h 减小；当 $\alpha=120°$时，$u_h=0$，即要求移相脉冲电压范围为 120°。

2. 电阻电感性负载

如图 3-45 所示即为电阻电感性负载的六相半波整流电路。此电路即使负载电压 U_h 不连续，负载电流 i_h 波形也比较平稳，电感 L 值越大，i_h 波形越平稳。当相电压为负值时，电感电动势 e_L 仍可维持晶闸管继续导通。在电感 L 足够大使负载电流连续条件下，U_h 与 α 的关系为

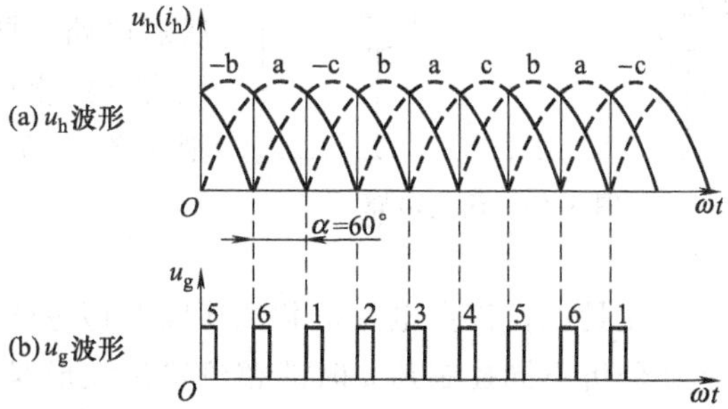

$$U_h=1.35U_2\cos\alpha \qquad (3\text{-}14)$$

图 3-47 纯电阻负载 $\alpha=60°$ 时六相半波整流波形

当 $\alpha=0°$时，$U_h=1.35U_2$，整流输出电压平均值最大；当 $\alpha=90°$时，$U_h=0$。所以电阻电感性负载六相半波整流电路要求触发脉冲移相范围为 90°。

六相半波整流电路与三相半波可控整流电路相比，前者虽然整流波形每一个周期有六个

波峰，其脉动性比后者小，但六相半波整流电路中每只晶闸管在一个周期内导通 60°，通电时间短，电流峰值高，并且一只晶闸管导通其余五只均截止，因而变压器和晶闸管利用率较低，故一般较少采用。

（三）带平衡电抗器的双反星形可控整流电路

这种弧焊电源的基本电路如图 3-48 所示。它用六个晶闸管（$VT_1 \sim VT_6$），主变压器是三相的，其结构是铁芯有三个铁芯柱，每个铁芯柱上各有一相一次绕组和两个二次绕组（分别是 a、$-a$，b、$-b$ 和 c、$-c$）。每相二次绕组的两组是通过平衡电抗器 L_B 将它们的一个绕组的同名端和另一个绕组的非同名端连在一起，即以相反极性连接成星形。实际上，平衡电抗器 L_B 起到了将两组三相半波可控整流电路并联的作用。在图 3-48 中，$-a$、$-b$、$-c$ 点的电压各与 a、b、c 点的电压反相，VT_1、VT_3、VT_5 构成了正极性绕组，VT_2、VT_4、VT_6 构成了反极性绕组。平衡电抗器 L_B 是带有中心抽头的电感，抽头 O 点两侧的线圈匝数相等。

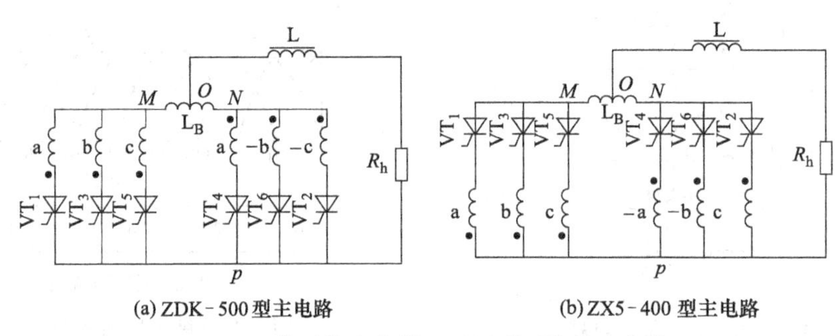

(a) ZDK-500 型主电路　(b) ZX5-400 型主电路

图 3-48 带平衡电抗器双反星形可控整流电路

电路中若电感足够大（例如图 3-48 中接有输出电抗器 L），则带平衡电抗器双反星形可控整流电路有以下特点：

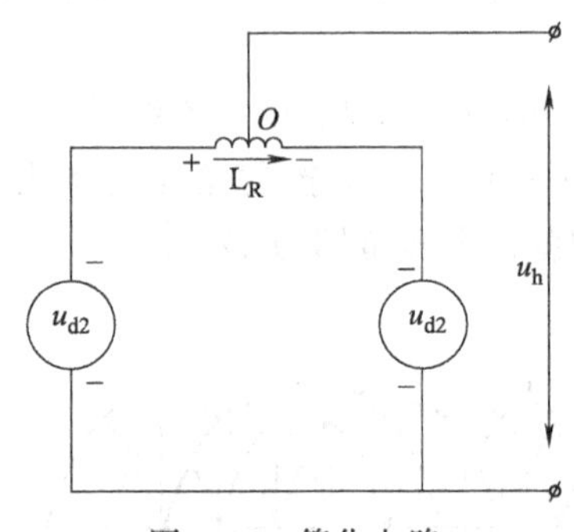

图 3-49 简化电路

（1）接入平衡电抗器 L_B，双反星形电路相当于两组三相半波整流电路并联。由于平衡电抗器 L_B 的电感起阻碍换相过程的作用，使得正极性组的一只晶闸管与反极性组的另一只晶闸管能够同时导电，即任何瞬时正、反极性均有一支电路导通工作，这样可将该主电路简化成如图 3-49 所示电路。图中 u_{d1}、u_{d2} 各为某瞬时同时导通的正、反极性支路的变压器相电压瞬时值（忽略晶闸管正向管压降），则由图 3-49 以得到

$$u_h = u_{d1} - \frac{u_{d1} - u_{d2}}{2} = u_{d2} + \frac{u_{d1} - u_{d2}}{2} = \frac{u_{d1} + u_{d2}}{2} \tag{3-15}$$

也就是说，该主电路负载电压瞬时值等于与导通管相应的两相电压瞬时值的平均值，为此，在分析不同控制角 α 时的整流输出波形时，先分别作出两组三相半波可控整流电路的相应输出波形 u_{d1} 和 u_{d2}，然后作出 $(u_{d1}+u_{d2})/2$ 的波形即可。需要指出的是控制角 $\alpha=0°$ 的位置是指三相半波的自然换相点。α 应从该点算起，并安排触发脉冲。

由控制角 $\alpha=0°$、$\alpha=30°$、$\alpha=60°$、$\alpha=90°$ 时输出波形分析可知，双反星形整流电路输出电压波形在一个周期内有六个峰值，其脉动性比三相半波可控整流电路的整流输出波动小。当 $\alpha=60°$ 时为临界值，若继续增大 α 值，在电阻性负载情况下，u_h 与 i_h 波形将出现不连续。

当电路为电阻电感性负载且电感量足够大时，i_h波形将是连续的、平稳的，甚至接近于水平线。在电阻电感负载情况下，$\alpha=90°$时输出电压波形正面积等于负面积（如图 3-50 阴影部分），平均电压为零，移相范围为 90°。因而该整流电路用作焊接电源时，只需将控制角 α 从 0°调节到 90°，即可实现从空载到短路的调节。

由于双反星形整流电路是两组三相半波可控整流电路的并联，所以当负载为电阻电感性时，整流电压平均值 U_h与控制角 α 的关系为

$$U_h=1.17U_2\cos\alpha \tag{3-16}$$

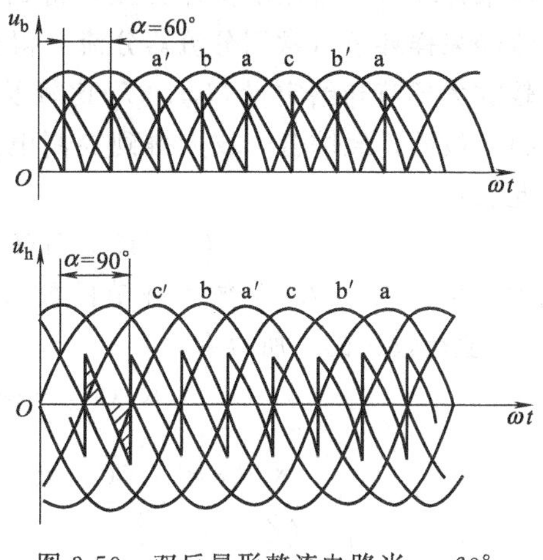

图 3-50　双反星形整流电路当 $\alpha=60°$、$\alpha=90°$时的输出电压波形

（2）将平衡电抗器 L_B 两端用导线短接即为六相半波整流电路。此时每只晶闸管在一个周期内导通 60°，变压器和整流元件利用率较低。接入平衡电抗器 L_B 后，可使整流电路在任何时刻则有两只晶闸管并联导电，每只晶闸管最大导通角为 120°，负载电流 I_h 同时由两个整流元件和两个变压器绕组供给，提高了利用率。并且每只整流元件只承担负载电流 I_h的 1/2，与三相半波可控整流电路和六相半波可控整流电路相比，提高了整元件承受负载的能力。总之，带平衡电抗器双反星形可控整流电路，具有输出电压脉动小，移相范围窄（90°），触发电路设置方便，变压器二次绕组利用率高、设备容量小、整流元件承载能力强等特点，因而被广泛用于要求具有低电压、大电流的场合。

三、外特性控制电路

晶闸管式弧焊整流器的不同外特性形状的获得，是通过以不同的方式控制晶闸管的导通角来实现的。而导通角的大小又是由触发电路的脉冲输入电压 U_k 值确定的。所以只要以不同的方式确定 U_k值，则可以获得不同的外特性形状。晶闸管是一种具有反应灵敏、易于控制的半导体元件，因此可用电流、电压反馈进行闭环控制。

（一）对触发电路的要求

（1）触发脉冲应有足够的功率　触发电压、电流和脉冲宽度应足以触发晶闸管。

（2）触发脉冲与加于晶闸管的电源电压必须同步　触发脉冲与主电路电源电压应有相同频率，且有一定的相位关系。这样才能使每个周期中都在同样的相位触发，即各周期中控制角 α 不变，从而可输出稳定的电压和电流。晶闸管式弧焊整流器采用三相或六相整流电路，为保持各相平衡还要求各相的晶闸管具有相同的控制角。

（3）触发脉冲应能移相并达到要求的移相范围　为了调节焊接工艺参数和控制电源的外特性形状，需改变晶闸管的导通角，这要靠触发脉冲移相来实现。晶闸管式弧焊整流器是工作于电阻电感负载的条件下。其输出电压从最大调节至零，对应的控制角 α 调节范围就是要求触发脉冲移相范围。对于带平衡电抗器双反星形和六相半波可控整流电路都要求触发脉冲移相范围为 0°～90°。

（4）需要的触发电路套数　ZDK-500 需用六套触发电路；ZX5 系列需用两套触发电路。

触发电路的形式有单结晶体管触发电路、晶体管式触发电路和数字式触发电路。

（二）闭环控制原理

图 3-51 是晶闸管式弧焊整流器闭环控制系统示意图。图中有电压负反馈，输出电压经电压采样环节（常用电位器分压）得到与其成正比的反馈量 mU_h。还有电流负反馈，输出电流经采样环节（常用分流器分流）得到与其成正比的反馈量 nI_h。mU_h 和 nI_h 又分别经过比较放大环节与给定量 U_{gu}、U_{gi} 比较及放大，于是各自输出 $K_1(U_{gu}-mU_h)$ 和 $K_2(U_{gi}-nI_h)$。最后，经综合、放大得到控制电压 U_k 再输入触发电路中，以控制触发脉冲的相位。因此有：

$$U_k=K_3[K_1(U_{gu}-mU_h)+K_2(U_{gi}-nI_h)] \tag{3-17}$$

式中，K_1、K_2、K_3 为放大环节的放大倍数。一般 U_k 只有零点几伏至几伏，而放大倍数 K_3 的值是较大的，所以有

$$K_1(U_{gu}-mU_h)+K_2(U_{gi}-nI_h)\approx 0 \tag{3-18}$$

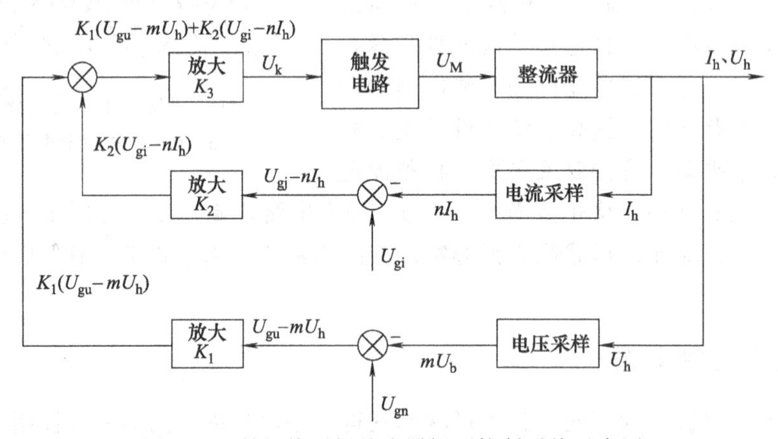

图 3-51 晶闸管弧焊整流器闭环控制系统示意图

下面分四种情况来分别讨论：

1. 只用电压负反馈时

根据式（3-18）得到 $U_{gu}-mU_h\approx 0$，即

$$U_h\approx\frac{1}{m}U_{gu} \tag{3-19}$$

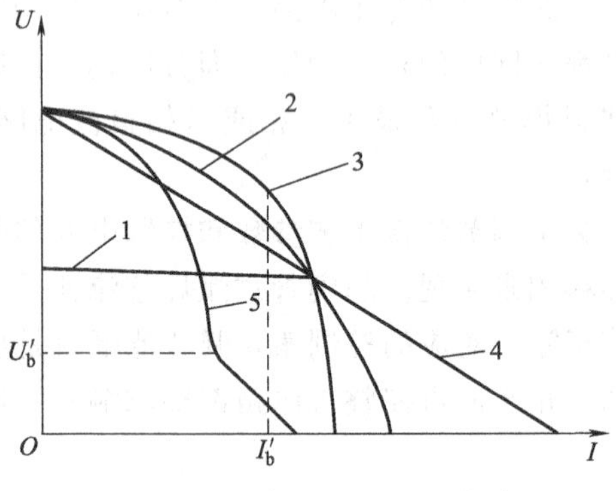

式中，m 为分压比，是常数。可见 U_h 取决于 U_{gu}。U_{gu} 一经给定不变，则整流器输出电压 U_h 也不变。即只用电弧电压负反馈时可得到恒压外特性，如图 3-52 中曲线 1 所示。其自动调节过程如下：

由于 $U_k=K_1(U_{gu}-mU_h)$，当电网电压波动或负载电流增大引起 U_h 减小时，由于 U_{gu} 不变而使 U_k 增大，进而使触发脉冲提前、晶闸管导通角增大，所以 U_h 得以增大，反之亦然。

图 3-52 闭环控制所获得的外特性

2. 只用电流负反馈时

根据式（3-18）得到

$U_{gi}-nI_h\approx 0$，即

$$I_h\approx\frac{1}{n}U_{gi} \tag{3-20}$$

式中，n 是分流比，为常数。根据式（3-20）可知，U_{gi}一经确定，I_h也不变，在理想的情况下可得到恒流外特性。但实际上，若放大倍数取得太大，系统将易产生振荡，所以不能将其取得太大，因而只能得到较为陡降的外特性，如图 3-52 中曲线 2 所示。

3. 用电流截止负反馈

只用电流负反馈，但它不是在负载状态一直起作用，而是在电流负反馈电路中加一比较电压，使得只有当 I_h超过一定限度后才有电流负反馈作用。这样可得如图 3-52 中曲线 3 所示的外特性。当电流超过一定限度后，由自然下降段转入陡降段。

4. 复合负反馈

可分为两种情况：

（1）电压、电流负反馈始终同时采用　根据式（3-18），当 U_{gu}、U_{gi}一定时可得

$$\frac{dU_h}{dI_h}=-\frac{nK_2}{mK_1} \tag{3-21}$$

由式（3-21）可知，所得到的外特性是斜降的，如图 3-52 中的曲线 4 所示的外特性。改变 n/m 或 K_2/K_1 值可改变外特性下降的斜率。

（2）按电压值采用反馈　电压大于一定值时只用电流负反馈；当电压小于此值时，同时用电流负反馈和电压负反馈。分别根据式（3-20）和式（3-21），可得如图 3-52 中曲线 5 所示陡降而在低压段带外拖的外特性。

（三）ZDK-500 型控制电路

此种晶闸管弧焊整流器采用了电压负反馈和电流截止负反馈，可分别获得平、陡降两种外特性，其简化了的闭环控制电路如图 3-53 所示。图中 W_{11}是整流器中的主变压器一次绕组，TA_1、TA_2 是电流采样用的电流互感器，其二次绕组内电流与负载电流成正比，该电流流经 R_1、R_2，得到与负载电流成比例的电压，将其输入整流桥经整流滤波得到电流反馈量 nI_h。为实现电流截止负反馈而需用比较电压 U_{bj}；U_{gi}为用于陡降外特性时的给定电压；U_{gu}为用于平特性时的给定电压。将焊机输出端的电压 U_h经分压取 mU_h作为电压反馈量。

若得到陡降外特性时，将开关 SA_1 转至“降”位置。随着 I_h 增大电流反馈量 nI_h也增大，而 U_{bj}与 nI_h极性相反，故 $U_{bj}-nI_h$随着减小。但 U_{gi}值较小，当 I_h不很大时，$U_{gi}<U_{bj}-nI_h$，二极管 VD 承受反向电压而不导通。这时 $U_k=U_{gi}$使晶闸管全导通，U_h值近似等于 U_0。当 I_h增大到使 $U_{gi}>U_{bj}-nI_h$时，二极管 VD 承受正向电压而导通，则 $U_k=U_{bj}-nI_h$，即电流截止负反馈起作用，对应的外特性段转入陡降。改变 U_{bj}的大小，可调节转入陡降段时的电流大小。以上所述如图 3-54 所示。图中 U_{bj1} 大于 U_{bj2}，用前者时，外特性曲线在达到较大的电流时转入陡降段——线段 1；用后者时，则在较小的电流下转入陡降段——线段 2。故改变 U_{bj}值可调节外特性。

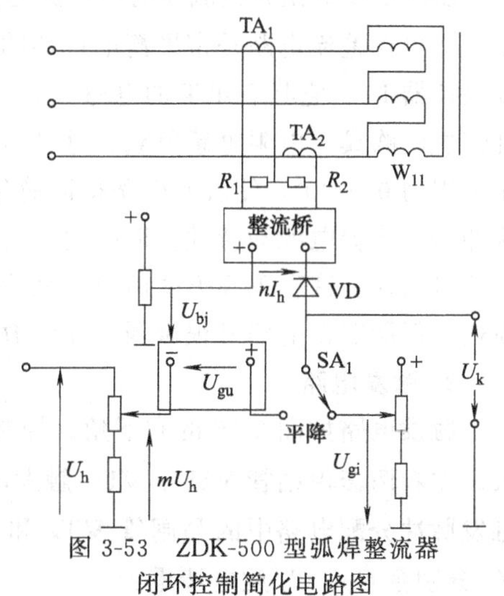

图 3-53　ZDK-500 型弧焊整流器闭环控制简化电路图

当需要得到平特性时，只要把开关 SA_1 转到“平”位置上，当 I_h 较小时，$(U_{gu}-mU_h)<(U_{bj}-nI_h)$，二极管 VD 处于反向偏置而不导电。这时 $U_k=U_{gu}-mU_h$，即有电压负反馈，从而得到很平的外特性。而当 I_h 大到超过一定限度后则有 $(U_{gu}-mU_h)>(U_{bj}-nI_h)$。则二极管 VD 导电，$U_k=U_{bj}-nI_h$，即电流截止负反馈起作用使外特性转入陡降段，从而具有过载保护作用。获得的外特性如图 3-55 所示。

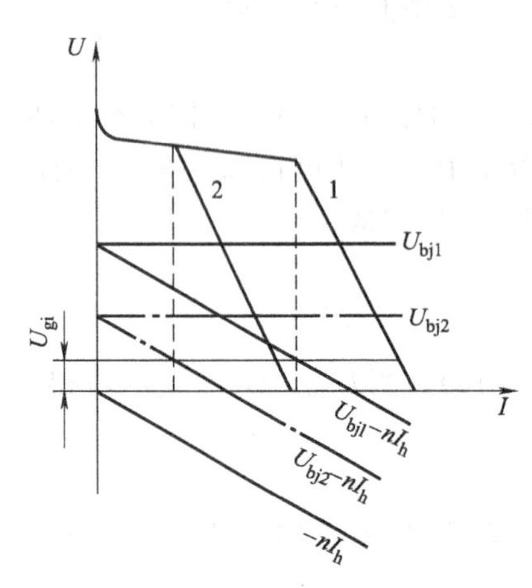

图 3-54 陡降外特性的获得原理图

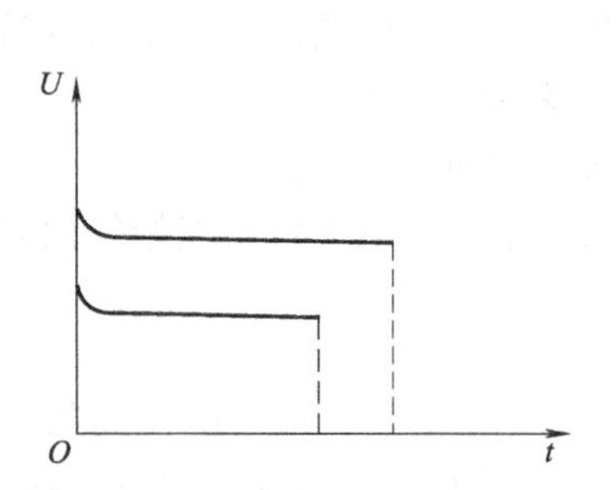

图 3-55 ZDK-500 型焊机平外特性

（四）ZX5 系列晶闸管式弧焊整流器

ZX5 系列晶闸管式弧焊整流器有 ZX5-250、ZX5-400 等型号，广泛适用于直流焊条电弧焊及碳弧气刨，特别适用于碱性低氢型焊条焊接很重要的低碳钢、中碳钢及普通低合金钢构件。这两种电源电路原理基本上相同，采用电流负反馈获得下降的外特性，动特性好，电弧稳定，飞溅小，焊缝成形美观，有利于进行全位置焊接。电路中有电网电压自动补偿和过流保护环节，还有远控盒，可远距离调节焊接电流。另外，还具有引弧电流和推力电流装置，易于引弧且不粘焊条。现以 ZX5-400 为例加以介绍。

1. 主电路

ZX5-400 型弧焊整流器的电气原理图如图 3-56 所示，主电路位于其右上部。T_1 是主变压器，可控整流电路是带平衡电抗器的双反星形形式（共阳极）。在直流输出电路中接有滤波电抗器 L_2，它具有足够的电感量，滤波电感不仅可以减小焊接电流波形的脉动程度，而且使主电路具有电阻电感负载。这样由前所述可知，焊机从空载至短路所要求的触发脉冲移相范围为 0°～90°，使触发电路得以简化。另外，滤波电抗器 L_2 在很大程度上可抑制短路电流冲击，改善电源动特性。RS 为分流器，除了用于电流测量之外，还用作电流负反馈的电流信号采样。这种采样方式简单、准确，无需增添专用元件（如互感器），且不会增加能量损耗；但所取得的信号很微弱，需经放大后才能用以控制。

2. 触发电路

触发电路如图 3-56 的右下角。控制电压 U_k 来自运算放大器 N_2，经电阻 R_{15} 从点 145 输入。左右两套单结管 VU_1、VU_2 触发电路各产生触发脉冲分别由 a-b 端、c-d 端输出，各自触发脉冲分配电路中的晶闸管 VT_8 和 VT_7。同步电路在图 3-56 中部，每到同步点由 V_1、V_2 分别令 C_4、C_5 放电清零。

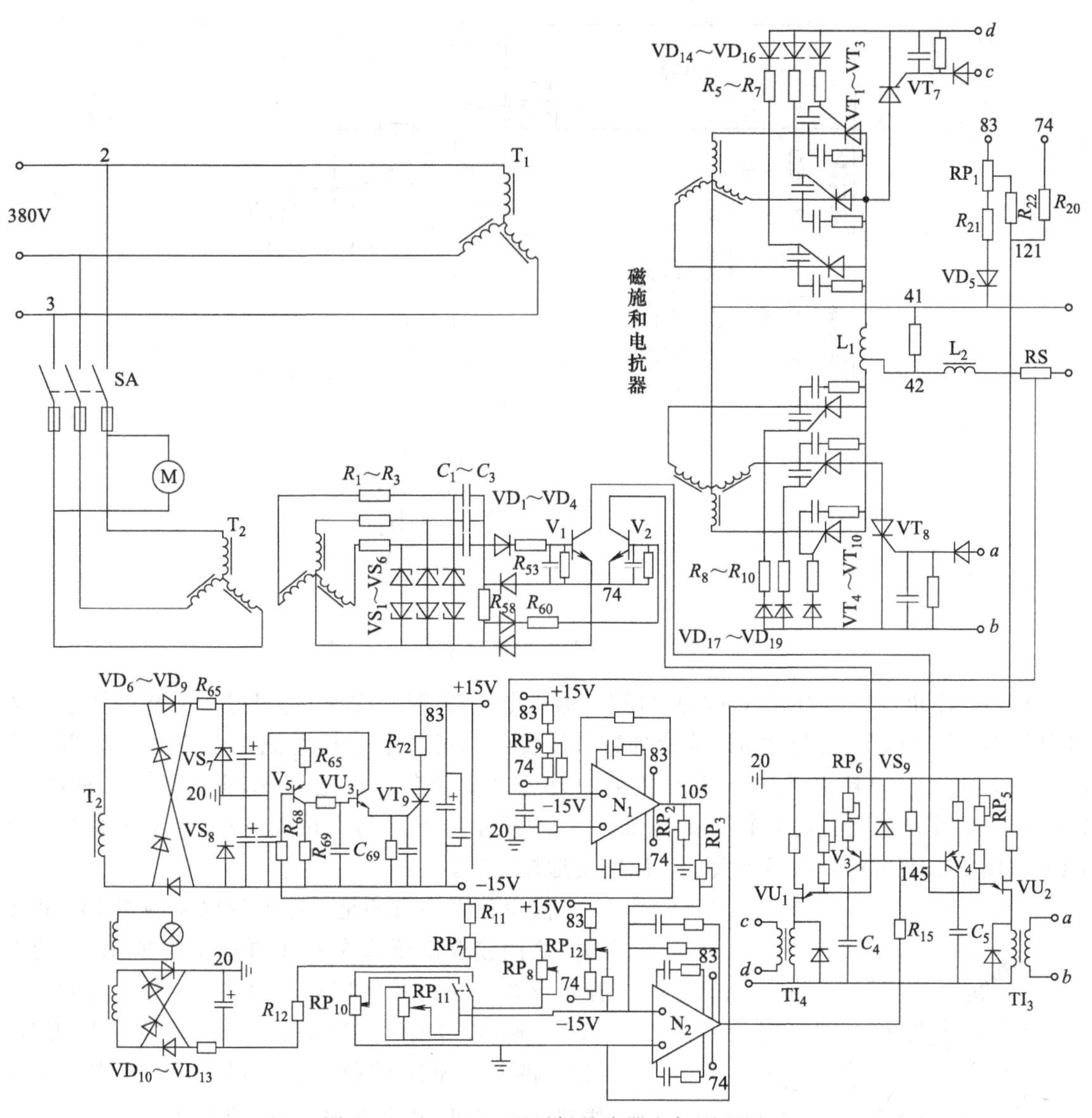

图 3-56　ZX5-400 型弧焊整流器电气原理图

3. 控制电路

控制电路的简图如图 3-57 所示。它主要包括运算放大器 N_1 和 N_2，其作用是控制外特性和进行电网电压补偿。

(1) 对外特性控制　电路根据输入的给定电压和电流反馈信号，产生控制电压送入触发电路，以便得到所要求的下降外特性。首先，将由主电路中的分流器 RS 采样得到的正的电流反馈信号，送入反相放大器 N_1 进行放大后输出负信号 $-nI_h$。再将 $-nI_h$ 输入反相比例加法器 N_2，与电位器 RP_{10} 上取出的给定电压 U_{gi} 信号进行代数相加并放大。最后从 145 端点输出 U_k，即

$$U_k = -K(U_{gi} - nI_h) \tag{3-22}$$

当 U_{gi} 一定时，随着焊接电流 I_h 的增加，控制电压 U_k 的绝对值减小，从而使主电路的晶闸管导通角减小，同时主电路输出的整流电压也减小，得到陡降外特性。

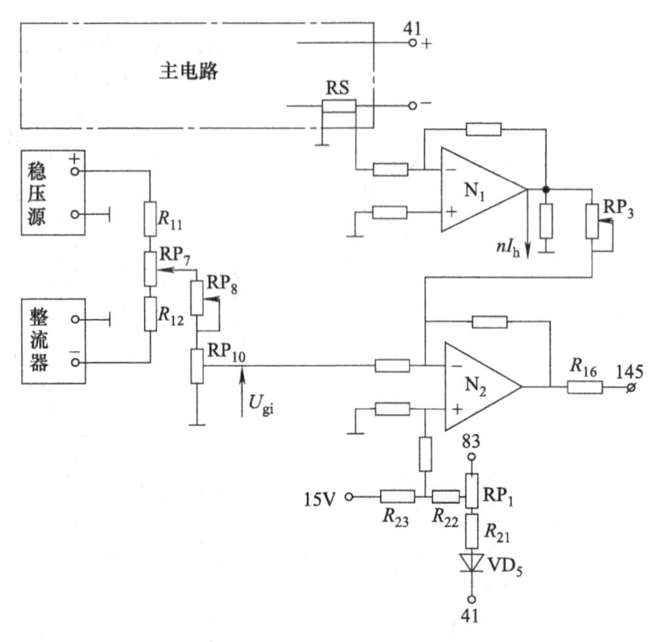

图 3-57 控制电路简化图

只用电流负反馈，由式（3-20）可知，通过电位器 BP_{10} 改变 U_{gi} 可进行电流的调节。通过电位器 RP_3 可调节分流比 n，改变外特性陡度，也可调节焊接电流 I_h。有时可适当调节 U_{gi} 和 n，使某一焊接电流可从不同陡度的外特性上获得，以适应不同位置焊接的要求。ZX5-400 型弧焊整流器的外特性曲线如图 3-58 所示。另外与电位器 RP_{10} 相并联的电位器 RP_{11}（图中未画出）装在遥控盒上，以实现远控之用。

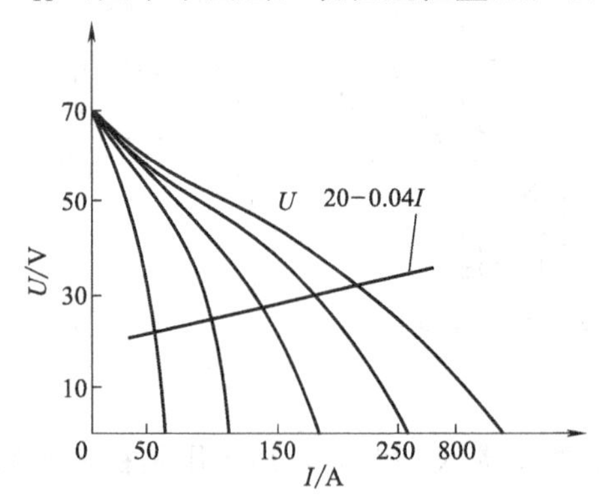

图 3-58 ZX5-400 型焊机外特性

这里值得注意的是，在触发电路的点 145 和接地点之间接有稳压管 VS_9（如图 3-56 所示），使电流负反馈截止。其原理是：由式（3-22）可知，I_h 减小，则 $|U_k|$ 增大。当 I_h 为零或小于某一限度时，$|U_k|$ 将大于 VS_9 的稳压值，则这时加在点 145 和接地点之间的电压就是 VS_9 的稳压值，与 nI_h 无关，即相当于电流负反馈被截止。只有当电流 I_h 超过这一限度，使 $|U_k|$ 小于 VS_9 的稳压值，则点 145 和接地点之间的电压才与 nI_h 有关，故有电流负反馈作用。

另外它还有电弧推力控制环节（如图 3-56 的右上角及图 3-57 下面），此环节由电位器 RP_1、电阻 R_{21}、R_{22}、R_{23} 和二极管 VD_5 组成。当弧焊整流器输出端电压 U_h 高于 15V 时，电弧电压 U_h 对 U_k 无影响；当 U_h 小于 15V 时，此电路具有电压负反馈作用。故整流器的外特性在低压段下降变缓，出现外拖，短路电流 I_{wd} 增大，使工件熔深增加并避免焊条被粘住。调节电位器 RP_1 可改变外特性在低压外拖的下降斜率，以满足不同工件施焊时对电弧穿透力的要求。

（2）电网电压补偿　由图 3-56 左下角可见，给定电压 U_{gi} 有两个电源：稳压电源（由点 20、83 输出）和一般整流电源（由点 20、96 输出），它们串联在 R_{11}、RP_7 和 R_{12} 上，U_{gi} 是

从 RP_7 动点和接地点之间取得的。当电网电压上升时，整流器负端的电位随之更负，而稳压电源输出的电压不变，于是 RP_7 动点的电位下降，这使 U_{gi} 和 U_k 的绝对值及晶闸管的导通角减小，从而抵消电网电压升高的影响；反之，当电网电压下降时，RP_7 动点的电位升高，这使 U_{gi} 和 U_k 的绝对值及晶闸管的导通角增大，抵消电网电压下降的影响。调节 RP_7 可改变对电网电压补偿的强弱。

4. 电流保护电路

过电流保护电路位于图 3-56 的左下侧，它由晶闸管 VT_9 及触发电路组成。触发电路的输入信号取自运算放大器 N_1 输出的电流反馈信号。当电流超过限度时，从电位器 RP_2 上取出的负值电压，足以使三极管 V_5 的集电极电压升高到令 C_{69} 能充电达到单结晶体管 VU_3 的峰值电压，因而 VT_9 导通，而将控制电路±15V 的稳压电源输出端（点 83 和 74）经 R_{72} 短接。这就使弧焊整流器的控制电路停止工作，主电路晶闸管截止，即整流器自动停电。调节电位器 RP_2 可整定过载保护动作电流值。

模块四 弧焊整流器的故障及排除

一、硅弧焊整流器故障及排除

硅弧焊整流器常见故障及排除方法，可参见表 3-1。

二、晶闸管式弧焊整流器故障及排除

晶闸管式弧焊整流器常见故障及排除方法，见表 3-2。

表 3-1 硅弧焊整流器常见故障及排除方法

故　障	原　因	排除方法
1. 风扇电机不转	(1)熔断器熔断 (2)电动机引线或绕组断线 (3)开关接触不良	(1)更换熔断器 (2)接妥或修复 (3)使接触良好或更换开关
2. 焊机外壳带电	(1)电源线误碰机壳 (2)变压器、电抗器、风扇及控制线路元件等碰机壳 (3)未接接地线或接触不良	(1)检查并消除碰壳处 (2)消除碰壳处 (3)接妥接地线
3. 焊接电流不稳定	(1)主回路交流接触器抖动 (2)风压开关抖动 (3)控制回路接触不良，工作失常	(1)检查并修复之 (2)检查并修复之 (3)检修控制回路
4. 焊接电流调节失灵	(1)控制绕组短路 (2)控制回路接触不良 (3)控制整流回路元件击穿	(1)消除短路处 (2)使接触良好 (3)更换元件
5. 空载电压过低	(1)电网电压过低 (2)变压器绕组短路 (3)磁力启动器接触不良	(1)调整电压至额定值 (2)消除短路现象 (3)使之接触良好
6. 工作中焊接电压突然降低	(1)主回路全部或部分短路 (2)整流元件击穿短路 (3)控制回路断路或电位器未整定好	(1)修复线路 (2)更换元件，检查保护线路 (3)检修调整控制回路
7. 电表无指示	(1)电表或相应接线短路或断线 (2)主回路故障 (3)饱和电抗器和交流绕组断线	(1)修复电表及线路 (2)排除故障 (3)检查并修复之

表 3-2 晶闸管式弧焊整流器常见故障及排除方法

故障	原因	排除方法
1. 风扇不转或风力很小	(1)熔断丝(器)熔断 (2)风扇电动机绕组断线 (3)风扇电动机启动电容接触不良或损坏 (4)三相输入其中一相开路	(1)更换熔断丝(器) (2)修复电动机 (3)使接触良好或更换电容 (4)检查修复之
2. 焊机外壳带电	(1)电源线误碰机壳 (2)变压器、电抗器、电源开关及其他电器元件或接线碰箱壳 (3)未接接地线或接触不良	(1)检查并消除碰壳处 (2)消除碰壳处 (3)接妥接地线
3. 不能起弧即无焊接电流	(1)焊机的输出端与工件连接不可靠 (2)变压器次级线圈匝间短路 (3)主回路晶闸管(6 只)其中几个不触发导通 (4)无输出电压	(1)使输出端与工件连接 (2)消除短路处 (3)检查控制线路触发部分及其引线,修复之 (4)检查并修复之
4. 焊接电流调节失灵	(1)三相输入电源其中一相开路 (2)近、远控选择与电位器不相对应 (3)主回路晶闸管不触发或击穿 (4)焊接电流调节电位器无输出电压 (5)控制线路有故障	(1)检查并修复之 (2)使其对应 (3)检查并修复之 (4)检查控制线路给定电压部分及引出线 (5)检查修复之
5. 无输出电流	(1)熔断丝(器)熔断 (2)风扇不转或长期超载使整流器内温升过高,从而使温度继电器动作 (3)温度继电器损坏	(1)更换熔断丝(器) (2)修复风扇,使整流器不要超载运行 (3)更换之
6. 焊接时焊接电弧不稳定,性能明显变差	(1)线路中某处接触不良 (2)滤波电抗器匝间短路 (3)分流器到控制箱的两根引线断开 (4)主回路晶闸管其中一个或几个不导通 (5)三相输入电源其中一相开路	(1)使接触良好 (2)消除短路处 (3)应重新接上 (4)检查控制丝路及主回路晶闸管,修复之 (5)检查修复之
7. 噪声变大振动变大	(1)风扇风叶碰风圈 (2)风扇轴承松动或损坏 (3)主回路晶闸管不导通或击穿 (4)固定箱壳或内部的某紧固件松动 (5)两组晶闸管输出不平衡	(1)整理风扇支架使其不碰 (2)修理或更换 (3)检查控制线路,修复之 (4)拧紧紧固件 (5)调整触发脉冲,使其平衡
8. 焊机内出现焦味或主电源熔断丝(器)熔断	(1)主线路部分或全部短路 (2)主回路有晶闸管击穿短路 (3)风扇不转或风力小	(1)修复线路 (2)检查阻容保护电路接触是否良好,更换同型号同规格的晶闸管元件 (3)修复风扇

思考与练习

一、填空题

1. 硅弧焊整流器是一种________弧焊电源。

2. 在直流焊接回路中串联输出电抗器，其作用主要是改善硅弧焊整流器的________和________。

3. 晶闸管式弧焊整流器的主电路，有________、________、________以及________等几种形式。

4. 磁饱和电抗器的作用是________________。

5. 弧焊整流器按主电路和整流器件的不同，可分为硅弧焊整流器、________、晶体管式弧焊整流器三种。

6. 无反馈式磁饱和电抗器具有____________外特性。

7. 全部内反馈磁饱和电抗器式弧焊整流器是采用______________来获得所需的外特性。

8. 在全部内反馈磁饱和电抗器式弧焊整流器增设了偏移绕组，其作用是____________和_______________。

9. 晶闸管式弧焊整流器是靠________________来获得所需的外特性。

10. 磁饱和电抗器式弧焊整流器动特性存在的问题有________________________。

11. 硅弧焊整流器采用___________做整流元件。

12. 晶闸管弧焊整流器采用____________做整流元件。

13. 硅弧焊整流器的主电路一般由___________、____________、____________、和_______________等几部分组成。

14. 为了改善磁饱和电抗器式弧焊整流器的动特性，可以通过在焊接回路中加入______________来实现。

二、选择题

1. 下列电源牌号属于可控硅弧焊整流器的是（　　）。

（A）ZDK-500　　（B）BX3-300-1

（C）ZXG-400　　（D）ZX5-250

2. 下列电源牌号属于直流电源的是（　　）。

（A）BX1-300　　（B）BX3-300-1

（C）ZXG-400　　（D）ZX5-250

3. 晶闸管式弧焊整流器特别适用于（　　）焊条焊接重要的低碳钢和低合金钢。

（A）酸性　　（B）碱性　　（C）结构钢　　（D）低合金钢

4. 磁饱和电抗器中有两种绕组，一种是控制绕组，一种是工作绕组。控制绕组中的电流是（　　）。

（A）直流　　（B）交流　　（C）脉冲电流　　（D）基值电流

5. 全部内反馈磁饱和电抗器式弧焊整流器采用的反馈形式是（　　）。

（A）正反馈　　（B）负反馈　　（C）外反馈　　（D）无反馈

6. 全部内反馈磁饱和电抗器式弧焊整流器是利用内反馈使铁芯达到（　　）状态而获得平特性的。

（A）漏磁　　（B）剩磁　　（C）增磁　　（D）自饱和

7. 晶闸管式弧焊整流器还设有引弧电流和推力电流装置，目的是（　　）。

（A）电流调节性好　　（B）使电弧稳定

（C）引弧容易且不粘焊条　　（D）电源动特性好

8. 全部内反馈磁饱和电抗器式弧焊整流器在国内外应用较普遍，适用于（　　）电弧焊。

（A）焊条　　（B）埋弧　　（C）熔化极　　（D）非熔合极

9. 部分内反馈磁饱和电抗器式弧焊整流器主要用作焊条电弧焊、埋弧焊、钨极氩弧焊以及（　　）的直流弧焊电源。

（A）CO_2 气体保护焊　　（B）电阻焊　　（C）电渣焊　　（D）等离子弧焊

10. ZXG-500是（ ）类的弧焊电源。

(A) 脉冲式 (B) 全部内反馈磁饱和电抗器式弧焊整流器

(C) 逆变式 (D) 部分内反馈磁饱和电抗器式弧焊整流器

11. 晶闸管式弧焊整流器当要求得到平外特性时，反馈电路的触发脉冲相位由（ ）确定。

(A) 给定电流和电流反馈信号 (B) 给定电压和电压反馈信号

(C) 给定电流和电压反馈信号 (D) 给定电压和电流反馈信号

12. 晶闸管式弧焊整流器当要求得到下降外特性时，反馈电路的触发脉冲相位由（ ）确定。

(A) 给定电流和电流反馈信号 (B) 给定电压和电压反馈信号

(C) 给定电流和电压反馈信号 (D) 给定电压和电流反馈信号

13. 磁饱和电抗器式弧焊整流器在用于焊条电弧焊的情况下，用（ ）材料制作磁饱和电抗器有利于改善电源的动特性。

(A) 冷轧硅钢片 (B) 热轧硅钢片 (C) 冷轧铜片 (D) 热轧铜片

三、问答题

1. 磁饱和电抗器为什么不用单铁芯而用双铁芯？

2. 试述晶闸管式弧焊整流器的主要特点。

3. 在全部内反馈磁饱和电抗器式弧焊整流器中设置偏移绕组有何作用？

4. 在全部内反馈磁饱和电抗器式弧焊整流器中设置电压负反馈绕组有何作用？

5. 部分内反馈式弧焊整流器中，内桥形式主要有哪三种形式？

6. 在全部内反馈磁饱和电抗器式弧焊整流器中设置偏移绕组是如何稳定输出电压的？

7. 晶闸管式弧焊整流器对触发电路有何要求？

8. 磁饱和电抗器有何作用？

9. 写出磁放大器式弧焊整流器外特性曲线方程式，并据此在磁化曲线平面上分析无反馈磁放大器得到下降外特性曲线的机理。

10、晶闸管弧焊整流器的波形脉动是如何产生的？有哪些解决的办法？目前是如何解决的？

11. 画出晶闸管弧焊整流器闭环控制系统示意框图，写出控制电压U_k的表达式，以及只用电压反馈mU_f时的负载电压表达式和只用电流反馈nU_f时的负载电流表达式。

12. 磁饱和电抗器为什么也称为磁放大器？

13. 电压负反馈绕组的作用是什么？

14. 如何改善磁饱和电抗器式弧焊整流器的动特性？

15. 晶闸管式弧焊整流器不能起弧的原因可能有哪些？

第四单元　脉冲弧焊电源

学习目标： 掌握脉冲弧焊电源的特点、分类及应用；了解单相整流式脉冲弧焊电源、磁饱和电抗器式脉冲弧焊电源、晶闸管式脉冲弧焊电源的基本原理及特点，掌握其工艺参数的调节方法。

模块一　脉冲弧焊电源的概述

一、脉冲弧焊电源的特点及应用范围

脉冲弧焊电源输出的焊接电流是周期变化的脉冲电流，它是为焊接薄板和热敏感性强的金属及全位置焊接而设计的。它最大的特点是：能提供周期性脉冲焊接电流，包括基本电流（维弧电流）和脉冲电流；它的可调参数多，能有效控制热输入和熔滴过渡，它的应用范围很广泛，现已用于熔化极和非熔化极电弧焊、等离子弧焊等焊接方法中。由于脉冲电流焊接可以精确地控制焊缝的热输入，使熔池体积及热影响区减小，高温停留时间缩短，因而无论是薄板还是厚板，普通金属、稀有金属及热敏感性强的金属都有较好的焊接效果。用脉冲电流焊接还能较好地控制熔滴过渡，可以用低于喷射过渡临界电流的平均电流来实现喷射过渡，对全位置焊接有独特的优越性。

二、脉冲电流的获得方法和脉冲弧焊电源的分类

1. 脉冲电流的获得方法

脉冲弧焊电源一般有两种电流，即基本电流（维弧电流）和脉冲电流。脉冲电流可以采用多种方法来获得。早期的脉冲弧焊电源是采用在焊接主回路中加限流电阻和短接装置（机械开关）的方法来获得脉冲电流的。但这种方法存在脉冲频率低、设备寿命短、可靠性差等缺点。现在普遍采用大功率电子开关元件，通过阻抗变换等方法来获得脉冲电流。归纳起来有以下三类常用方法。

（1）利用硅二极管的整流作用获得脉冲电流　这类脉冲弧焊电源采用硅二极管提供脉冲电流，可获得 100Hz 和 50Hz 两种频率的脉冲电流。电路及波形如图 4-1 所示。

（2）利用电子开关获得脉冲电流　如图 4-2 所示，在普通直流弧焊电源直流侧或交流侧接入电子开关（如晶闸管断续器或大功率晶体管），利用它们的周期通、断获得脉冲电流。

（3）利用阻抗变换获得脉冲电流　如图 4-3 所示。通过变换普通直流电源交流侧或直流侧的阻抗值，或使三相阻抗不平衡（$Z_1 \neq R \neq Z_2$）来获得脉冲电流。

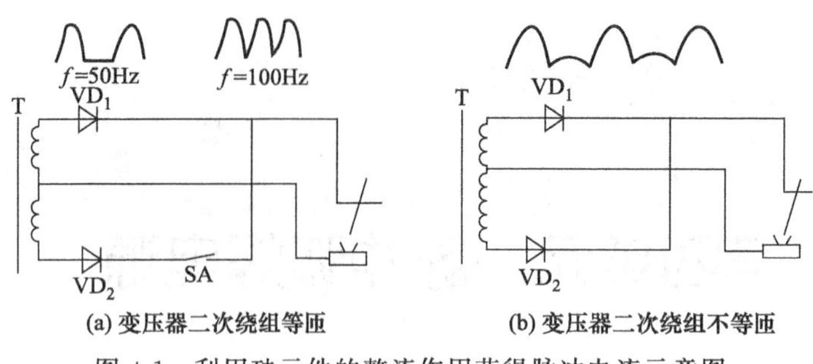

图 4-1 利用硅元件的整流作用获得脉冲电流示意图

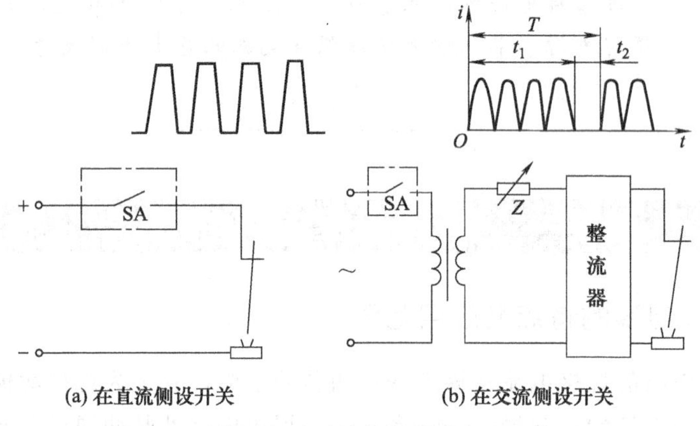

图 4-2 利用电子开关获得脉冲电流示意图

SA—控制开关

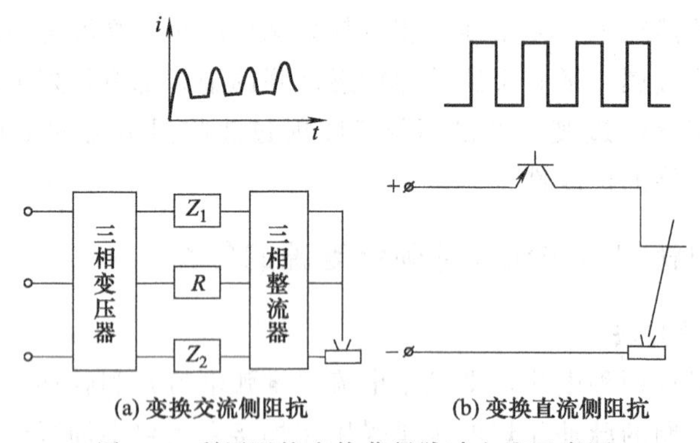

图 4-3 利用阻抗变换获得脉冲电流示意图

2. 脉冲弧焊电源的分类

脉冲弧焊电源可按不同的方法分类，最常见的分类方法是按获得脉冲电流所用的主要器件不同来分类。

（1）单相整流式脉冲弧焊电源　它利用晶体二极管单相半波或单相全波整流电路来获得脉冲电流。

（2）磁饱和电抗器式脉冲弧焊电源　它是在普通磁饱和电抗器式弧焊整流器的基础上发展而来的。按获得脉冲电流的方法不同又分为阻抗不平衡型、脉冲励磁型。

（3）晶闸管式脉冲弧焊电源　它是在普通弧焊整流器的交流侧或直流侧接入大功率晶闸管断续器而构成的。按构成的方式不同又分为：交流断续器式、直流断续器式。

（4）晶体管式脉冲弧焊电源　它是在焊接主回路中接入大功率晶体管，起电子开关或可调电阻作用，从而获得脉冲电流。

模块二　单相整流式脉冲弧焊电源

单相整流式脉冲弧焊电源是采用单相整流电路提供脉冲电流。常见的有并联式、差接式和阻抗不平衡式三种。

一、并联式单相整流脉冲弧焊电源

并联式单相整流脉冲弧焊电源的电路原理，如图 4-4 所示。它由一台普通直流弧焊电源提供基本电流 i_j，另外用一个有中心抽头的单相变压器和硅二极管组成的单相整流器提供脉冲电流 i_m，将上述两电路并联，提供脉冲焊接电流 i_h。

通常采用陡降外特性的直流弧焊电源提供基本电流，而脉冲电流则常采用平特性的单相整流电路提供。当开关 SA 断开时为半波整流，脉冲频率为 50Hz，开关 SA 闭合时为全波整流，脉冲频率为 100Hz。改变变压器抽头可调节脉冲电流的幅值，若用晶闸管代替硅二极管构成整流电路，还可以通过控制触发信号的相位来调节脉冲宽度。

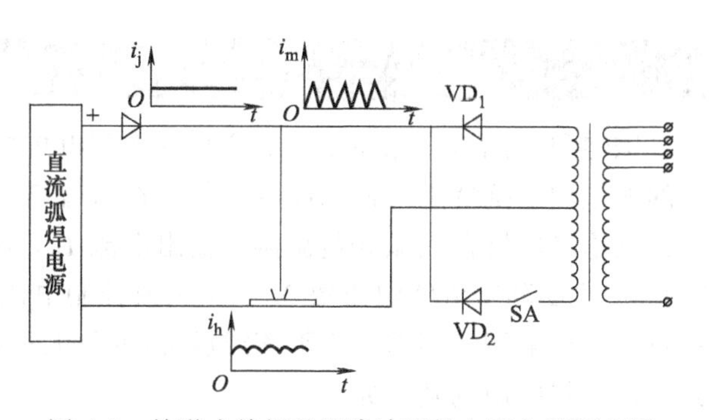

图 4-4　并联式单相整流脉冲弧焊电源电路原理图

这种脉冲弧焊电源结构简单，基本电流和脉冲电流可以分别调节，使用方便可靠，但可调参数不多。

二、差接式单相整流脉冲弧焊电源

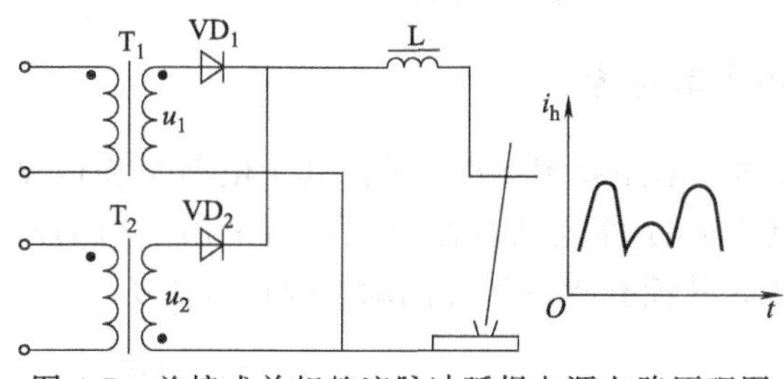

图 4-5　差接式单相整流脉冲弧焊电源电路原理图

差接式单相整流脉冲弧焊电源的电路原理如图 4-5 所示。它采用两台电压可调的单相变压器组成单相半波整流电路，再反向并联而成，在正、负半周两台变压器交替工作。调节 u_1 和 u_2 时，即可改变基本电流和脉冲电流的幅值以及脉冲焊接电流的频率。

这种脉冲弧焊电源的两个单相整流电路的输出外特性，都为平特性。它主要用于等速送丝熔化极电弧焊，具有电弧稳定、使用方便的特点；但制造较复杂，专用性较强。

三、阻抗不平衡式单相整流脉冲弧焊电源

阻抗不平衡式单相整流脉冲弧焊电源电路原理及电流波形如图 4-6 所示。它采用正、负半周阻抗不相等的方式获得脉冲电流。图中阻抗 Z_1、Z_2 大小不相等。正半周时，通过 Z_1 为电弧提供基本电流 i_1；负半周时，通过 Z_2 为电弧提供脉冲电流 i_2。因此，改变 Z_1、Z_2 的大小就可以调整脉冲焊接电流的幅值。

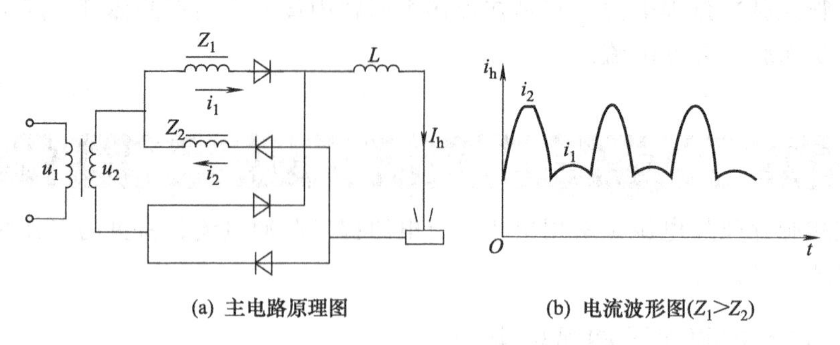

(a) 主电路原理图　　(b) 电流波形图($Z_1>Z_2$)

图 4-6　阻抗不平衡式单相整流脉冲弧焊电源

这种脉冲弧焊电源具有使用简单可靠的特点，但脉冲频率和宽度不可调节，应用范围受到一定限制。

模块三　磁饱和电抗器式脉冲弧焊电源

磁饱和电抗器式脉冲弧焊电源与磁饱和电抗器式弧焊整流器十分相似，它是利用特殊结构的磁饱和电抗器来获得脉冲电流的。在对普通磁饱和电抗器式弧焊整流器的论述中已分析过：磁饱和电抗器式弧焊整流器的输出电流 I_h，随着磁饱和电抗器的交流感抗 X_j 的变化而变化，而 X_j 随交流绕组匝数 N_j 的增大或控制电流 I_k 的减小而增大。利用磁饱和电抗器的这一特点，可采用三相阻抗不平衡或脉冲励磁的方式来获得脉冲电流。下面分别介绍这两种型式脉冲弧焊电源的基本原理。

一、阻抗不平衡型磁饱和电抗器式脉冲弧焊电源

阻抗不平衡型磁饱电抗器式脉冲弧焊电源的主电路如图 4-7 所示。它是使三相磁饱和电抗器中某一相的交流感抗增大或减小，引起输出电流有一相不同于另两相，从而获得周期性脉冲输出电流。另外，也可以通过三相电压不平衡来获得脉冲电流。

二、脉冲励磁型磁饱和电抗器式脉冲弧焊电源

脉冲励磁型磁饱和电抗器式脉冲弧焊电源的主电路如图 4-8 所示。其主电路与普通磁饱和电抗器式弧焊整流器相同，但它的励磁电流 I_k 不是稳定的直流电流，而采用了周期性变化的脉冲电流，使 x_j 随着 I_k 周期性变化而变化，从而获得周期性的脉冲焊接电流 I_h。

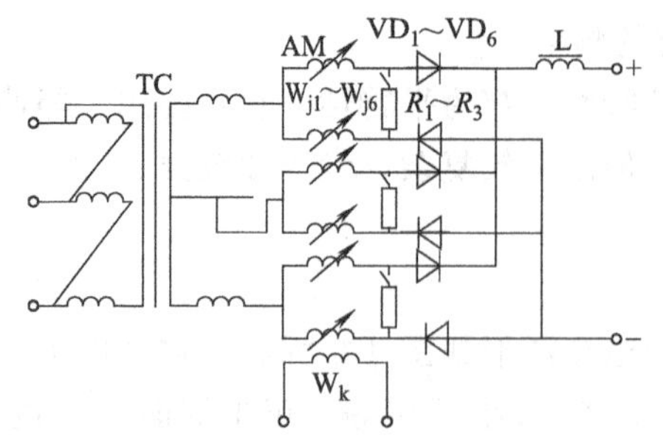

图 4-7　阻抗不平衡型脉冲弧焊电源的主电路图

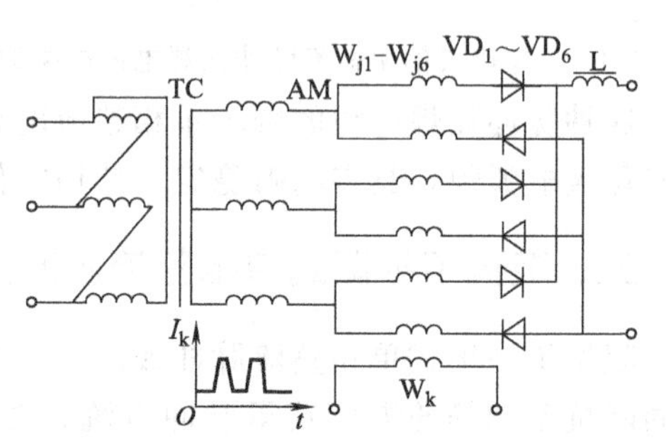

图 4-8　脉冲励磁型磁饱和电流器式脉冲弧焊电源主电路图

综上所述，磁饱和电抗器式脉冲弧焊电源有下列特点：

① 脉冲电流与基本电流取自同一台变压器，属于一体式，故结构简单，体积小。

② 通过改变磁饱和电抗器的饱和程度，可以无级调节输出功率，调节焊接工艺参数容易，使用方便。

③ 这种弧焊电源具有控制功率小、改装容易、电流大小和波形调节方便等优点。

④ 由于磁饱和电抗器时间常数大，反应速度慢，使输出脉冲电流的频率受到一定限制，一般在10Hz以下，因此常用作非熔化极气体保护焊的电源。

模块四　晶闸管式脉冲弧焊电源

晶闸管式脉冲弧焊电源，按获得脉冲电流的方式不同，可分为晶闸管给定值式和闸管断续器式两类。前者的主回路与普通晶闸管式弧焊整流器相同，但在控制电路中比较环节的给定值（信号电压）不是恒定的直流电压，而是脉冲电压，使弧焊整流器的输出电流也相应地为脉冲电流。这类脉冲弧焊电源的脉冲频率调节范围较小，应用受到一定的限制，而后者应用较广。

晶闸管断续器式脉冲弧焊电源，可分为交流断续器式和直流断续器式两种。

1. 交流断续器式脉冲弧焊电源

这种脉冲弧焊电源是在普通弧焊整流器的交流回路中，即主变压器的一次侧或二次侧回路中串入晶闸管交流断续器，通过晶闸管交流断续器周期性地接通与关断，获得脉冲电流。晶闸管交流断续器在电流过零时能自行可靠地关断，因而工作稳定、可靠；但是输出脉冲电流波形的内脉动大，工艺效果较差。同时，由于晶闸管的触发相位受弧焊电源功率因数的限制，致使电源功效得不到充分利用。

2. 直流断续器式脉冲弧焊电源

直流断续器式脉冲弧焊电源采用晶闸管直流断续器，接入弧焊整流器的直流回路中，通过直流断续器周期性地接通与关断，可获得近似矩形波的脉冲电流。这种脉冲弧焊电源的电流通断容量大，可达数百安，频率调节范围广，焊接工艺效果较好。

晶闸管直流断续器式脉冲弧焊电源，按供电方式不同可分为单电源式和双电源式两种，下面分别介绍。

(1) 单电源式　如图4-9所示。这种脉冲弧焊电源由直流弧焊电源、晶闸管直流断续器VT、电阻R等组成。基本电流和脉冲电流都由直流弧焊电源提供，但电流的流通路径不同。基本电流通过电阻R流出，而脉冲电流则通过直流断续器VT流出。当VT断开时，电源通过电阻R提供出基本电流；当VT接通时，R被短路，电源通过VT提供脉冲电流。改变VT接通和关断的时刻，即可调节脉冲频率和脉冲宽比；改变直流弧焊电源的输出和电阻R的大小，可调节基本电流的大小和脉冲电流的幅值。

单电源式脉冲弧焊电源具有结构简单、电源利率用高、成本低等优点。但它是利用电阻限流来提供基本电流，工作中电能损耗较大，且不利于基本电流和脉冲电流的分别调节。

(2) 双电源式　这种弧焊电源与单电源式的主要差别是采用两个电源供电，其电路如图4-10所示。基本电流由一台额定电流较小的直流电源供电，脉冲电流则由另一台额定电流较大的直流电源供电。晶闸管直流断续器串入脉冲电流的供电回路中，控制脉冲电流的通与断。

这种脉冲弧焊电源由双电源供电，基本电流和脉冲电流可以分别调节，可调参数多。小电流时电弧也较稳定；但结构复杂，电源利用率低。

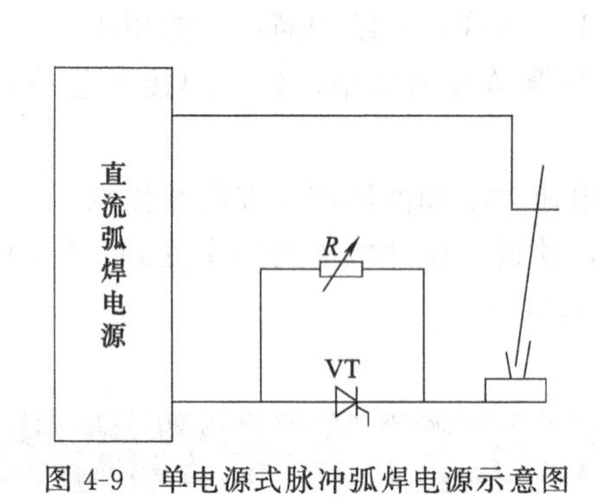

图 4-9 单电源式脉冲弧焊电源示意图

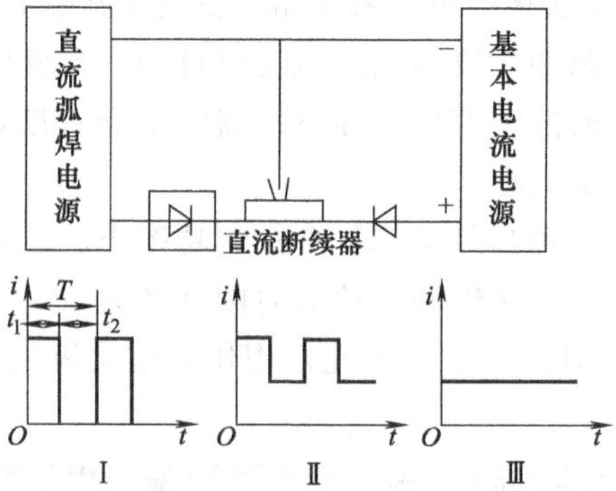

图 4-10 双电源式脉冲弧焊电源示意图

Ⅰ—脉冲电流波形；Ⅱ—焊接电流波形；

Ⅲ—基本电流波形

思考与练习

一、填空题

1. 脉冲弧焊电源按获得脉冲电流所用的主要器件不同可分为________、________、和________。

2. 脉冲弧焊电源，是为适应________、________的金属材料焊接及全位置焊接等工艺要求而研制的，其主要特点是能提供周期性的________电流。

3. 弧焊逆变器的主要特点是________________。

4. 模拟式晶体管脉冲弧焊电源，晶体管组工作在________状态，起可变电阻的作用，来控制外特性形状。

二、选择题

1. 脉冲电弧是由两种电弧组成的，即（　　）和脉冲电弧。

(A) 维持电弧　　(B) 基值电弧　　(C) 峰值电弧　　(D) 直流电弧

2. 磁饱和电抗器式脉冲弧焊电源主要用于（　　）的弧焊电源。

(A) 焊条电弧焊　　(B) 埋弧焊　　(C) CO_2 焊　　(D) 非熔化极氩弧焊

3. 直流断续器式脉冲弧焊电源的工艺效果（　　）。

(A) 好　　(B) 较好　　(C) 差　　(D) 一般

4. 单相整流式脉冲弧焊电源有 3 种形式，即并联式、（　　）和阻抗不平衡式。

(A) 断续器式　　(B) 脉冲励磁式　　(C) 差接式　　(D) 串联式

5. 交流断续器式脉冲弧焊电源的工艺效果（　　）。

(A) 好　　(B) 较好　　(C) 差　　(D) 较差

三、问答题

1. 试述脉冲弧焊电源的特点及应用范围。

2. 获得脉冲电流的方法常用的有哪些？

3. 脉冲弧焊电源按获得脉冲电流所用的主要器件不同可分为哪几种形式？

4. 晶闸管在脉冲弧焊电源主电路中起什么作用？起类似作用的元件还有哪些？

第五单元　新型弧焊电源

学习目标： 了解晶体管式弧焊电源、逆变式弧焊电源、矩形波交流弧焊电源的特点、分类、工作原理；掌握各种新型弧焊电源的应用。

模块一　晶体管式弧焊电源

一、概述

晶体管式弧焊电源是 20 世纪 70 年代后期发展起来的一种弧焊电源。它的主要特点是：在焊接主回路中串入大功率晶体管组，起到线性放大器（即可控电阻）或电子开关的作用，依靠多种电子控制电路进行各种闭环控制，从而获得不同的外特性和输出电流波形。

晶体管式弧焊电源的基本工作原理，如图 5-1 所示。这种弧焊电源由变压器 TC 降压，再经整流器 UR 整流，然后在直流主回路中串入大功率晶体管组 V。从本质上说，大功率晶体管组在主回路中可以起到线性放大器作用，也可以起到电子开关的作用。根据晶体管组的工作方式不同，常把前者称为模拟式晶体管弧焊电源，后者则称为开关式晶体管弧焊电源。晶体管弧焊电源的控制电路，从主电路中的输出检测器 M 中取出反馈信号（电压反馈信号 mU_{h} 和电流反馈信号 nI_{h}），与给定值信号 $i=f_1(t)$ 和 $u=f_2(t)$ 分别在 N_1、N_2 比较放大后得出控制信号，经比例加法器 N_3 综合放大后，输入控制晶体管组 V 的基极，从而可以获得所需的外特性。

晶体管式弧焊电源的上述两种形式，既可输出平稳的直流电压、电流，也可以输出脉冲电压、电流。但是，输出脉冲电压、电流更能体现它的优越性。因此，在实际应用中多采用脉冲电压、电流输出，通常也把这类弧焊电源称为晶体管式脉冲弧焊电源。

二、模拟式晶体管弧焊电源

（一）主电路组成

如图 5-2 所示，它的主电路由三相变压器 TC、整流器 UR、滤波电容器 C、大功率晶体管组 V、分流器 RS、分压器 RP 等组成。

三相变压器将电源电压降至几十伏的交流电压，经整流器 UR 整流、电容 C 滤波后得到所需直流空载电压。串入主回路的晶体管组 V 工作在放大状态，起可变电阻作用，以控制外特性形状、调节输出参数和电流波形。

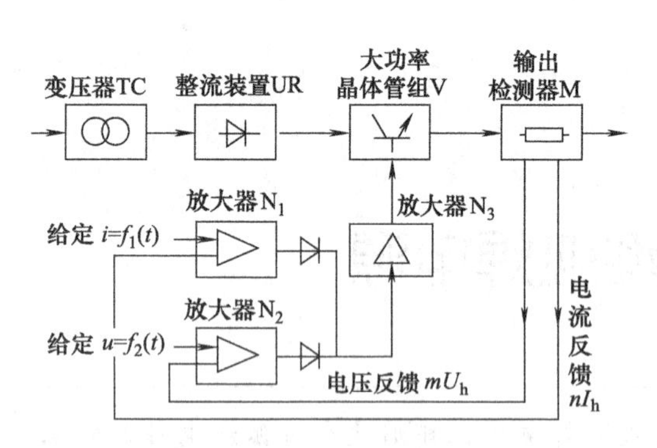

图 5-1 晶体管式弧焊电源原理框图

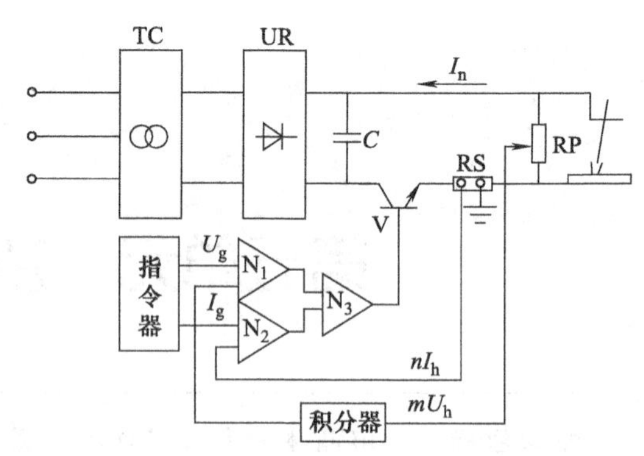

图 5-2 模拟式晶体管弧焊电源基本原理图

（二）外特性的控制

如图 5-2 所示，反馈控制电路由指令器、运算放大器 N_1～N_3、分流器 RS 和分压电位器 BP 等组成。它的主要作用是对大功率晶体管组 V 实现电压、电流反馈的闭环控制，以控制外特性的形状和调节输出。控制电路的工作，实际上是把反馈信号（mU_h和 nI_h）与指令器给出的给定值信号（U_g和 I_g）进行比较放大后，输出控制信号去控制晶体管组 V。

如果控制电路只引入电压反馈 mU_h，则反馈信号 mU_h与给定信号 U_g被送入 N_1 相比较放大，并将其差值（U_g-mU_h）信号再送入 N_3 放大，放大后的信号加在主回路的大功率晶体管组 V 上。这样，就相当于一个电压“有差自动调节系统”，其输出电压为

$$U_h=K(U_g-mU_h) \tag{5-1}$$

式中，U_h是输出电压；U_g是给定电压；K 是系统总电压放大倍数；m 是电压采样比例系数（分压比）。

由式（5-1）可推导出：

$$U_h=\frac{K}{1+Km}U_g$$

由于系统的总电压放大倍数足够大，即 $K\gg1$，所以

$$U_h=\frac{U_g}{m} \tag{5-2}$$

可见，输出电压 U_h与给定电压 U_g和电压采样比例系数 m 有关。当 m 调定时，输出电压 U_h只取决于给定电压 U_g的大小，而与其他因素无关。当 U_g不变时，U_h恒定，电源输出为平（恒压）特性，如图 5-3 曲线 1 所示。改变 U_g，则曲线上、下平移，可调节输出电压的大小。U_g 调定，改变 m 也可调节电压大小。

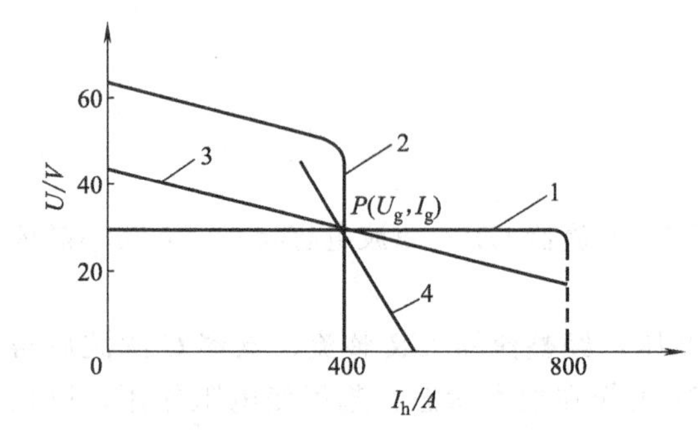

图 5-3 模拟式晶体管弧焊电源的外特性

同理，当控制电路只引入电流反馈时，电流反馈信号 nI_h与电流给定信号 I_g在 N_2 中进行比较放大，再经 N_3 放大后输出信号去控制晶体管组 V。由于系统放大倍数 $K\gg1$，则可推导出

$$I_h=\frac{I_g}{n} \tag{5-3}$$

式中，I_h是输出电流；I_g是给定电流；n为电流采样比例系数。

由此可见，输出电流I_h取决于I_g与n值的大小。当n调定后，输出电流I_h只决定于I_g，而与其他因素无关。当I_g调定时，输出电流恒定不变，外特性为恒流特性（垂直陡降），如图5-3曲线2所示。如果减小了I_g，曲线左移，从而使输出电流随I_g减小；增大I_g，则曲线右移，输出电流增大。同理，改变n也可以调节输出电流。

如果同时引入电压和电流反馈，外特性则介于上述两者之间，为下降的外特性，下降的斜率为

$$\frac{\mathrm{d}U_h}{\mathrm{d}I_h}=-\frac{K_2}{K_1}\times\frac{n}{m} \tag{5-4}$$

即电源外特性的斜率由n/m和K_2/K_1决定，改变n/m和K_2/K_1比值，均可获得任意斜率的外特性，如图5-3曲线3、4所示。如果调节U_g、I_g的大小，就可调节输出参数（式中K_1、K_2为放大器N_1、N_2的放大倍数）。

综上所述，对K_1、K_2进行适当控制，可获得任意形状的外特性，能适应多种焊接工艺的需要。

（三）特点

模拟式晶体管弧焊电源具有以下优点：

① 这类电源实质是一个带反馈的大功率放大器，可以在很宽的频带内获得任意波形的输出电流。

② 控制灵活，调节精度高，对微机控制具有很强的适应性。

③ 通过电子控制电路控制$\mathrm{d}i/\mathrm{d}t$的数值，可以获得十分理想的动特性，减少飞溅。

④ 电源的外特性可任意调节，因而适用范围广。

这类弧焊电源的主要缺点是功耗大，晶体管上消耗40%以上的电能，因而效率低。这是因为晶体管工作在模拟状态，管压降大所致。这样，既浪费电能，也使晶体管散热系统较复杂，因而其应用受到一定限制。

三、开关式晶体管弧焊电源

（一）基本原理和特点

由于模拟式晶体管弧焊电源的大功率晶体管组工作在放大状态，因为功耗大，效率低。为解决这一问题，可使晶体管组工作在开关状态，这就出现了开关式晶体管弧焊电源。

图5-4为开关式晶体管弧焊电源原理框图，它的晶体管组V工作在开关状态。当它“开”（饱和导通）时，输出电流很大，管压降近似为零；当它“关”（截止）时，管压降高而输出电流近似为零。两种状态下晶体管的功耗都很小，因而效率高。但是，这种晶体管电源为保证电弧电流连续，必须附加滤波电路（常用电感和续流二极管组成）。

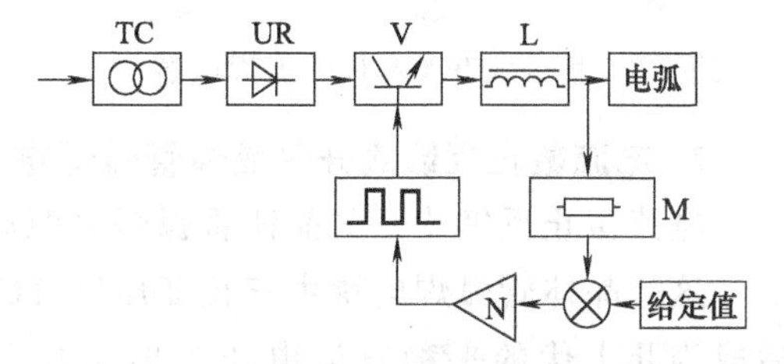

图5-4　开关式晶体管弧焊电源基本原理方框图

开关式晶体管弧焊电源的外特性控制和焊接工艺参数调节，一般是在脉冲频率一定的条

件下通过改变脉冲占空比来实现的，即通过引入电压和电流的反馈来控制占空比，以获得任意斜率的外特性。

开关式晶体管弧焊电源具有如下特点：

① 大功率晶体管组工作在开关状态，功耗小，效率高，而且单位电流用晶体管少，造价低。

② 开关频率约为 10～30kHz，在工作过程中频率不变，通过调节脉冲占空比来控制焊接工艺参数和获得所需外特性。滤波环节时间常数不宜太大，否则会降低动态性能。

③ 通过脉冲调制可获得低频脉冲电流，但受晶体管开关频率的限制，调节范围较小，且有较大的脉动。

（二）开关式晶体管弧焊电源的种类

开关式晶体管弧焊电源按开关频率的给定方式，分为指令式和电流截止反馈式两种。

1. 指令式开关晶体管弧焊电源

这类晶体管弧焊电源的开关频率由指令器给定。弧焊电源主电路如图 5-5 所示，它由主变压器 TC、整流器 UR、滤波电容 C、开关晶体管组 V 以及分流器 RS 等组成。交流电压经变压器降压、整流器整流及电容滤波后，得到恒定直流电压（见波形①、②）。由指令器经电子控制电路放大后提供给晶体管组，作为开关信号。经晶体管组开关控制后输出脉冲直流电（见波形③），脉冲频率约为 20kHz。开关频率由给定值决定，而脉冲占空比则受反馈信号（包括 nI_h、mU_h）控制，输出电压（电流）平均值大小由占空比来调节。当长脉冲短间歇时，则为高电压（大电流）；而短脉冲长间歇时，则为低电压（小电流），如图 5-6 所示。只引入电压反馈（mU_h）时，则可获得平的外特性。同时引入电流反馈（nI_h），则可获得任意斜率的外特性。由于大功率晶体管难以完全截止，故总有较小的维弧电流通过。

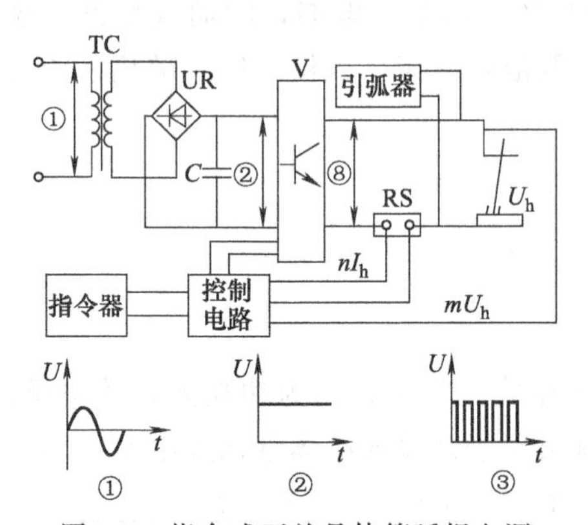

图 5-5 指令式开关晶体管弧焊电源

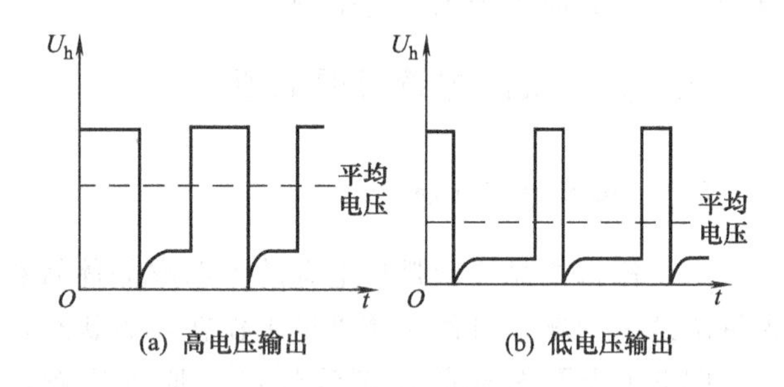

图 5-6 开关式弧焊电源输出电压波形图

2. 电流截止反馈式开关晶体管弧焊电源

电流截止反馈式开关晶体管弧焊电源原理，如图 5-7 所示。

这类晶体管弧焊电源由三相变压器 TC 将交流电网电压降低，经整流器 UR 和滤波电容后成为几十伏的平稳直流电压，再经开关晶体管组 V_5 的开关控制后输出矩形脉冲直流电压。

该电路工作时，作为驱动管的 V_4 的基极受运算放大器 N 的控制。N 接成正反馈，工作在继电器状态。门槛电压 $U_e=aU_A$，$a=R_1/(R_1+R_2)$ 为反馈系数。它能自动翻转，其过程如下：

当N输出电压U_A为负时，V_1～V_3都截止，V_4承受－8V偏压，焊接回路的大功率晶体管组V_5关断。当N输出电压U_A为正时，V_1～V_3都饱和导通，V_4、V_5也饱和导通，此时，焊接回路电流很大。电流反馈信号U_i经电感滤波后送入N的反相输入端，与给定电压U_g比较。当$(U_i-U_g)>(+U_e)$时，N翻转，U_A变负，焊接回路又关断，电流下降。这种当反馈信号超过一定值才起作用的电路，就称为电流截止反馈电路。

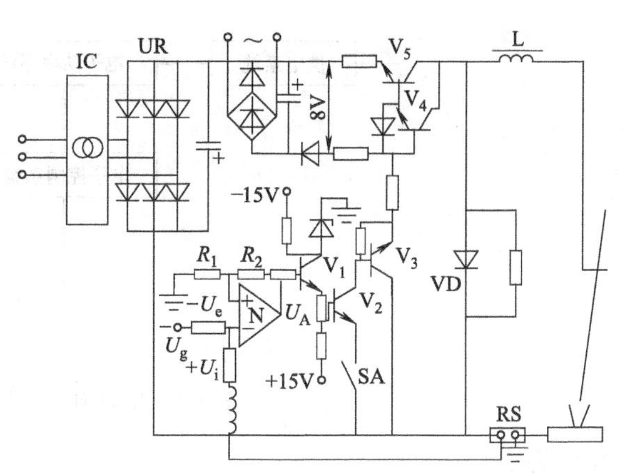

图 5-7　电流截止反馈式开关晶体管弧焊电源原理图

当焊接回路的大功率管V_5关断后，电流反馈信号U_i经过一定时间延时后又要下降。当降到$(U_i-U_g)<(-U_e)$时，U_A又翻转为正电压输出，焊接回路又接通；如此振荡不已。可见，V_5的振荡频率完全取决于电流反馈回路的时间常数，一般为10～20kHz。焊接电流平均值由给定值U_g所决定，电源的外特性为恒流特性。

它的焊接主回路还接有滤波电抗器L和续流二极管VD，使V_5关断时电流不过零点，有维弧电流，并能防止过电压损坏大功率晶体管。此外，这类弧焊电源还有高压引弧电路，控制电路还可以设电流衰减装置，以便填满弧坑。

这类弧焊电源还可以对给定值U_g进行低频脉冲调制，此时U_g应有两个给定值；一为脉冲给定值；二为维弧给定值。可用灵敏的时间继电器进行切换，以获得低频脉冲电流。脉冲周期一般为0.2～2s。

晶体管式弧焊电源是一种焊接性能良好的弧焊电源，可以适应于多种弧焊方法的需要。开关式输出电流有一定的纹波，最适用于钨极氩弧焊和等离子弧焊。模拟式输出电流没有纹波，反应速度快，很适合于熔化极气体保护焊，但耗电大，只有在质量要求高的场合才用。

模块二　逆变式弧焊电源

一、概述

逆变式弧焊电源也称为弧焊逆变器，是弧焊电源的最新发展。它采用逆变技术，以大功率电子开关器件为核心，去除了工频变压器，从而在性能上发生质的飞跃。弧焊逆变器是一种很有发展前途的弧焊电源。

（一）弧焊逆变器的组成及作用

弧焊逆变器的基本组成框图如图5-8所示。它的主要组成及其作用如下：

1. 主电路

由供电系统、电子功率系统和焊接电弧等组成。

(1) 供电系统　把工频交流电经整流器整流变换为直流电供给电子功率系统（逆变器）。此外，还通过变压、整流、滤波及稳压系统对电子控制系统提供所需的各组不同大小的直流

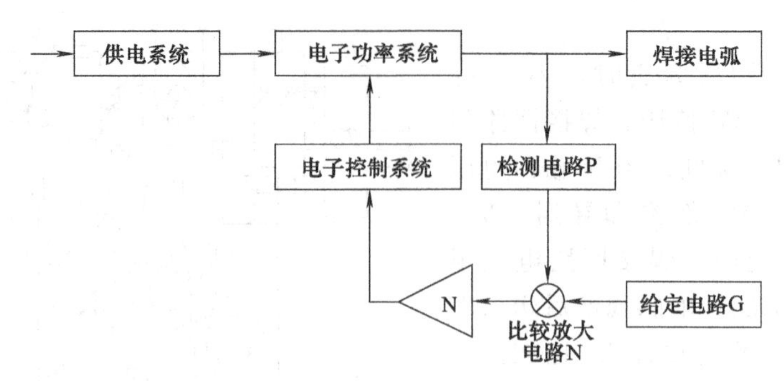

图 5-8 弧焊逆变器的基本组成框图

稳压电源。

(2) 电子功率系统　是弧焊逆变器 UI 的主电路，起着开关、变换电参数（电压、电流及波形）的作用，并以低电压大电流向焊接电弧提供所需的电气性能和工艺参数。这里必须指出，一个电子功率系统，其本身并不能焊接，必须与电子控制系统结合起来才能焊接。

2. 电子控制系统

对电子功率系统提供足够大的、按电弧所需变化规律的开关脉冲信号，驱动逆变主电路的工作。电子控制系统往往包括驱动电路。

3. 反馈给定系统

由检测电路 P、给定电路 G、比较放大电路 N 等组成。检测电路 P 主要用于提取电弧电压和电流的反馈信号；给定电路 G 用于提供给定信号，决定对电弧提供焊接工艺参数的大小；比较放大电路 N 用于把反馈信号与给定信号进行比较后进行放大，与电子控制系统一起，实现对弧焊逆变器的闭环控制，并使它获得所需的外特性和动特性。

(二) 弧焊逆变器的基本工作原理

弧焊逆变器的基本工作原理，如图 5-9 所示。

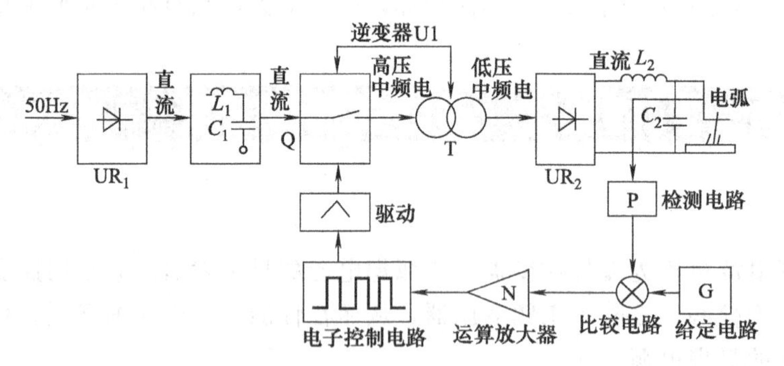

图 5-9 弧焊逆变器基本原理框图

在供电系统中，单相或三相交流电网电压，经输入整流器 UR_1 整流和滤波器 L_1C_1 滤波后获得逆变器 UI 所需的平滑直流电压。该直流电压在电子功率系统中经逆变器的大功率开关器件（晶闸管、晶体管、场效应晶体管或 IGBT）组 Q 的交替开关作用，变成几千至几万赫兹的中高频电压，再经过中（高）频变压器 T 降至适合于焊接的几十伏低电压，并借助于电子控制系统的控制驱动电路和给定反馈电路（P、G、N 等组成）及焊接回路的阻抗，获得焊接工艺所需的外特性和动特性。如果需要采用直流电进行焊接，还需经整流器 UR_2

整流和 L_2C_2 的滤波，把中（高）频交流电变成稳定的直流输出。

弧焊逆变器主电路的基本工作原理，可以归纳为：

工频交流→直流→逆变为高、中频交流→降压→直流输出。

（三）弧焊逆变器的外特性及焊接工艺参数调节

根据各种弧焊工艺方法的要求，通过电子控制电路和电弧电压、电弧电流反馈、弧焊逆变器可以获得各种形状的外特性，如图 5-10 所示。图 5-10（a）、（b）所示的外特性用于焊条电弧焊；图 5-10（c）所示的外特性用于 TIG 焊；图 5-10（d）所示的外特性用于 MIG/MAG 焊。

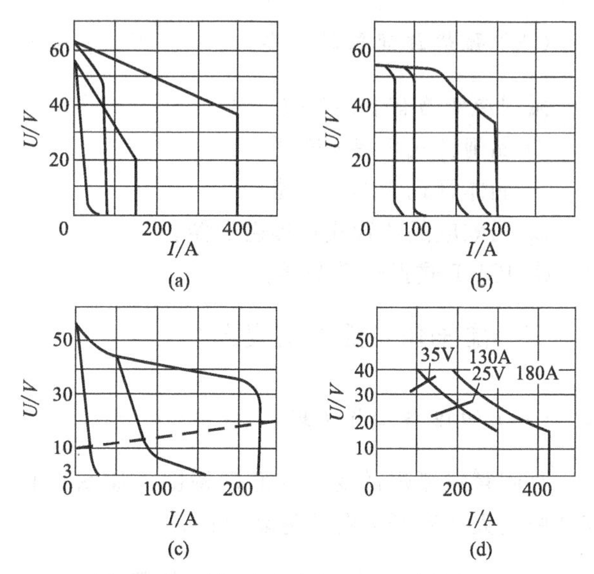

图 5-10 弧焊逆变器常用的几种外特性

弧焊逆变器的焊接工艺参数的调节方法大致有三种：

（1）定脉宽调频率　脉冲电流宽度不变，通过改变逆变器的开关频率来调节焊接工艺参数。开关频率越高，工作电流就越大。通常晶闸管式弧焊逆变器就是采用这种调节焊接工艺参数方法的。

（2）定频率调脉宽　脉冲电流频率不变，通过改变逆变器开关脉冲的脉宽比来调节焊接工艺参数。脉宽比越大，则工作电流也越大。晶体管式、场效应管式弧焊逆变器都适于采用这种焊接工艺参数调节方法。

（3）混合调节　调频率和调脉宽相结合的调节方式。

（四）弧焊逆变器的特点

弧焊逆变器的主要特点是工作频率高，因而具有一系列优点。前已述及，按正弦波分析时变压器有以下基本公式

$$U=4.44fNSB_m$$

式中，f 是变压器外接电压的频率，Hz；N 是变压器绕组的匝数；S 是铁芯截面积，m^2；B_m 是磁通密度的最大值，T。

显然，变压器的重量和体积与 NS 有关，而 NS 与 f 又有直接关系。由上式可得：

$$NS=U/(4.44fB_m)$$

当材料 B_m 一定时，若使 f 从工频（50Hz）提高到 2000Hz 时，则 NS 就减小到原来的 1/40，而主变压器在弧焊整流器中所占的重量通常为总重量的 1/3～2/3。因此，这就使弧焊逆变器的重量和体积显著减小。同时，铜耗和铁耗也将随所需材料明显减少而大大降低。

由于上述原因，弧焊逆变器与弧焊变压器、弧焊发电机、弧焊整流器等传统的弧焊电源相比，具有如下特点。

① 高效节能。效率可达 80%～95%，功率因数可提高到 0.99，空载损耗极小，比传统弧焊电源节电 1/3 以上。

② 体积小、重量轻。中频变压器的重量仅为传统弧焊电源降压变压器的几十分之一；整机重量仅为传统弧焊电源的 1/5～1/10；整机体积也只有传统弧焊电源的 1/3 左右。

③ 具有良好的动特性和弧焊工艺性能。它采用电子控制电路，可以根据不同的焊接工艺要求设计出合适的外特性，并保证具有良好的动特性，从而可进行各种位置的焊接，获得良好的焊接工艺性能。

④ 可用微机或单旋钮控制调节焊接工艺参数。

⑤ 设备费用较低，但对制造技术要求较高。

(五) 弧焊逆变器的分类

弧焊逆变器有下述分类：

① 晶闸管式弧焊逆变器。

② 晶体管式弧焊逆变器。

③ 场效应晶体管式弧焊逆变器。

④ IGBT 式弧焊逆变器。

二、晶闸管式弧焊逆变器

(一) 组成与工作原理

晶闸管式弧焊逆变器的原理框图，如图 5-11 所示，与图 5-9 比较，基本相同，只是逆变器中的大功率开关器件为晶闸管。

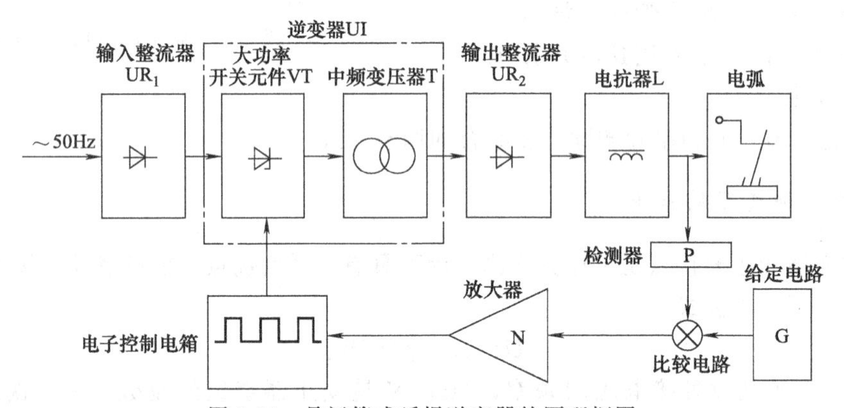

图 5-11 晶闸管式弧焊逆变器的原理框图

弧焊逆变器的控制电路比较复杂，本书不作介绍。现以图 5-12 所示的晶闸管式弧焊逆变器主电路为例，介绍其主电路的组成与工作原理。

主电路由输入整流器 UR_1、逆变电路和输出整流器 UR_2 等组成。主电路的核心部分是逆变电路，它由晶闸管 VT_1、VT_2，中频变压器 T，电容 C_2～C_5，电感线圈 L_1、L_2 等组成，构成所谓“串联对称半桥式”逆变器。为便于讨论它的工作原理，可将其简化成图5-13所示的电路。

在图 5-13 中，当开关 SA_1（即 VT_1）闭合，而 SA_2（即 VT_2）断开时，电容 $C_{2、4}$ 的放电电流 i_1 由 $C_{2、4}^{+} \rightarrow SA_1 \rightarrow T \rightarrow C_{2、4}^{-}$，电容 $C_{3、5}$ 的充电电流则由 $a(+) \rightarrow SA_1 \rightarrow T \rightarrow C_{3、5}^{+} \rightarrow C_{3、5}^{-} \rightarrow b(-)$，从而在中频变压器 T 上形成正半波的电流 i_1。当 SA_2 闭合，SA_1 断开时，电

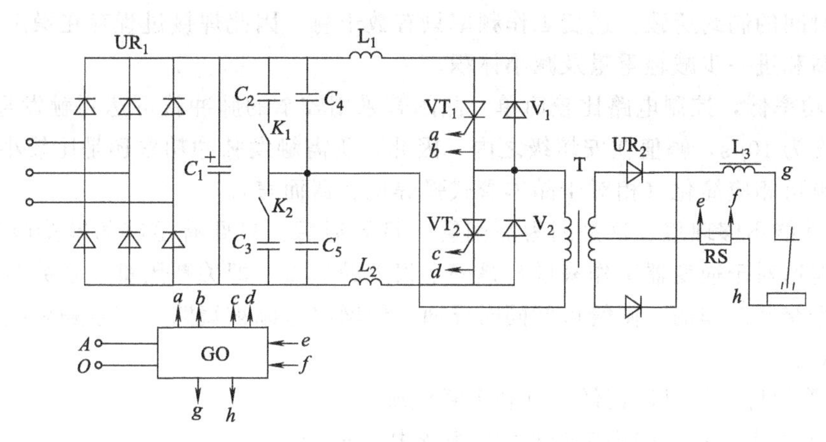

图 5-12　晶闸管式弧焊逆变器主电路

容 $C_{3、5}$ 的放电电流 i_2 由 $C_{3、5}^{+}$→T→SA_2→$C_{3、5}^{-}$，电容 $C_{2,4}$ 的充电电流由 a(+)→$C_{2、4}^{+}$→$C_{2、4}^{-}$→T→SA_2→ b(−)，从而在变压器 T 上形成负半波电流。这样 SA_1、SA_2 每交替闭合和断开一次，就在变压器 T 上产生一个周波的交流电，它们每秒通断的次数就决定了逆变器的工作频率，这就是所谓的“逆变调频”原理。通过这样的逆变，就将三相整流器 UR_1 整流后的直流电转换成1～2kHz 或更高的中频交流电。然后，经变压器 T 降压，UR_2 整流，从而得到稳定的直流输出。

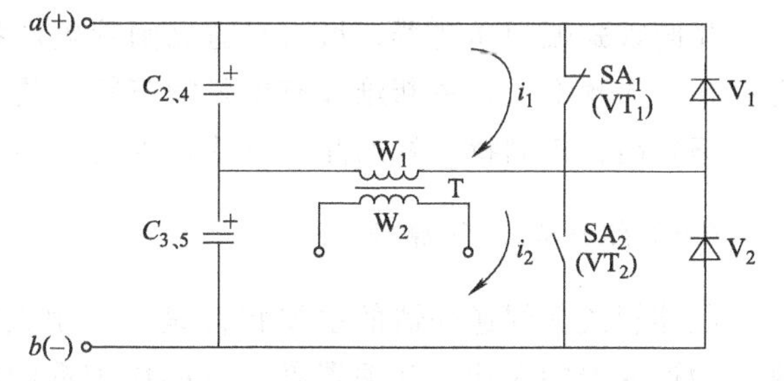

图 5-13　对称半桥式逆变器原理示意图

（二）外特性控制原理和焊接工艺参数调节

晶闸管式弧焊逆变器的外特性形状，是通过电流、电压负反馈与电子控制电路的配合以改变频率 f 来控制的。例如，从图 5-12 的分流器 RS 取电流负反馈信号送到电子控制电路，于是随着焊接电流的增大，使逆变器的工作频率迅速降低，从而获得恒流外特性。如果采用电压负反馈，则可得到恒压外特性。若按一定的比例取电流和电压反馈信号，便可得到一系列一定斜率的下降外特性，其外特性形状如图 5-10 所示。

晶闸管式弧焊逆变器是采用“定脉宽调频率”的调节方法来调节焊接工艺参数的，即通过改变晶闸管的开关频率（逆变器的工作频率）来进行的。晶闸管的开关频率越高，电弧电流（或电压）越大。

（三）特点

晶闸管式弧焊逆变器，由于采用大功率晶闸管作为开关器件，而这种管子是最早应用于逆变器的，技术成熟，容量大，但它本身的开关速度慢。管子的技术性能为晶闸管式弧焊逆变器带来了如下特点：

① 工作可靠性较高。这是因为晶闸管的生产历史长，技术成熟，设计者和生产厂家对它的性能、结构特点了解比较透彻，掌握比较好。

② 逆变工作频率较低。这是由于晶闸管是所用半导体开关管中速度最慢的元件，即受

到管子关断时间的制约所致。逆变工作频率只有数千赫，因此焊接过程存在噪声，并且不利于效率的提高和进一步减轻重量及减小体积。

③ 驱动功率低，控制电路比较简单。晶闸管采用较窄的脉冲就可达到触发导通的目的，通常脉冲宽度为 $10\mu s$，幅值在安培级之内。因此，所需触发脉冲功率还是比较小的，它的控制驱动电路也可相应简化（相对于晶体管式弧焊逆变器而言）。

④ 控制性能不够理想。这是因为晶闸管一旦导通后，只要有足够的维持电流就能一直导通下去。但这对于逆变器工作来说却是一个很大的缺点，即关断困难。若关断措施工作不可靠，则两个交替工作的晶闸管可能同时导通，使网路电源被短路，以致烧坏晶闸管，并使逆变过程失效。

⑤ 晶闸管的价格相对比较低，有利于降低成本。

⑥ 单管容量大，不必解决多管并联的复杂技术问题。

三、晶体管式弧焊逆变器

晶闸管式弧焊逆变器，虽然具有晶闸管生产技术成熟、管子容量大、价格便宜等优点，但存在工作频率低、关断难和有电弧噪声等问题。因此，在 20 世纪 80 年代初又研制出了工作频率较高、控制特性好的晶体管式弧焊逆变器。

（一）组成与工作原理

晶体管式弧焊逆变器的主要特性是，采用大功率晶体管（GTR）组取代大功率晶闸管来作为逆变器的大功率开关器件。它的原理框图如图 5-14 所示。可见，它与晶闸管式弧焊逆变器的主要区别仅在逆变电路上，其余部分基本相同。下面主要介绍晶体管式弧焊逆变器主电路的工作原理，如图 5-15 所示。

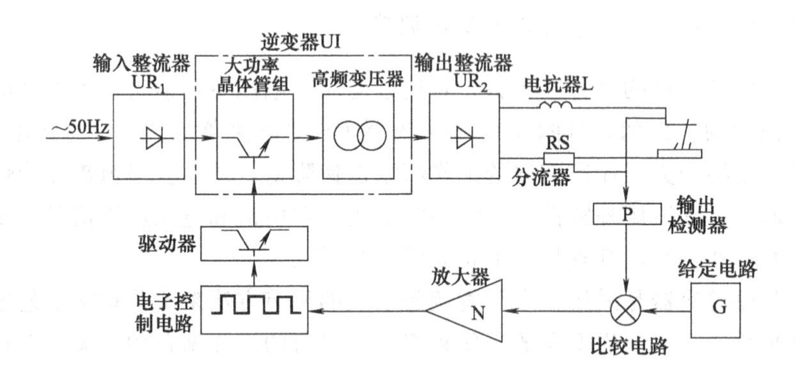

图 5-14 晶体管式弧焊逆变器的基本原理方框图

主电路由输入整流器 UR_1、逆变电路、输出整流器 UR_2、输出电抗器 L_2 等组成。主电路的核心部分也是逆变电路，它由大功率开关晶体管组 $V_1 \sim V_4$、均流电阻 $R_1 \sim R_4$、高频变压器 T、电阻 $R_5 \sim R_7$、电容器 $C_1 \sim C_6$ 等组成，构成串联对称半桥式逆变器。为了便于讨论它的工作原理，可将其简化成图 5-16 所示的电路。图 5-16 中，大功率开关晶体管（V1、V2）有两个由电容 C_1、C_2 把输入直流电压 U 分为两个 $U/2$，R_1、R_2 为均压电阻，C_3、C_4 为高频旁路电容。当晶体管 V_1、V_2 都截止时，由于 C_1 和 C_2 的容量相等且电路对称，则电容中点 A 的电压为输入电压的一半，即：$U_{C1}=U_{C2}=U/2$。当 V_1 被触发导通时，

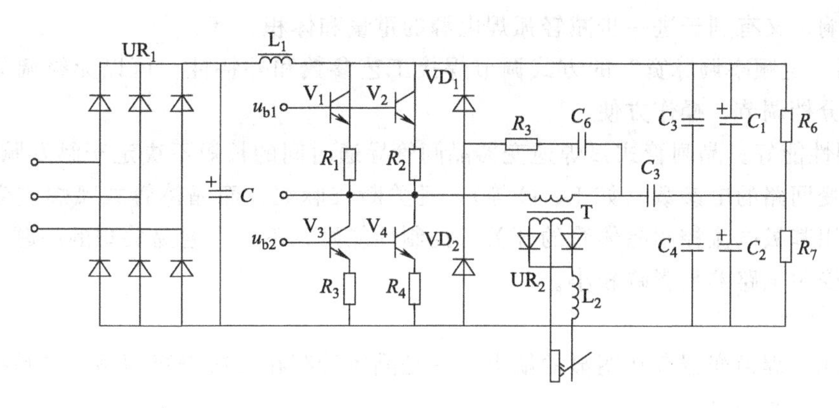

图 5-15 晶体管式弧焊逆变器主电路

C_1 通过 V_1 和 T 的一次绕组 W_1 放电，V_1 承受的只是饱和导通管压降；而 V_2 承受全部的输入电压 U，因未被触发而截止。当 V_2 被触发导通时，V_1 被截止，C_2 通过 T 的一次绕组 W_1 和 V_2 放电。注意：当 V_1 和 V_2 分别导通时，C_1 和 C_2 的放电电流在 T 的一次绕组 W_1 中的流向不同，因此，二次绕组 W_2 中的感应的电压是高频交流电压。所以，通过这样的逆变，就将三相输入整流器整流后的直流电转换成 16～25kHz 的高频交流电，然后，经高频变压器降压，输出整流器整流，得到稳定的直流输出。

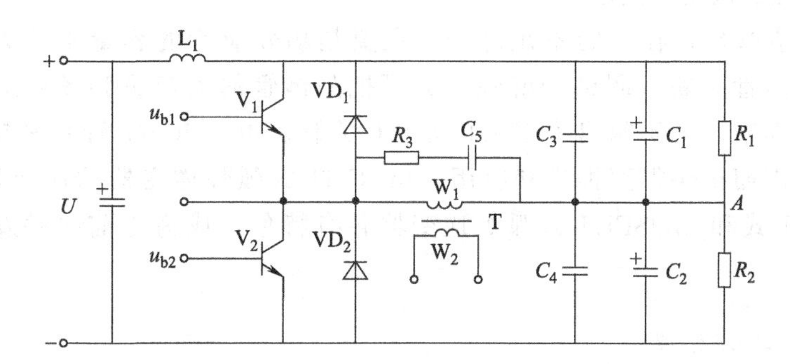

图 5-16 半桥式逆变器原理示意图

（二）外特性控制原理和焊接工艺参数调节

晶体管式弧焊逆变器的外特性，仍然是通过电流和电压反馈电路与电子控制电路相配合以改变脉冲宽度来控制的。例如，从图 5-14 中的分流器 RS 取电流反馈信号，经过检测器 P 与给定值 G 比较以后，将其差值经放大器 N 放大送到电子控制电路。于是，随着焊接电流的增大，使逆变器的脉冲宽度迅速减小，就可以得到恒流外特性。如果采取电压反馈方式，则可得到恒压外特性。若按一定的比例取电流和电压反馈信号，便可获得一系列一定斜率的下降外特性。

晶体管式弧焊逆变器是采用“定频率调脉宽”的调节方式来调节焊接工艺参数的。当占空比（脉冲宽度与工作周期之比）增大时，焊接电流增大。

（三）特点

与晶闸管式弧焊逆变器相比，晶体管式弧焊逆变器具有以下特点。

① 逆变器的工作频率较高。晶体管式弧焊逆变器的工作频率可达 16kHz 以上，因而既

无噪声的影响，又有利于进一步减轻弧焊电源的重量和体积。

② 采用“定频率调脉宽”的方式调节焊接工艺参数和外特性。可以无级调节焊接工艺参数，不必分档调节，操作方便。

③ 控制性能好。晶闸管式弧焊逆变器晶闸管导通时间的长短不决定于触发脉冲的宽度，而决定于逆变回路的电参数（如 L、C 等），且关断较麻烦。而晶体管式弧焊逆变器采用电流型控制，用基极电流控制晶体管的开关，控制性能好，不存在通易关难的问题，而且控制比较灵活，受主电路参数影响较小。

④ 成本较高。

晶体管式弧焊逆变器存在明显的缺点：一是晶体管存在二次击穿问题；二是控制驱动功率较大，需要设驱动电路。

四、MOSFET 式和 IGBT 式弧焊逆变器

晶体管（GTR）式弧焊逆变器与晶闸管（SCR）式相比，虽然提高了逆变频率，有利于提高效率，减小电源的体积和重量，但它的过载能力差，热稳定性不理想，存在二次击穿和需要较大的电流驱动（电流控制型）。因此，随后研制出性能更为理想的大功率 MOS（MOSFET）场效应管。它属于电压控制型，只需要极微小的电流就能实现开关控制，而且开关速度更快，无二次击穿问题。

但是，场效应管也存在一定不足之处，主要是场效应管的容量不够大，允许通过电流较小，需采用多管关联，调试较麻烦。为了把晶体管的大容量和场效应管的电压控制等独特优点结合起来，又研制出了 IGBT 功率开关管。由于 IGBT 管容量较大，生产调试相对比较方便，因而很快得到推广和应用。但 IGBT 式弧焊逆变器的逆变频率没有 MOSFET 式高，IGBT 式和 MOSFET 式弧焊逆变器各有特色，成为当前并举发展和推广的新型弧焊电源。

（一）组成与工作原理

MOSFET 式和 IGBT 式弧焊逆变器的组成和工作原理，与 GTR 式相比大同小异，如图 5-17 所示为它们的原理方框图。对比图 5-14 有如下异同点。

(1) 三种弧焊逆变器的相同点　IGBT 和 GTR 式的主电路逆变频率 20kHz 左右，MOS-

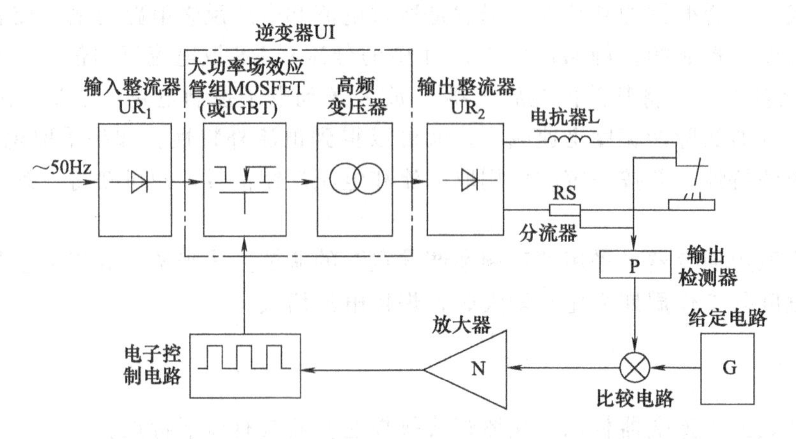

图 5-17　MOSFET 式和 IGBT 式弧焊逆变器原理方框图

FET 式一般采用 40～50kHz。外特性的获得与控制都采用“定频率调脉宽”的调节方式。而且，输入整流滤波电路、逆变主电路、输出滤波电路、带反馈的闭环控制电路及其原理，都是基本相同的。

(2) 三种弧焊逆变器的不同点

① MOSFET 式和 IGBT 式主电路分别采用大功率 MOSFET 和 IGBT 管组，取代功率开关晶体管 GTR。

② MOSFET 式和 IGBT 式采用电压控制（属电压控制型）。

③ MOSFET 式和 IGBT 式只需要极小的驱动功率，而 GTR 式需要较大的驱动功率，因而为驱动功率放大往往需要增设驱动电路。

（二）特点和应用

1. MOSFET 式弧焊逆变器

与 GTR 式相比，MOSFET 式弧焊逆变器有如下特点。

① 控制功率极小。MOSFET 的直流输入电阻很高，采用电压控制，只要控制电压大于一定值，MOSFET 管就能进入饱和导通状态，因而所需控制功率极小。而开关晶体管（GTR）只有在基极控制电流足够大时才能达到饱和导通状态，而且管子的放大倍数一般都较小，需要较大的控制功率。

② 工作频率高。MOSFET 管的逆变速度可达 40kHz 以上，且开关过程损耗小，有利于提高逆变器的效率和减小体积。

③ 多管并联相对较易实现。

④ 过载能力强，热稳定性好。MOSFET 管不存在二次击穿问题，可靠工作范围更宽，动特性更好。

⑤ 管子的容量较小，成本较高。

MOSFET 式弧焊逆变器可以输出直流、脉冲、矩形波交流焊接电流，它不仅可以应用于焊条电弧焊、钨极氩弧焊、熔化极气体保护焊、等离子弧焊，还可用于半自动焊、自动焊、机器人焊接等。

2. IGBT 式弧焊逆变器

IGBT 式弧焊逆变器与 MOSFET 式相比有以下特点：

① 因为 IGBT 管耐压 1200V，最大容量可达 600A；而 MOSFET 管耐压 1000V，最大容量只有 30A 左右。因而，即便用于埋弧焊的 IGBT 式弧焊逆变器也不必采用多管并联，减少了调试工作。

② IGBT 管的饱和压降比较低，有利于减少逆变器的功率损耗。

③ IGBT 管的开关损耗比 GTR 管小，一般约为其 1/3～1/5，但比 MOSFET 管大，这与它们的开关速度有关。IGBT 管工作频率为 10～30kHz，MOSFET 管工作频率在 30kHz 以上，GTR 管的工作频率在 25kHz 以下。

IGBT 式弧焊逆变器除输出直流外，还有脉冲、矩形波交流输出，具有多种外特性。可用于焊条电弧焊、CO_2 焊、MAG/MIG 焊、等离子弧焊等。

由以上分析可知，弧焊逆变器的产生和快速发展是以电力半导体器件制造技术的发展为前提的。没有高工作频率、大容量的半导体器件的成功研制，就不可能制造出性能优良的弧焊逆变器。

模块三 矩形波交流弧焊电源

一、概述

以前在焊接铝和铝合金时，都采用交流弧焊电源的钨极氩弧焊机进行焊接。但是，交流弧焊电源的输出电流为近似正弦波，电流过零点缓慢，电弧的稳定性较差，正负半波通电时间不可调节，还需增设消除直流分量的装置。特别是对于一些要求较高的焊接工作，如薄铝件焊接、单面焊双面成形、高强度铝合金焊接等，都难得到满意的焊接质量。此外，普通交流弧焊电源不能用于一般的碱性焊条电弧焊。随着大功率半导体器件和电子技术的发展，近二十年来，国内外成功研制和生产出矩形波交流弧焊电源，并已应用于矩形波交流钨极氩弧焊工艺。

矩形波交流电流与正弦波交流电流比较，主要特点是电流过零点时上升与下降的速率高；其次是通过电子控制电路使正、负半波通电时间比和幅值比均可以自由调节。因此，把它用于铝及铝合金的钨极氩弧焊时，在弧焊工艺上具有以下特点：

① 电弧稳定，电弧过零点时重新引燃容易，不必加装稳弧器。

② 抗干扰能力强。

③ 通过调节正负半波通电时间比，在保证阴极破碎作用的条件下增大正极性电流，可获得最佳的熔深，提高焊接生产率和延长钨极的使用寿命。

④ 调节工件上的线能量，更有效地利用电弧热和电弧力的作用来满足某些弧焊工艺的特殊要求。

⑤ 可以不必采取消除直流分量的措施。

⑥ 应用于碱性焊条电弧焊时，可使电弧稳定、飞溅小。

矩形波交流弧焊电源又称为方波交流弧焊电源。根据获得矩形波交流电流的原理和主要器件的不同，矩形波交流弧焊电源可分为如下四种：逆变式、晶闸管电抗器式、数字开关式和饱和电抗器式。本书只介绍前两种。

二、逆变式矩形波交流弧焊电源

逆变式矩形波交流弧焊电源基本原理方框图，如图 5-18 所示。它由普通直流弧焊电源（图中的晶闸管式整流器）与晶闸管式弧焊逆变器等组成主电路，通过晶闸管式逆变

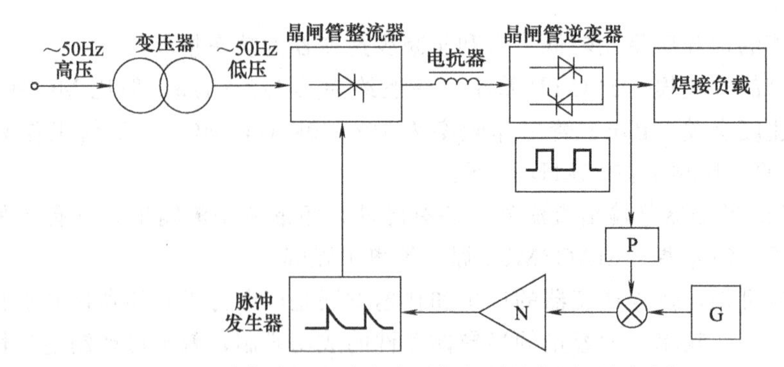

图 5-18 逆变式矩形波交流弧焊电源基本原理方框图

器把直流电转变成频率、正负半波通电时间比和电流比在一定范围内可调节的矩形波交流电。

（一）矩形波交流电流的获得原理

逆变式矩形波交流弧焊电源主电路由变压器、晶闸管整流器、晶闸管逆变器等组成。

工频正弦波交流电经变压器降压和晶闸管整流器整流，成为几十伏的直流电，再经过晶闸管逆变器的开关和转换作用，就成为矩形波交流电。

晶闸管逆变器把直流电转换成矩形波交流电的原理如图 5-19（a）所示。当晶闸管 VT_1、VT_3 触发导通而 VT_2、VT_4 关断时，电流 i_1 通路为：A(+)→VT_1→电弧→VT_3→B(−)，从而电弧获得正半波的电流。当 VT_2、VT_4 触发导通而 VT_1、VT_3 关断时，电流 i_2 通路为：A(+)→VT_2→电弧→VT_4→B(−)，从而电弧获得负半波的电流。由此可见，只要控制 VT_1、VT_3 和 VT_2、VT_4 两组晶闸管轮流导通，以切换电弧电流的方向，同时控制两组晶闸管导通时间的长短和通电时间的比值，就可以得到频率和正负半波通电时间比值不同的矩形波交流电，如图 5-20 所示。由于主电路中电容充放电的原因，使每半波电流的前沿带有尖峰，这有利于电弧的重新引燃，电流的波形见图 5-19（b）。

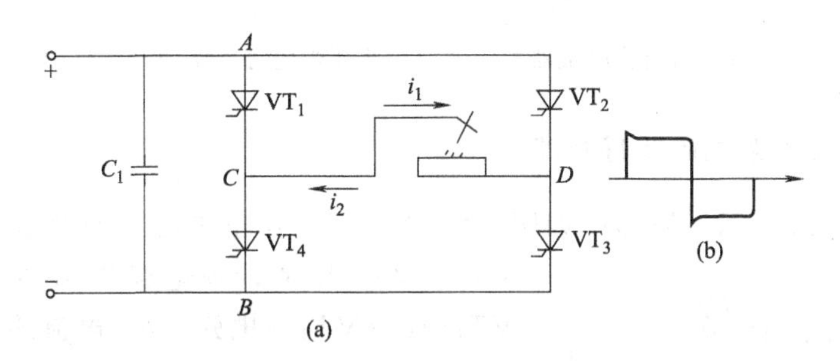

图 5-19　晶闸管矩形波弧焊逆变器原理

在主电路中，VT_1、VT_3 和 VT_2、VT_4 的轮流关断，可采用两种方法：一是采用强迫关断；另一种方法是采用可关断晶闸管，它是靠控制信号来关断的。

（二）外特性控制和焊接工艺参考数调节

这种类型的矩形波交流弧焊电源，实质上是由通用直流弧焊电源和矩形波交流发生器（即晶闸管式逆变器）所组成的。其外特性形状的控制和矩形波交流电的幅值的调节，是通过直流弧焊电源来实现的。

直流弧焊电源可以采用磁饱和电抗器式硅弧焊整流器，也可以采用晶闸管式弧焊整流器。但从控制性能来看，最好采用晶闸管式弧焊整流器，如图 5-18 所示。由图 5-18 可知，电源外特性的形状是由晶闸管式弧焊整流器的闭环反馈电路和电子控制电路（检测电路 P、给定电路 G、放大器 N 和脉冲发生器）来控制的。通过改变晶闸管的导通角调节直流电压的幅值，即可调节由逆变器

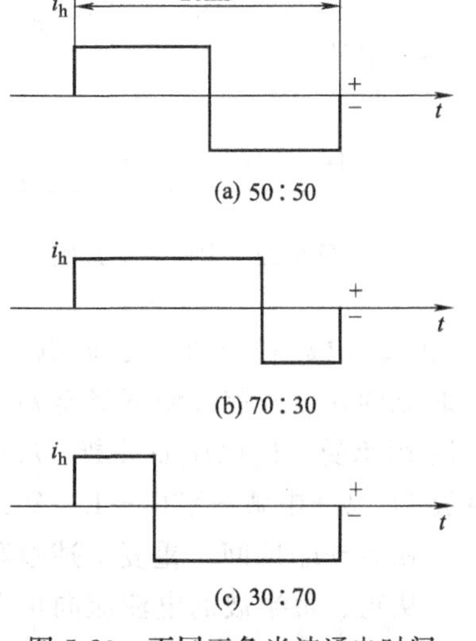

图 5-20　不同正负半波通电时间比的波形示意图

输出的矩形波交流电幅值的大小。正负半波通电时间比和频率，则是通过改变逆变器中晶闸管触发脉冲的相位角来实现。

三、晶闸管电抗器式矩形波交流弧焊电源

晶闸管电抗器式矩形波交流弧焊电源的基本原理方框图，如图 5-21 所示。它由变压器、晶闸管桥及直流电抗器组成主电路，通过晶闸管桥的开关和直流电抗器的储能作用，把正弦波交流电转变成矩形波交流电。因此，又可以把它称为晶闸管桥直流电感式矩形波交流弧焊电源。

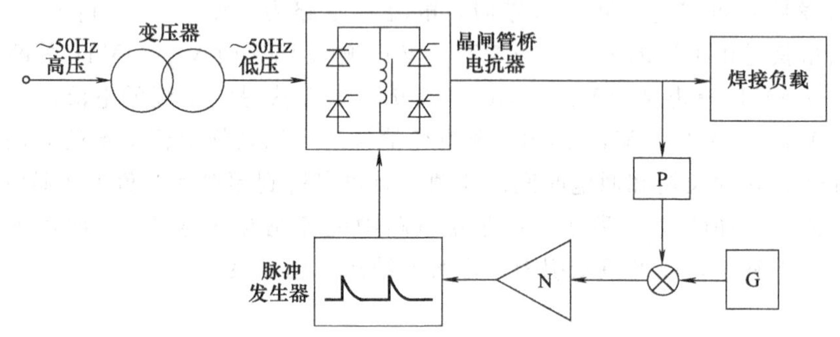

图 5-21 晶闸管电抗器式矩形波交流弧焊电源基本原理方框图

（一）矩形波交流电流的获得原理

主电路如图 5-22 所示，波形图如图 5-23 所示。设在正半波 t_1 时刻触发脉冲使晶闸管 VT_1、VT_3 导通，则电弧电流 i_h 的通路为：a→VT_1→L→VT_3→电弧→b。电流的大小由下面的电压平衡方程式决定：

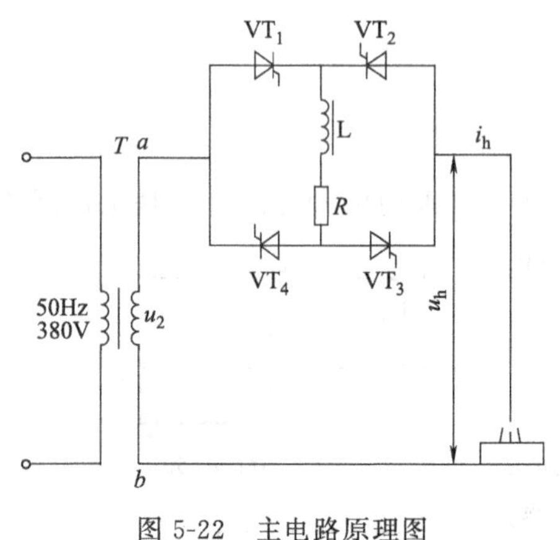

图 5-22 主电路原理图

$$u_2 = L\frac{\mathrm{d}i_h}{\mathrm{d}t} + u_h$$

在 $t_1 \sim t_2$ 期间，因为 $u_2 > u_h$，所以 $L\mathrm{d}i_h/\mathrm{d}t > 0$，即电流 i_h增大。由于L的电感量很大，限制了电流的上升速度，使电流从 p 点缓慢上升到 q 点，此时电感L处于储能过程中。

在 t_2 时刻，因为 $u_2 = u_h$，所以 $L\mathrm{d}i_h/\mathrm{d}t = 0$，电流 i_h达到 q 点对应的最大值。

在 $t_2 \sim t_4$ 期间，因为 $u_2 < u_h$，所以 $L\mathrm{d}i_h/\mathrm{d}t < 0$，因此 i_h减小。此时，L 向电弧释放磁场能量，维持 VT_1 和 VT_3 的继续导通，电流 i_h 由 t_2 时刻的 q 点开使缓慢下降至 t_4 时刻的 r 点。此时触发脉冲使 VT_2、VT_4 导通，而 VT_1、VT_3 因承受反向电压而关断，i_h立刻经零点改变方向为负值，开始进入负半波。负半波电流通路为：b→电弧→VT_2→L→VT_4→a。

在 $t_4 \sim t_6$ 期间，重复上述过程，形成负半波电流。

从正、负半波的电流流向可以看出，流过电感L的电流方向不变。若L的电感量是足够大，则电流为平稳直流，但电流 i_h 流过电弧的方向是改变的。因此，i_h为如图 5-23（b）所示的正负半波幅值相等的矩形波交流电流。实际上，i_h的波形应如图 5-23（c）所示，在

每个半波的前沿均出现了幅值较大的尖峰电流，这是由主电路中电磁感应电动势引起的。这个尖峰电流无疑对电弧引燃、换向和稳弧都有好处。当然，尖峰电流的幅值也不应过大，否则，电弧对熔池易产生冲击，引起飞溅。

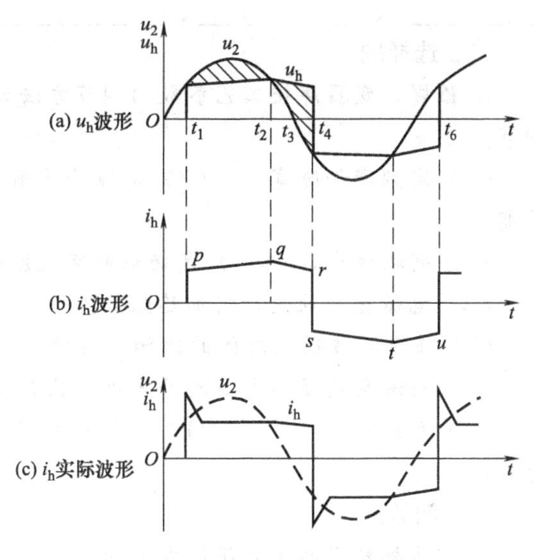

图 5-23 矩形波电流波形

（二）外特性控制和焊接工艺参数调节

1. 外特性控制

这类弧焊电源具有接近恒流的外特性，形成这种外特性的主要原因是电流负反馈作用。当电弧电流增加到一定值之后，通过电流负反馈作用使输出电压随着晶闸管组 VT_1～VT_4 导通角显著减小而迅速下降，从而获得恒流外特性。如果需要得到恒流加外拖或缓降外特性，则要同时取适当比例的电压负反馈，使晶闸管组的导通角缓慢地减小。

2. 焊接工艺参数调节

改变给定电路 G 的给定电压值，便可得到一族外特性曲线，以满足焊接工艺参数调节的要求。如果同时将正负半波的触发脉冲提前，则晶闸管组的导通角增大，就可使负载电流增加；反之，可使负载电流减小。

若改变两组晶闸管导通角的比值，则可实现正负半波电流比的调节，这对于焊缝成形有重要影响。

这种弧焊电源输出矩形波的频率恒定为工频 50Hz。

在焊接回路中，由晶闸管 VT_1～VT_4 构成单相桥式全控整流电路，只要电抗器 L 的电感量足够大，则在 L 上流过的电流就是稳定的直流电流。如果电源的输出由这条支路引出，便可对电弧提供直流电。因此，这种弧焊电源只要经过简便的电路换接，即可实现交、直流两用。

矩形波交流弧焊电源主要用于铝及铝合金的交流钨极氩弧焊，也可用于碱性焊条电弧焊、埋弧焊、等离子弧焊等焊接方法。如若输出直流电流，还可以焊接铜及其合金、不锈钢等多种金属。

思考与练习

一、填空题

1. 晶体管式弧焊电源主要特点是：在焊接回路中串入大功率的晶体管组，起到____________或____________的作用。

2. 晶体管式弧焊电源依据晶体管组在主电路中的作用原理可分为两类，通常将晶体管组起作用的弧焊电源称为模拟式晶体管弧焊电源；将晶体管组起____________作用的弧焊电源称为开关式晶体管弧焊电源。

3. 逆变式弧焊电源是近年来发展起来的一种新型弧焊电源，它具有____________、

____________、____________、____________以及____________等突出优点。

二、选择题

1. 弧焊逆变器焊接工艺参数的调节方法大致有三种，即定脉宽调频率、（　　）和混合调节。

（A）定频率调脉宽　（B）定频率定脉宽　（C）调脉宽调频率　（D）定脉宽调周期

2. 下列描述中，（　　）是矩形波交流弧焊电源的优点。

（A）电弧稳定性差，需加稳弧装置　（B）电弧稳定性好，不需加稳弧装置

（C）正负半波通电时间的比例不可调　（D）需增设消除直流分量的装置

3. 矩形波交流弧焊电源的外特性形状是（　　）。

（A）平外特性　（B）下降外特性　（C）缓降外特性　（D）接近恒流外特性

三、问答题

1. 试述模拟式晶体管弧焊电源的特点。

2. 试述逆变式弧焊整流器的基本原理以及基本组成部分。

3. 什么是逆变器中的PFM调制方法？什么是逆变器中的PWM调制方法？

4. 什么是逆变器中的开关技术的硬开关过程？什么是逆变器中的开关技术的软开关过程？分别画出开关过程中的电流电压变化曲线，加以说明。

5. 弧焊逆变器有什么优点？

6. 试述电弧焊逆变器主电路的基本工作原理。

7. 弧焊逆变器与弧焊变压器、弧焊发电机、弧焊整流器等传统弧焊电源相比，具有什么特点？

8. 试说明逆变式弧焊电源体积小、重量轻的原因。

第六单元　弧焊电源的选择和使用

学习目标：掌握根据不同焊接方法和工艺条件选择弧焊电源的原则；掌握弧焊电源的安装与使用；了解安全用电和节约用电的方法与原则，供应用时参考。

模块一　弧焊电源的选择

弧焊电源在焊接设备（焊机）中是决定电气性能的关键部分。尽管弧焊电源具有一定的通用性，但不同类型的弧焊电源，在结构、电气性能和主要技术参数等却各有不同。如表6-1、表6-2所示，交流弧焊电源和直流弧焊电源的特点和经济性是有很大差别的。因而，在应用时只有合理的选择，才能确保焊接过程的顺利进行，既经济又获得良好的焊接效果。

一般应根据如下几个方面来选择弧焊电源：

① 焊接电流的种类。

② 焊接工艺方法。

③ 弧焊电源的功率。

④ 工作条件和节能要求。

表6-1　交、直流弧焊电源的特点比较

项　　目	交流	直流	项　　目	交流	直流
电弧的稳定性	低	高	构造和维修	较简	较繁
极性可换性	无	有	噪声	不大	发电机大，整流器小
磁偏吹影响	很小	较大	成本	低	高
空载电压	较高	较低	供电	一般单相	一般三相
触电危险	较大	较小	质量	较轻	较重

表6-2　交、直流弧焊电源经济性比较

主要指标	直流弧焊发电机	交流弧焊变压器	弧焊整流器
每千克焊条金属消耗电能/(kW·h)	6～8	3～4	
效率 η	0.3～0.6	0.65～0.90	0.6～0.75
功率因数 $\cos\varphi$	0.6～0.7	0.3～0.6	0.65～0.70
空载时功率因数	0.4～0.5	0.1～0.2	
空载功率消耗/kW	2～3	0.2	0.3～0.35
制造材料消耗	100%	30%～35%	前二者之间
生产弧焊电源的工时	100%	20%～30%	前二者之间
价格	100%	30%～40%	
每台占用面积/m^2	1.5～2	1～1.5	≈1

一、焊接电流种类的选择

焊接电流有直流、交流和脉冲三种基本种类，因而也就有相应的直流弧焊电源、交流弧焊电源和脉冲弧焊电源，除此之外，还有逆变弧焊电源。应按技术要求、经济效果和工作条件来合理地选择弧焊电源的种类。

由表 6-1 和表 6-2 可见，一般交流弧焊电源比直流弧焊电源具有结构简单、制造方便、使用可靠、维修容易、效率高和成本低等一系列优点，因此，对于一般的场合可以选用它。例如，焊接普通低碳钢工件、民建结构等。经过改善波形（例如矩形波）或采取稳弧措施的交流弧焊电源常可代替直流弧焊电源；此外，铝及其合金的钨极氩弧焊最好是采用矩形波交流电源。但是，由于普通交流弧焊电源的电弧稳定性较差，焊接质量不高，而且又无极性之分。因而它在某些工业发达国家中，有逐渐减少使用的趋势。

在直流弧焊电源中，弧焊整流器又较之直流弧焊发电机有更多的优点，因而在工业发达国家中已绝大多数采用，在我国也已推广使用。由于产品的工艺要求不同，如合金钢、铸铁和有色金属等结构要求用直流电源才能施焊，其使用的焊条如 J507、ED267 等。另外，有些焊接工艺要求较大的熔深（如高压管道的焊接）；CO_2 焊采用活性气体保护，且没有稳弧剂；在水下进行湿式电弧焊；有些场合要求弧焊电源除用于焊接外，还需用于碳弧气刨、等离子切割等工艺。在上述情况下，都应采用直流弧焊电源。有的单位电网容量小，要求三相均衡用电，宜选用直流弧焊电源。在水下、高山、野外施工等场合没有交流电网，需选用汽油或柴油发动机拖动的直流弧焊发电机。

在小单位或实验室，设备数量有限而焊接材料的种类较多，可选用交、直流两用或多用弧焊电源。

脉冲弧焊电源具有线能量小、效率高、焊接热循环可控制等优点，可用于要求较高的焊接工作。对于焊接热敏感性大的合金钢、薄板结构、厚板的单面焊双面成形、管道以及全位置自动弧焊工艺，采用脉冲弧焊电源较为理想。

二、根据焊接工艺方法选择弧焊电源

1. 焊条电弧焊

用酸性焊条焊接一般金属结构，可选用动铁式、动绕组式或抽头式弧焊变压器（如 BX1-300、BX3-300-1、BX6-120-1 等）；用碱性焊条焊接较重要的结构钢，可选用直流弧焊电源，如弧焊整流器（ZXG-400、ZX1-250、ZX5-250、ZX5-400 等），在没有弧焊整流器的情况下，也可采用直流弧焊发电机。这些弧焊电源均应为下降外特性。

2. 埋弧焊

一般选用容量较大的弧焊变压器。如果产品质量要求较高，应采用弧焊整流器或矩形波交流弧焊电源。这些弧焊电源一般应具有下降外特性。在等速送丝的场合，宜选用较平缓的下降特性；在变速送丝的场合，则选用陡度较大的下降特性。

3. 钨极氩弧焊

钨极氩弧焊要求用恒流特性的弧焊电源，如弧焊逆变器、弧焊整流器。对于铝及其合金的焊接，应采用交流弧焊电源，最好采用矩形波交流弧焊电源。

4. CO_2 气体保护焊和熔化极氩弧焊

在这些场合可选用平特性（对等速送丝而言）或下降特性（对于变速送丝而言）的弧焊

整流器和弧焊逆变器。对于要求较高的氩弧焊必须选用脉冲弧焊电源。

5. 等离子弧焊

最好选用恒流特性的弧焊整流器或弧焊逆变器。如果为熔化极等离子弧焊，则按熔化极氩弧焊选用电源。

6. 脉冲弧焊

脉冲等离子弧焊和脉冲氩弧焊选用脉冲弧焊电源。在要求高的场合，宜采用晶体管式脉冲弧焊电源。

从上述可见，一种焊接工艺方法并非一定要用某一种型式的弧焊电源。但是被选用的弧焊电源必须满足该种工艺方法对电气性能的要求，其中包括外特性、调节性能、空载电压和动特性。如果某些电气性能不能满足要求，也可通过改装来实现，这正体现了弧焊电源具有一定的通用性。

三、弧焊电源功率的选择

1. 粗略确定弧焊电源的功率

焊接时主要的工艺参数是焊接电流。为简便起见，可按所需的焊接电流对照弧焊电源型号后面的数字来选择容量。例如，BX1-300 中的数字“300”就是表示该型号电源的额定电流为 300A。

2. 不同负载持续率 FS 下的许用焊接电流

在前面已讨论过，弧焊电源能输出的电流值，主要由其允许温升确定。因而在确定许用焊接电流时，需考虑负载持续率（FS）。在额定负载持续率（FS_e）下，以额定焊接电流 I_e 工作时，弧焊电源不会超过它的允许温升。当 FS 改变时，弧焊电源在不超过其允许温升情况下使用的最大电流，可以根据发热相等，达到同样额定温度的原则进行换算。

根据发热量相等的原则，在 A、B 两种情况下的发热量应相等，即

$$Q=I_A^2Rt_A=I_B^2Rt_B$$

所以

$$I_B=I_A\sqrt{\frac{t_A}{t_B}}=I_A\sqrt{\frac{t_B/T}{t_B/T}}$$

或

$$I_B=I_A\sqrt{\frac{FS_A}{FS_B}}$$

若 A 种情况下的电流为额定值 I_e，则可推导出任何情况下的许用电流计算公式

$$I=I_e\sqrt{\frac{FS_e}{FS}} \tag{6-1}$$

当实际的负载持续率比额定负载持续率大时，许用的焊接电流应比额定电流小；反之亦然。例如，已知某弧焊电源的额定负载持续率 FS_e为 60%，输出的额定电流 I_e为 500A，可按上式求出在其他 FS 下的许用电流，列于表 6-3。

表 6-3 不同负载持续率下的许用焊接电流

FS/%	50	60	80	100
I/A	548	500	433	387

3. 额定容量 S_e（功率）

额定容量是电网必须向弧焊电源供应的额定视在功率。对弧焊变压器而言，它等于额定

一次电压 U_{1e}（V）与额定一次电流 I_{1e}（A）的乘积，即

$$S_e=U_{1e}I_{1e}(\text{V}\cdot\text{A})$$

或
$$S=\frac{U_{1e}I_{1e}}{1000}(\text{kV}\cdot\text{A})$$

在实际运行中，弧焊电源的输出功率 P 还与功率因数有关

$$P=S_e\cos\varphi$$

S_e 是指额定负载持续率 FS_e下的额定容量。若 FS 不同，对应的容量 S 可用下式换算

$$S=S_e\sqrt{\frac{FS_e}{FS}}$$

四、根据工作条件和节能要求选择弧焊电源

在一般生产条件下，尽量采用单站弧焊电源。但是在大型焊接车间，如船体车间，焊接站数多而且集中，可以采用多站式弧焊电源。由于直流弧焊电源需用电阻箱分流而耗电较大，应尽可能少用。

在维修性的焊接工作情况下，由于焊缝不长，连续使用电源的时间较短，可选用额定负载持续率较低的弧焊电源，例如，采用负载持续率为 40%、25%，甚至 15%的弧焊电源。

弧焊电源用电量很大，从节能要求出发，应尽可能选用高效节能的弧焊电源，如弧焊逆变器，其次是弧焊整流器、变压器，尽量不用弧焊发电机。

模块二 弧焊电源的安装和使用

一、弧焊电源的安装

现以应用最为广泛的焊条电弧焊为例，简介弧焊电源的安装知识。焊条电弧焊机主回路示意图如图 6-1 所示。由图可见，在主回路中除了弧焊电源外，还有电缆、熔断器、开关等附件，因此先要讲述有关的附件选择问题。

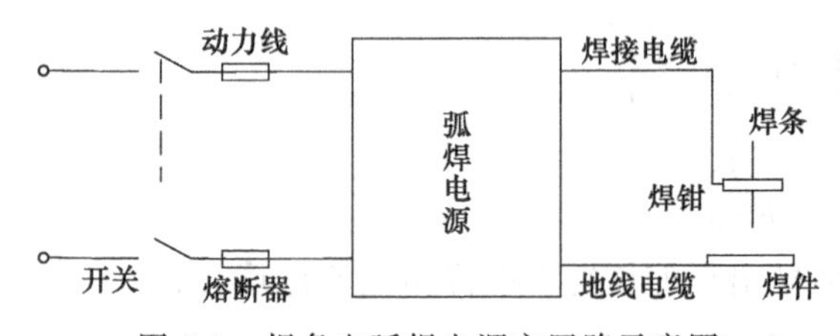

图 6-1 焊条电弧焊电源主回路示意图

（一）电缆、熔断器和开关的选择

1. 电缆的选择

电缆包括从电网到弧焊电源的动力线和从弧焊电源到焊钳、焊件的焊接电缆。

选择动力线时应考虑：

(1) 材料　在不影响使用性能的条件下，尽量选用铝电缆。

(2) 电压等级　一般选用耐压为交流 500V 的电缆为动力线。

(3) 使用场合　在室外用的电缆必须能耐日晒雨淋；在室内使用的电缆，必须有更好的绝缘。在需要移动的场合应采用柔软的多芯电缆，在固定场合用单芯电缆。

(4) 电缆截面积　根据允许温升确定许用电流密度和截面积。许用电流密度与材料性质和散热条件有关。

焊接电缆的选择应考虑耐磨，能承受较大的机械外力和具有柔软性以便于移动等。按电

流和电缆线长度，可参照表 6-4 选择焊接电缆截面积。可以按表 6-5 选择动力线和焊接电缆的型号和种类。

表 6-4　按电流和长度选择焊接电缆截面积

截面/mm² 电流/A \ 导线长/m	20	30	40	50	60	70	80	90	100
100	25	25	25	25	25	25	25	28	35
150	35	35	35	35	50	50	60	70	70
200	35	35	35	50	60	70	70	70	70
300	35	50	60	60	70	70	70	85	85
400	35	50	60	70	85	85	85	95	95
500	50	60	70	85	95	95	95	120	120
600	60	70	85	85	95	95	120	120	120

表 6-5　电缆的型号、种类及用途

型　号	名　称	主要用途
YHZ YHC YHH YHHR	中型橡套电缆 重型橡套电缆 电焊机用橡套软电缆 电焊机用橡套特软电缆	500V，电缆能承受相当机械外力 500V，电缆能承受较大机械外力 供连接电源用 主要供连接卡头用
KVV 系列	聚氯乙烯绝缘及护套控制电缆	用于固定敷设，供交流 500V 及以下或直流 1000V 及以下配电装置，作为仪表电器连接用
VV 系列 VLV 系列	聚氯乙烯绝缘及护套电力电缆	用于固定敷设，供交流 500V 及以下或直流 1000V 以下电力电路 用于 1～6kV 电力电路

2. 熔断器的选择

常用的熔断器有管式、插式和螺旋式等。熔断器的额定电流应大于或等于熔丝的额定电流。

对于弧焊变压器、弧焊整流器和弧焊逆变器，只要保证熔断器的额定电流略大于或等于该弧焊电源的额定一次电流即可。对于直流弧焊发电机，由于电机启动电流很大，熔断器不可按电动机额定电流来选用，而应按下式选择：

熔断器额定电流＝(1.5～2.5)×电动机额定电流当有启动器时，上式中的系数取 1.5。

3. 开关的选择

常用的开关有刀开关、负荷开关等。弧焊变压器、弧焊整流器、弧焊逆变器、晶体管式弧焊电源和矩形波交流弧焊电源的开关额定电流，应大于或等于一次额定电流。弧焊发电机的开关额定电流为电动机额定电流的 3 倍。

（二）弧焊电源的安装

1. 弧焊整流器、弧焊逆变器、晶体管式弧焊电源

(1) 安装前的检查

① 新的长期未用的电源，在安装前必须检查绝缘情况，可用 500V 兆欧表测定。但在测定前，应先用导线将整流器或硅整流元件、大功率晶体管组短路，以防止硅元件或晶体管被

过电压击穿。

焊接回路、二次绕组对机壳的绝缘电阻应大于2.5MΩ。整流器、一次绕组对机壳的绝缘电阻应不小于2.5MΩ。一、二次绕组之间绝缘电阻也应不小于5MΩ。与一、二次回路不相连接的控制回路与机架或其他各回路之间的绝缘电阻不小于2.5MΩ。

② 在安装前检查其内部是否有因运输而损坏或接头松动的情况。

(2) 安装时注意事项

① 电网电源功率是否符合弧焊电源额定容量的要求；开关、熔断器和电缆的选择是否正确；电缆的绝缘是否良好。

② 动力线和焊接电缆线的导线截面和长度要合适，以保证在额定负载时动力线电压降不大于电网电压的5%、焊接回路电缆线总压降不大于4V。

③ 外壳接地和接零。若电网电源为三相四线制，应把外壳接到中性线上。若前者为不接地的三相制，则应把机壳接地。

④ 注意采取防潮措施。

⑤ 安装在通风良好的干燥场所。

2. 弧焊变压器

接线时注意出厂铭牌上所标的一次电压值。一次电压有380V、220V或两用的。

多台安装时，应分别接在三相电网上，以尽量求得三相负载平衡。

其余事项与弧焊整流器相同。

3. 直流弧焊发电机

除上述有关事项之外，还要注意：

① 若电网容量足够大，可直接启动；如果电网容量不足，则应采用降压启动设备。

② 对于容量大的弧焊电源，为保证网路电压不受其他大容量电器设备的影响，或避免影响其他用电设备的工作，应安装专用的线路。

二、弧焊电源的使用

正确地使用和维护弧焊电源，不仅能保持它工作性能正常，而且能延长弧焊电源的使用寿命。

(一) 使用和维护常识

① 使用前必须按产品说明书或有关国家标准对弧焊电源进行检查，并尽可能详细地了解基本原理，为正确使用建立一定的知识基础。

② 焊前要仔细检查各部分的接线是否正确，特别是焊接电缆的接头是否拧紧，以防过热或烧损。

③ 弧焊电源接入电网后或进行焊接时，不得随意移动或打开机壳的顶盖。

④ 空载运转时，首先听其声音是否正常，再检查冷却风扇是否正常鼓风，旋转方向是否正确。

⑤ 机内要保持清洁，定期用压缩空气吹净灰尘，定期通电和检查维修。

⑥ 要建立必要的严格管理、使用制度。

(二) 弧焊电源的并联使用

当一台电源的焊接电流不够时，可把多台电源并联起来使用，但要注意均衡电流、极性等问题。

如图 6-2 所示，用两台弧焊变压器并联，它们的空载电压为 U_{01}、U_{02}，等效阻抗为 Z_1 和 Z_2。若 $U_{01} \neq U_{02}$，则在两台电源的内部将产生均衡电流 I 为

$$I=\frac{U_{01}-U_{02}}{Z_1+Z_2} \qquad (6\text{-}2)$$

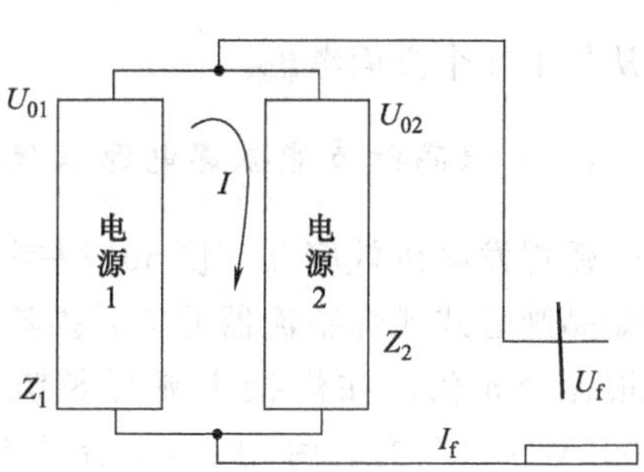

图 6-2　弧焊电源并联示意图

均衡电流的出现增加了电能消耗，因而希望并联电源的空载电压相等。当接入负载时：

电源 1 输出的电流为

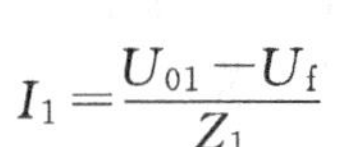

$$I_1=\frac{U_{01}-U_f}{Z_1}$$

电源 2 输出的电流为

$$I_2=\frac{U_{02}-U_f}{Z_2}$$

负载电流为

$$I_f=I_1+I_2$$

由以上式子可见，负载电流在并联的电源中按与阻抗成反比的原则分担。使用时应使空载电压相近，调节阻抗使负载电流的分担与电源的容量相应。

三、弧焊电源的改装

弧焊电源具有一定的通用性。但当其通用性还不能满足某种焊接工艺要求时，可以选用性能相近或较易改装的弧焊电源，加以改装使用。

例如，交、直流两用的碱性低氢型焊条要求交流弧焊电源的空载电压为 70～75V 以上，才能保证电弧稳定燃烧。如果现有的弧焊变压器空载电压太低，则只需对其稍加改装——增绕二次绕组的匝数，即可满足要求。

弧焊整流器也较易通过改装，使其具有所需的性能。如焊条电弧焊用的磁放大器式弧焊整流器，具有下降外特性。为使其能用于细丝、等速送丝的 CO_2 气体保护焊，只需把磁放大器的三个内桥电阻摘掉或增大其阻值，就可使其成为具有平外特性或缓降外特性的细丝 CO_2 焊电源。如果需要用它做脉冲弧焊电源，把磁放大器改成阻抗不平衡、或降低某一相的电压、或把恒定的励磁电流改为脉冲式励磁电流，就可将其改装成为脉冲弧焊电源。

又如，具有平外特性的晶闸管式、晶体管式弧焊整流器或逆变器，在需要恒流特性时，通过变更反馈电路的接法和参数，将电压负反馈改为电流负反馈，即可达到目的。

必要时，弧焊发电机也可加以改装。例如，把 AX1-500 的去磁绕组 W_C 去掉，并将并励绕组改成它励，就可将下降外特性改为平外特性，如此等等。

模块三　节约用电和安全用电

一、节约用电

弧焊电源是耗电量较大的电器设备之一，因此，如何节约电能具有重大的经济意义。可

以从如下几个方面考虑。

（一）以高效节能弧焊电源取代弧焊发电机

弧焊发电机效率低（仅50%左右），空载损耗大（约1.5～4.2kW·h），而弧焊整流器，例如晶闸管式弧焊整流器的空载损耗仅为0.25～0.55kW·h左右，比同级弧焊发电机的空载损耗少5倍。在焊接中弧焊整流器的能耗比弧焊发电机约少2倍，每台每年可节电4800kW·h左右。每用2000台弧焊整流器来取代弧焊发电机，可节电9.6×10^6kW·h左右。

弧焊逆变器的空载损耗只有几十瓦至百余瓦，效率高达80%～90%，功率因数约为0.9～0.99，节能效果比弧焊整流器还要显著。

因此，从节约电能考虑，最好是用硅弧焊整流器、晶闸管式弧焊整流器，来取代直流电动弧焊发电机。随着弧焊逆变器研制和生产水平的提高，应逐步推广使用弧焊逆变器。

（二）提高功率因数

众所周知，弧焊变压器是一种具有高漏抗或大感抗的变压器，功率因数低至0.4～0.6左右，因此有必要提高它的功率因数，以减少网路无功功率的供应量，改善供电质量。

弧焊变压器的功率因数等于从电网吸收的有功功率 P 与额定视在功率 S_e 之比（或等于一次电流 I_1 与一次电压 U_1 之间相位差的余弦），即

$$\cos\varphi=P/S_e$$

为了节约电能和减小输入配电设备的容量，一般可在一次端并联补偿电容器，以提高功率因数。其所需补偿的容量 P_{sc} 为

$$P_{sc}=K_cP_S$$

式中，P_S 为弧焊变压器的使用容量；K_c 为系数，取决于补偿前的功率因数 $\cos\varphi_1$ 及补偿后的功率因数 $\cos\varphi_2$。

$$K_c=\sqrt{1-\cos\varphi_1^2}-\frac{\cos\varphi_2}{\cos\varphi_1}\sqrt{1-\cos\varphi_2^2}$$

为了充分利用电容器的电压等级以减小其容量，可以在变压器的一次端加升压抽头，电容器接在抽头之间，如图6-3所示。这时要注意电容器耐压须大于或等于抽头端电压。

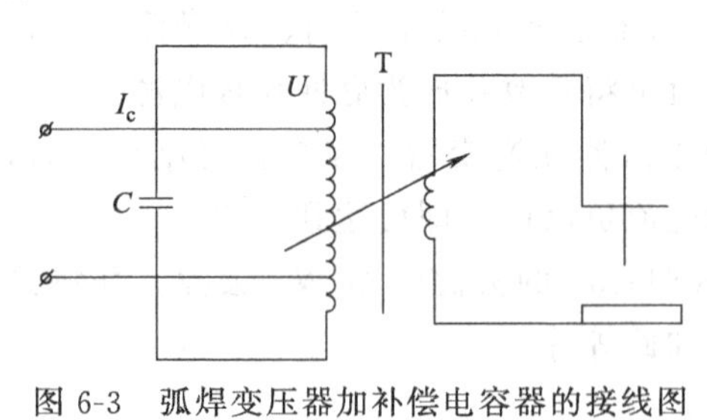

图6-3 弧焊变压器加补偿电容器的接线图

经补偿可使弧焊变压器的视在功率减小20%，电耗大为降低，配电电缆和开关等元件的容量减小，且使电网电压波动的影响减小，电弧更加稳定。

加装电容器补偿功率因数有两种方法：

① 集中使用弧焊电源的工厂，如造船厂、金属结构厂、桥梁制造厂等，可采用集中补偿。

② 对于农村和小企业等没有集中补偿条件的，可在弧焊变压器上加装电容补偿装置，如图6-3所示。

（三）加装“节电辅具”

把“节电辅具”加装在弧焊变压器上，不仅对减少空载电能损耗具有一定的作用，而且

能有效防止电击，所以它又可称为“防电击节电装置”。在国内外都有这种产品。

二、安全用电

弧焊电源是电器设备，如不加注意或不采取必要的安全措施，常易发生设备、人身事故，以致造成不可挽救的损失，故应设法避免。

（一）保护人身安全的措施

焊条电弧焊电源的空载电压一般达60～90V，而焊工往往需在高湿度的现场操作，容易触电。尤其在高空作业和金属容器内施焊时危险性更大。流经人体心脏的电流，只要达到数毫安就有生命危险。一般避免触电有下述方法。

1. 避免接触带电器件

① 弧焊电源的带电端钮应加保护罩。

② 弧焊电源的带电部分与机壳之间应有良好的绝缘。

③ 连接焊钳的导线不许用裸线，应采用绝缘导线，焊钳本身应有良好的绝缘。

2. 限制人所能接触到的电压

有时人难免要接触到某些带电物体，因而只有限制这些带电体的电压才能确保安全。例如，规定了弧焊电源空载电压的最大允许值；要求控制电路的交流电压不得大于36V，直流电压不得大于48V；工作灯电压不得大于12V。

3. 增大绝缘电阻

人体电阻主要在皮肤，电阻值与皮肤是否干燥有关，夏天由于出汗使人体电阻大为降低，易发生危险。此外，人体电阻还与健康情况、精神状态、情绪高低有关。增大绝缘电阻有许多办法，如接触高压时带橡皮手套；进行焊条电弧焊时带皮手套，雨天野外工作穿胶鞋；坐下工作时应坐木凳；在金属容器内工作时戴橡皮帽等。

4. 机壳接地或接零

在正常情况下，机壳本不带电。但因弧焊电源内部带电部分与机壳间的绝缘有可能被击穿，而发生碰壳使机壳带电。为保证人身安全应采取如下措施。

(1) 接地保护　电网中点不接地的应采用接地保护，即通过机壳上的接地螺钉与地线相连。可利用地下水管或金属构架（但不可用地下气体管道，以免引起爆炸）作为地线。最好是安装接地极，它可用金属管（壁厚大于3.5mm，直径大于25～35mm，长度大于2m）或用扁铁（厚度大于4mm，截面积大于48mm^2，长度大于2m），埋于地下的深度至少为0.5m。

(2) 保护接零　这类电网是三相四线制，机壳应通过接地螺钉接到中线上。当产生碰壳时，经中线与机壳会流过很大的短路电流，使接到弧焊电源的保险丝立即烧断，而将其从电网切除。

（二）自动降低空载电压的装置

自动降低空载电压装置实际上就是上面提及的“节电辅具”。它的种类很多，图6-4所示为一实例。其工作原理简述于下：

空载时，晶体管V无偏流，故继电器K和接触器KM不动作。在一次回路中因有电容器C_5串入，故输出空载电压值较低。当焊接时，焊条与工件短接，在焊接回路先有一较小

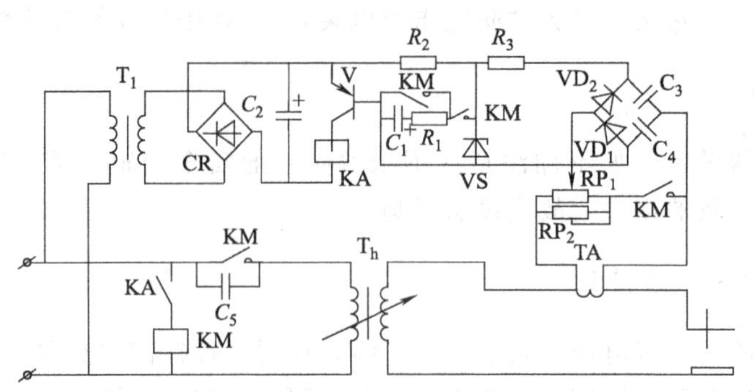

图 6-4 晶体管自动降低空载电压装置原理图

电流，因而互感器 TA 二次也有电流，它经整流后对晶体管提供偏流，使继电器 K 和接触器 KM 动作，于是变压器接入全网路电压运行，即转入正常焊接。焊接停止时，因电容器 C_1 经 R_1、R_2 和晶体管 V 基极放电，经延时后继电器 K、接触器 KM 失电，空载电压又被降低。考虑到焊接工艺和意外断弧有时会立即恢复等情况，稍经延时再降低空载电压是必要的，图中的稳压管 VS 是为保护和稳定延时而设。C_5 的电容量随弧焊变压器的容量和所需降低的电压值而异。

（三）具有防触电、节电功能的遥控装置

弧焊变压器通常靠手摇直接安装在变压器上的调节装置来调节焊接电流。当焊件远离弧焊变压器时，这种调节方法将是不方便的。因此可采用遥控调节，只要通过电动机、变速箱及有关的控制电路就可以实现。焊工随身带一调节棒，调电流时只要在工作现场用电焊钳夹住调节棒，使它与工件接触来控制电动机的正、反转，即可传动电流调节机构，从而改变焊接电流。这种遥控装置不仅便于操作，而且设有防触电和节电的环节，还可达到安全工作和节能的目的。

思考与练习

一、填空题

1. 弧焊电源种类较多，应按技术要求、经济效果和__________来合理地选择弧焊电源。

2. 铝及其合金的钨极氩弧焊最好是采用__________交流电源。

3. 在水下、高山、野外施工等场合没有交流电网，需选用汽油或柴油发动机拖动的__________电源。

4. 在小单位或实验室，设备数量有限而焊接材料的种类较多，可选用__________或__________弧焊电源。

5. 脉冲弧焊电源具有线能量__________、__________、焊接热循环__________等特点，可用于要求较高的焊接工作。

6. 一种焊接工艺方法并非一定要用某一种型式的弧焊电源。但是被选用的弧焊电源必须满足该种工艺方法对电气性能的要求，其中包括外特性、__________、__________和动特性。

7. BX1-300 中的数字“300”表示该型号电源的____________。

8. 在维修性的焊接工作情况下，由于焊缝不长，连续使用电源的时间较短，可选用额定负载持续率____________的弧焊电源。

9. 在一般生产条件下，尽量采用单站式弧焊电源，但是在大型焊接车间，如船体车间，焊接站数多而且集中，可以采用____________弧焊电源。

10. 弧焊逆变器的空载损耗____________，效率高，节能效果比弧焊整流器还要显著。

二、选择题

1. 下列弧焊电源中，效率最高的电源是（　　）。

(A) 弧焊变压器　(B) 弧焊发电机　(C) 弧焊整流器　(D) 场效应晶体管弧焊逆变器

2. 下列弧焊电源中，功率因数最高的电源是（　　）。

(A) 弧焊变压器　(B) 弧焊发电机　(C) 弧焊整流器　(D) 晶体管弧焊逆变器

3. 下列弧焊电源中，空载电压最高是（　　）。

(A) 弧焊变压器　(B) 弧焊发电机　(C) 弧焊整流器　(D) 场效应晶体管弧焊逆变器

4. 下列弧焊电源中，最节能的电源是（　　）。

(A) 弧焊变压器　(B) 弧焊发电机　(C) 弧焊整流器　(D) 晶体管弧焊逆变器

5. 在野外、高山、水下等场合施工没有交流电网，应选用下列（　　）弧焊电源。

(A) 弧焊变压器　(B) 弧焊发电机　(C) 弧焊整流器　(D) 场效应晶体管弧焊逆变器

6. ZX7 系列是（　　）类弧焊电源。

(A) 弧焊变压器　(B) 晶闸管弧焊逆变器

(C) 弧焊整流器　(D) 晶体管弧焊逆变器

7. 在 ZPG1-500 型号中，“500”的意思是（　　）。

(A) 焊机的重量最大值　(B) 焊接速度最高值

(C) 额定焊接电流　(D) 电弧电压最高值

8. ZX7 系列弧焊电源，X 代表的意思是（　　）。

(A) 下降外特性　(B) 逆变的方向

(C) 湿热带地区专用　(D) 其他

9. 一般弧焊整流器的电源回路对机壳的绝缘电阻应不小于（　　）。

(A) 0.5Ω　(B) 1Ω　(C) 1.5Ω　(D) 2Ω

10. 为了保证人身安全，要求电源控制电路的交流电压不得大于（　　）。

(A) 12V　(B) 24V　(C) 36V　(D) 48V

11. 为了保证人身安全，要求工作灯的电压不得大于（　　）。

(A) 12V　(B) 24V　(C) 36V　(D) 48V

12. 下列弧焊电源中，触电危险系数最高的电源是（　　）。

(A) 弧焊变压器　(B) 弧焊发电机　(C) 弧焊整流器　(D) 晶体管弧焊逆变器

13. 焊接电缆线的导线截面和长度要合适，焊接回路电缆线总压降应不大于（　　）。

(A) 2V　(B) 3V　(C) 4V　(D) 6V

14. 救助触电者脱开带电体应采用的方法是（　　）。

(A) 用绝缘物拨开　(B) 直接用手拉开

(C) 用铲车推开　(D) 用链子锁拖开

15. 设备外壳设绝缘板的目的是（　　）。

(A) 以备钉设备铭牌　　(B) 以防设备发热烫手

(C) 防漏电至机壳　　(D) 为搬动带电设备方便

16. 对触电者同时进行人工呼吸及人工体外心脏挤压的情况是（　　）。

(A) 无呼吸有心跳　　(B) 无呼吸无心跳

(C) 已无呼吸　　(D) 有呼吸无心跳

17. 采用交流弧焊变压器焊接时，调整焊接电流接法必须在（　　）情况下进行。

(A) 负载时　　(B) 空载时　　(C) 切断电源时　　(D) 不切断电源时

18. 采用直流弧焊电源焊接时，改变极性必须在（　　）情况下进行。

(A) 负载时　　(B) 空载时　　(C) 切断电源时　　(D) 不切断电源时

19. 焊机铭牌上负载持续率是表明（　　）的。

(A) 焊机的极性　　(B) 焊机的功率

(C) 焊接电流和时间的关系　　(D) 焊机的使用时间

20. 焊接时，若从经济上考虑，选用下列电源中最不合适的是（　　）。

(A) 弧焊发电机　(B) 弧焊变压器　(C) 弧焊整流器　(D) 逆变焊机

三、问答题

1. 一般应根据哪几个方面来选择弧焊电源？

2. 试叙述在实施焊接时如何选择弧焊电源。

第七单元　埋弧自动焊设备

学习目标：了解埋弧焊设备的分类及结构；学习埋弧焊的电弧自动调节系统；认识掌握埋弧焊设备铭牌上有关品名及技术参数的含义；熟练掌握埋弧焊设备的使用和维护。

设备是实施工艺的手段，特别是自动焊时工艺对设备就有着更大的依赖性。因而掌握自动焊设备的结构和工作原理、熟悉设备的操作方法和使用维护知识就显得非常必要了。

模块一　埋弧自动焊机的分类和结构

埋弧自动焊机的主要功能有：建立焊接电弧，向电弧供给电能；送进焊丝，并自动保持确定的弧长使电弧稳定燃烧，沿焊接方向移动焊炬，并保持确定的行走速度；自动控制焊机的起弧、焊接和熄弧停机的操作过程；撒放及回收焊剂（一般焊机不带焊剂回收装置）；此外还有调节机头的位置等。

一、埋弧自动焊机的分类

从结构上讲它可分为机械、控制系统和电源三个部分。机械系统又包括焊接机头和行走机构两个部分，用以执行送丝、行车、送焊剂和位置调节等任务；电源用以向电弧供电，控制系统用以控制焊接过程的稳定和焊接程序的实现等。

埋弧自动焊机按用途可分为通用和专用两类，前者广泛用于各种结构的对接、角接、环缝和纵缝的焊接生产中；后者则用以焊接某些特定的结构或焊缝，如埋弧自动角焊机，T形梁埋弧自动焊机和埋弧堆焊机等。按送丝方式则可分为等速送丝式和电弧电压调节式两种，前者适用于细丝或高电流密度的埋弧自动焊；后者则适用于粗丝或低电流密度条件下的埋弧自动焊。按行走机构形式则可分为小车式、门架式和悬臂式几种。小车式为通用焊机，根据焊机功率的不同，小车的质量约为25～75kg；门架式行走机构适用于某些大型焊接结构的平板对接和角接焊缝；悬臂式焊机则适用于大型工字梁、化工容器、锅炉汽仓等圆筒或球形结构的纵缝和环缝焊接。按焊丝数目的不同可分为单丝、双丝和多丝焊机，目前国内焊接生产中大都采用单丝焊机。除此以外，还可根据焊机的其他特征进行分类，常用的国产埋弧自动焊机的主要技术数据如表7-1所示。

二、埋弧焊机的结构

尽管不同类型焊机的具体结构各不相同，但它们都应满足前述基本功能的要求，并可将整个焊机分为机械、电源和控制系统三个部分，下面以通用焊机为例，将这几个部分的一般结构介绍如下。

表 7-1 国产埋弧自动焊机主要技术数据

新型号	NZA-1000	MZ-1000	MZ1-1000	MZ2-1500	MZ3-1500	MZ6-2×500	MU-2×300	MUI-1000
旧型号	GM-1000	EA-1000	EK-1000	EK-1500	EL-1500	EH-2×500	EP-2×300	
送丝型式	弧压自动调节	弧压自动调节	等速送丝	等速送丝	等速送丝	等速送丝	等速送丝	弧压自动调节
焊机结构特点	埋弧、明弧两用焊车	焊车	焊车	悬挂式自动机头	电磁爬行小车	焊车	堆焊专用焊机	堆焊专用焊机
焊接电流/A	200～1200	400～1200	200～1000	400～1500	180～600	200～600	160～300	400～1000
焊丝直径/mm	3～5	3～6	1.6～5	3～6	1.6～2	1.6～2	1.6～2	焊带宽 30～80 焊带厚 0.5～1
送丝速度/(m/h)	30～360(弧压反馈控制)	30～120(弧压 35V)	52～403	28.5～225	108～420	150～600	96～324	15～60
焊接速度/(m/h)	2.1～78	15～70	16～126	13.5～112	10～65	8～60	19.5～35	7.5～35
焊接电流种类	直流	直流或交流	直流或交流	直流或交流	直流或交流	交流	直流	直流
送丝速度调整方法	用电位器无级调速(用改变可控硅导通角来改变直流电动机转速)	用电位器自动调整直流电动机转速	调换齿轮	调换齿轮	用自耦变压器无级调整直流电动机转速	用自耦变压器无级调整直流电动机转速	调换齿轮	用电位器无级调整直流电动机转速

1. 机械部分

小车式行走机构的埋弧自动焊机在生产中应用最为广泛，它的送丝机头、机头调整机构以及行走机构都比较典型。下面以配用在 MZ-1000 型埋弧自动焊机的 MZT-1000 型焊接小车为例，介绍它的结构和工作原理。

MZT-1000 型自动焊小车的整体结构如图 7-1 所示。它由送丝机头、行走小车、机头调节机构、导电嘴、焊丝盘和焊剂斗等几部分组成。此外通常还在小车上与焊丝盘相对应的位置装有控制盒。

(1) 送丝机头 包括传动系统、送丝辊轮和矫直辊轮几个部分。它应能可靠地送进焊丝并具有较宽的调速范围，以保证电弧稳定地燃烧和送丝速度均匀而连续地调节。送丝机构的传动系统如图 7-2 所示，送丝电机 1 经一对圆柱齿轮 2 和一对蜗轮蜗杆 3 减速后带动送丝辊轮 7 和 6 转紧导电块，焊丝夹紧在滚轮之间，夹紧力的大小可以通过调节螺钉、弹簧和杠杆 5 进行调节，为防止送丝打滑可利用过渡齿轮 4 使送丝辊轮 7 和 6 均为主动轮（双主动式）。焊丝由送丝滚轮送出后还需经矫直辊轮矫直后再送入导电嘴，并由此处接通电源。螺钉 11 可调整矫直辊轮的位置，以保证焊丝矫直的效果（参见图 7-1）。送丝电机应有足够的拖动功率，其功率值取决于焊丝的直径，一般约为 40～100W，送丝机构的减速比取决于电动机

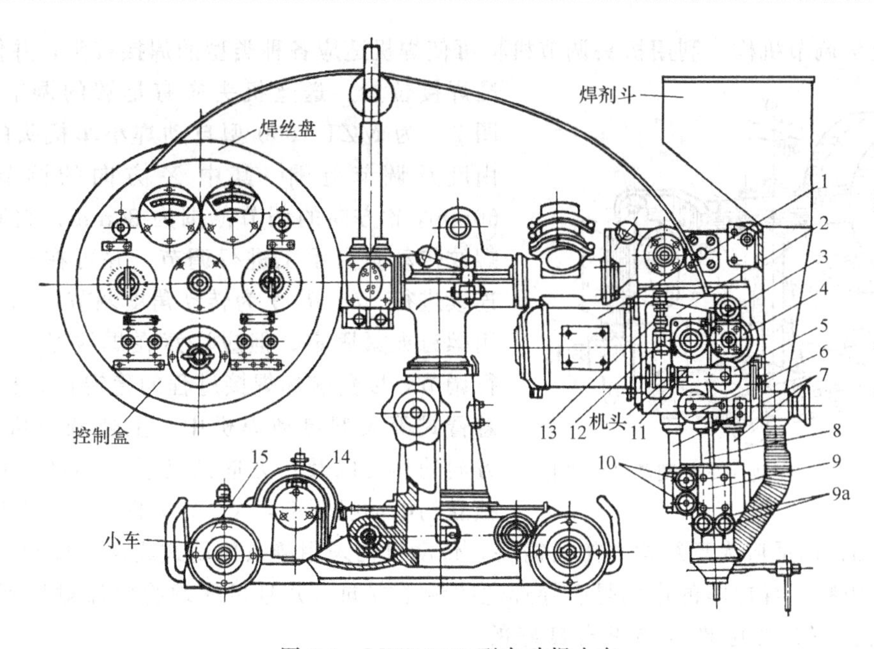

图 7-1　MZT-1000 型自动焊小车

1—送丝电机；2—杠杆；3,4—送丝滚轮；5,6—矫直滚轮；7—圆柱导轨；8—螺杆；9—导电嘴；9a—螺丝（压紧导电块）；10—螺丝（接电极用）；11—螺钉；12—旋转螺钉；13—弹簧；14—小车电机；15—小车滚轮

的转速和焊机所要求的送丝速度范围，一般为 100～160m/h。

（2）小车的行走部分　包括行车传动机构，行走轮及离合器等。行走传动机构如图 7-3 所示。行走电动机 1 经两级蜗轮蜗杆 2 减速后带动小车的两支行走轮 7 转动。行走轮一般采用橡胶绝缘轮，以免焊接电流通小车轮而短路。若不用橡胶绝缘轮则应使小车与机头上的导电嘴绝缘。传动系统与车轮之间设有爪形离合器 6，它可通过手柄 5 操纵，当离合器脱离时可用手推动小车以对准焊接位置，而当它合上时则可由电动机驱动进行焊接。行走电动机的功率取决于小车的自重，一般约 40～200W。行走机构的减速比取决于电动机的转速和焊机所要求的焊接速度范围，一般约取为 800～1000m/h。大多数焊机的送丝和行走机构均用两台直流电机分别拖动，并用晶闸管（可控硅）调压电源供电，以利于送丝和行走速度的无级调节。但也有的焊接小车使送丝与行走部分合用一台电机拖动（如 MZ1-1000 即是）。

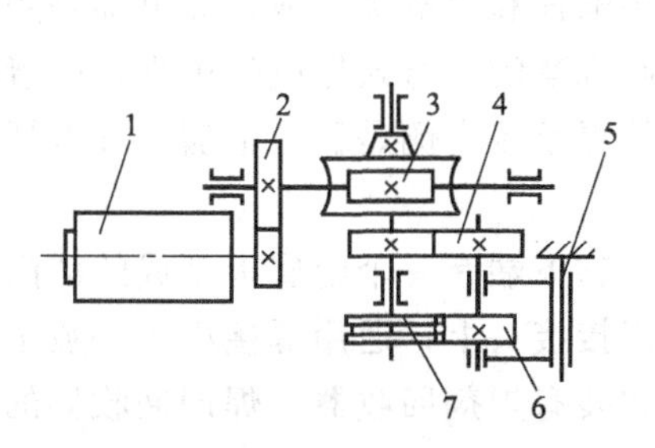

图 7-2　焊丝送给机构传动系统

1—电动机；2—圆柱齿轮；3—蜗轮蜗杆
4—过渡齿轮；5—杠杆；6,7—送丝滚轮

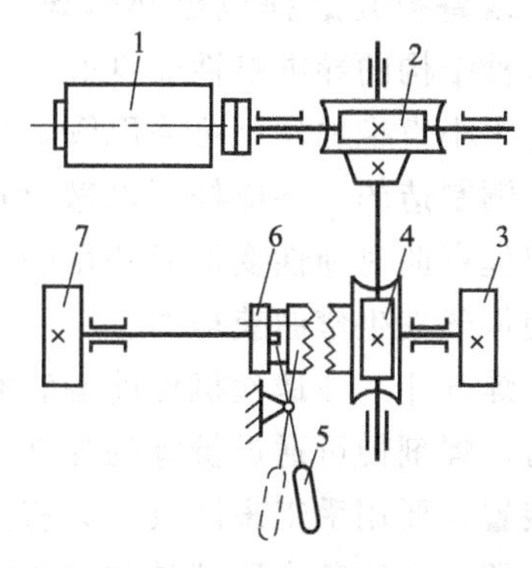

图 7-3　小车行走机构传动系统

1—行走电动机；2,4—蜗轮蜗杆；3—行走轮
5—手柄；6—离合器；7—行走轮

(3) 机头调节机构 利用机头调节机构可使焊机适应各种类型的焊接接头，并使焊丝对准焊接位置。送丝机头应有足够的调节自由度，图 7-4 为 MZT-1000 型自动焊小车机头的调节自由度及调节范围。其中 X 方向的调节范围为 60mm，Y 方向的调节范围为 80mm，它们一般用螺纹传动副由手工进行调节，并可在焊接过程中连续进行。α、β、γ 为转动角度调节，调节好后再用螺钉夹紧固定。但应注意在焊接过程中不宜进行调节，以免破坏焊接过程的稳定性。在门架式、悬臂式等大型自动焊机中，上述调节机构 X、Y 方向的移动以及 α 方向的转动等运动均可分别由独立的电动机驱动，X、Y 方向的调节范围也可扩大到 5～10m，以适应大型结构焊接的需要，传动机构采用链条传动式或齿条传动式均可。

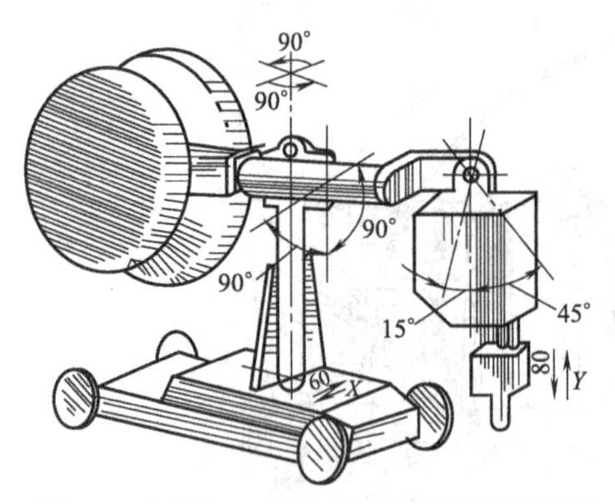

图 7-4 MZT-1000 型焊车可调部件示意图

(4) 导电嘴 导电嘴的作用是引导焊丝的传送方向，并且可靠地将电流输导到焊丝上，它既要求有良好的导电性也要求有良好的耐磨性，一般由耐磨铜合金制成，常见的结构有滚动式、夹瓦式和管式几种，如图 7-5 所示。

滚动式导电嘴由装在导电板上的两个耐磨铜滚轮组成，焊接电缆接在导电板上，为了保证良好的接触，焊丝靠弹簧的张力夹紧在两个滚轮之间，弹簧的张力由螺钉进行调节。夹瓦式导电嘴由两个带槽的铜夹瓦组成，其中一个夹瓦用两个带弹簧的螺钉压在另一个夹瓦上，以保证夹瓦与焊丝之间有良好的接触，焊接电缆用螺栓装在固定夹瓦上，为了延长夹瓦寿命，可在夹瓦的沟槽中安置与不同焊丝直径相配合的衬瓦，以备衬瓦磨损或更换焊丝直径时换用，这种结构的导电嘴性能良好，并容许较大的磨损量，因此在焊接小车上得到了广泛的应用。对于小直径焊丝，可采用管式导电嘴，它由导电杆和导电嘴组成，导电嘴是用耐磨性较好的铬铜制造的，导电杆可以做成直的，也可以制成弯的，弯式导电嘴中焊丝的接触压力是依靠焊丝弯曲时弹性变形而获得的；直式导电嘴的焊丝压力侧是靠导电嘴与导电杆之间的偏心而使焊丝发生弯曲获得的。

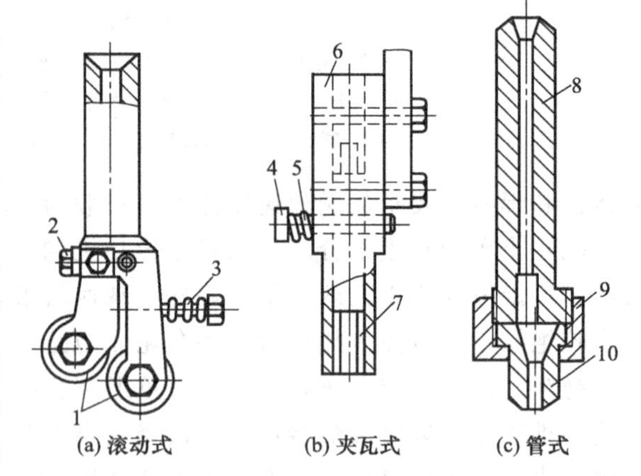

图 7-5 导电嘴结构示意图

1—导电滚轮；2,4—旋紧螺钉；3,5—弹簧；6—接触夹瓦；7—可换电杆；8—导电杆；9—螺帽；10—导电嘴

(5) 焊剂斗 在送丝机构前端装有一个焊剂斗，它下端有一个金属板制成的活门，当活门开启时，焊剂便可通过折叠的弹性金属管撒放到焊接接头上，通用焊接小车一般不带有焊剂回收装置，要用手工来回收，只有大型专用焊机才装有焊剂回收器。焊剂回收器的结构此处不予介绍，它的基本原理是利用压缩空气的高速流动而形成的局部负压来吸取焊剂，将其回收到一个专用的容器中去的装置。由于压缩空气含水量高，焊剂易受潮，所以可使焊缝产生气孔的可能性增加。

（6）焊丝盘 在小车上还安装了一个焊丝盘，用以安放成盘的焊丝。与焊丝盘相对称的位置有一个控制盒，用以安装操纵焊机工作的常用控制元件和监测仪表。

2. 焊接电源

埋弧自动焊可采用直流电源也可采用交流电源。它应根据产品焊接的要求及所选用的焊剂型号具体确定，一般碳素钢及低合金结构钢配用“焊剂430”或“焊剂431”时应优先考虑采用交流电源。若用低锰低硅焊剂，则必须选用直流电源才能保证埋弧焊过程的稳定性，采用直流电源时要用直流反极性，以获得较大的熔深和较高的焊接生产率。

埋弧自动焊电源应具有下降的外特性，空载电压要求在70～80V以上。由于焊接电流较大，所以电源必须有较大的额定电流，通常约为700～1000A。常见的埋弧自动焊交流电源有BX2-1000型同体式弧焊变压器，它用异步电动机正反转调节其中电抗器的空气隙，以改变电抗值来调节焊接电流。直流电源有ZXG-1000R，ZDG-1000R等，它们为磁饱和电抗器式结构，用调节电抗器激磁电流来改变电源的外特性，实现焊接电流的调节。小电流埋弧焊也可用容量较大的焊条电弧焊电源，如AX1-500型焊接发电机等。但这时必须注意所用的电流上限不得超过按100％负载持续率折算的数值，以免电源发生过载。

3. 控制系统

通用小车式埋弧自动焊机的控制系统包括电源外特性控制，送丝和小车拖动控制，程序自动控制（其中主要是引弧和熄弧控制）几个部分。门架式和悬臂式焊机还包括横臂的升降和收缩，立柱的旋转，焊剂的回收控制等几个部分。一般埋弧自动焊机都配有一个专用的控制箱，以安装电器元件，同时也在小车的控制盒内安装一些必需的控制调节元件和监测仪表，以便于小车的操纵，这些控制元件也同时在控制箱内安装一套，所以也可在控制箱上操纵，其具体结构因焊机型号不同而异。

模块二 熔化极电弧的自动调节及其自身调节系统

一、熔化极焊接电弧的自动调节

1. 焊接过程中的扰动以及自动调节的必要性

埋弧自动焊的整个焊接过程是由机械设备自动进行的，即自动送进焊丝、自动驱动小车行走，并自动保持电弧稳定燃烧。如果在焊接过程中某些工艺参数发生波动，就势必影响焊接过程的稳定性，进而影响焊接质量。而在焊接过程中这种波动往往是不可避免的，如普通碳素结构钢在埋弧自动焊时就经常出现焊接电流的波动大于25～50A，电弧电压的波动大于2V的情况，这时就无法保证焊缝的成形和内在质量了；对于气体保护焊来说则往往影响更为严重，对于焊条电弧焊和半自动焊来说，如果用肉眼观察到了焊接电弧或熔池发生的某些变化，如电弧太长或太短，熔池温度偏高或偏低，熔池尺寸太大或太小等异常情况，可以用手工握持焊把对焊条（或焊丝）的送进，焊把的移动速度和焊把的角度等参数及时进行校正；而自动焊时就无法做到，所以自动焊设备必须具有自动调节的功能。

在焊接过程中可能存在着各种各样的干扰源，属于焊接设备方面的有：由于电网电压波动或焊接设备因运行发热使自身温度上升等原因，而引起的空载电压或焊接回路中阻抗的变化；由于送丝机构输出轴上转矩的变化和焊接小车沿焊缝移动速度的变化而引起送丝速度和焊接速度的变化等。属于工艺方面的有：由于工件表面不平整或熔滴过渡过程中因熔滴下落而造成的弧长改变；由于导电嘴与工件间距离的波动而引起的焊丝伸出长度的改变；焊接接头装配的几何尺寸（如间隙、剖口和钝边）的变化；焊接接头与焊缝中心相对位置的变化等等。属于工件本身状态方面的有：焊接材料组织和化学成分的不均匀；焊件厚度的不均匀以及焊件表面状态的影响等（如表面存在着氧化皮、锈斑和油污）。

影响焊缝成形和内在质量的主要是焊接过程中的基本工艺参数。即电弧电压、焊接电流和焊接速度等。上述来自各方面的干扰都可能破坏这些工艺参数的稳定性。但是工件本身的状态（即结构、形状和尺寸）往往是选择工艺参数的依据，一般变化不大。而设备和工艺方面的因素却会对电弧的稳定工作点，即焊接时的工艺参数产生较为显著的影响。所以研究焊接电弧的自动调节问题，在一定程度上，也可看作是研究电弧燃烧工作点稳定性的问题。

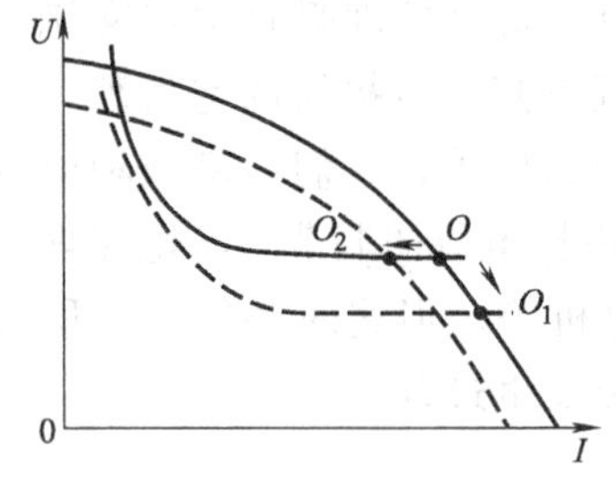

图 7-6 电弧静态工作点的波动

如图 7-6 所示，电弧燃烧的稳定状态，亦即电弧的两个主要能量参数焊接电流和电弧电压的稳定值，是由电源外特性和电弧静特性曲线的交点决定的。若电弧原来的工作点为 O，当电弧静特性曲线发生变化，并由原来的实线变为虚线（即向下平移），则与电源外特性曲线的交点变为 O_1，此时 O_1 对应的电弧电压降低而焊接电流增大；当电源外特性曲线发生变化、并由实线变为虚线时，则电弧的工作点变为 O_2，此时 O_2 对应的电弧电压基本上不变，而焊接电流显著下降。

因此在研究电弧稳定燃烧工作点的变化时，应该着重分析各种扰动因素对电弧静特性和电源外特性曲线的影响，分析得知，电弧静特性的变化主要是由工艺因素引起的，但设备方面的因素也有一定的影响，电弧长度、弧柱气体成分和电极成分决定了电弧静特性曲线的位置和形状，而它们又决定于送丝速度、焊炬到焊件表面的距离，焊剂、母材和电极材料的成分和弧柱空间的电场强度等等。就送丝速度不均匀来说，则既可能是由送丝电机电源波动，电机传动力矩变化等设备方面的原因引起的；也可能是由焊丝送进不畅、焊丝弯曲或焊丝盘被卡死等工艺方面的原因引起的。但是不管其具体原因如何，最终是使电弧静特性曲线发生变化。电源外特性的变化则主要是由电网电压变化和电焊机本身的元件或绕组因受热而使其本身参数发生变化而引起的，电网电压的突变又往往与突然在电网中接入一个大的负荷或冲击负荷有关。

2. 自动调节系统简介

前已述及焊条电弧焊时是用肉眼观察焊接过程进行的情况，经过大脑分析比较，然后用手调整运条动作而进行人工调节的。这个系统可用方框图 7-7 来表示。在自动焊时，其调节系统也与上述情况相似，并可用图 7-8 来描述。它用一个检测环节来及时测量参数的变化，然后在比较环节中与给定值进行比较，并确定偏差量的大小，最后将此偏差值进行放大或变换以驱动执行机构对控制对象进行调整，自动保持系统稳定地工作。由图可见这是一个从检测工作对象出发，又自动返回工作对象的反馈控制系统，所以称为闭环控制系统。若控制系统中在工作对象与自动调节环节之间没有反馈信号相联系，则可称为开环控制系统。闭环反馈自动控制系统除工作对象本身外，还包括有检测、比较和执行三个自动调整环节。其中每一

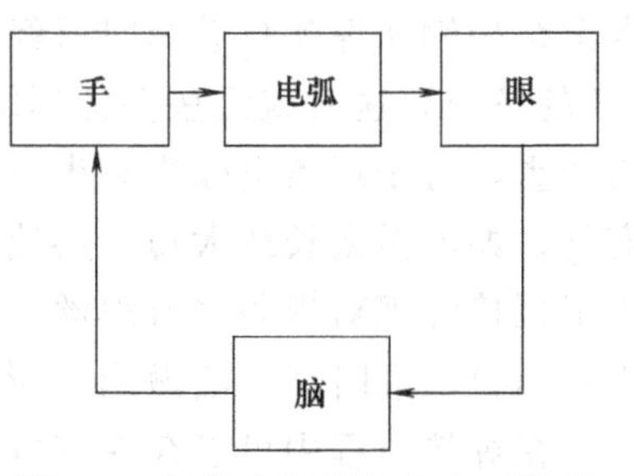

图 7-7 焊条电弧焊中的人工调节

个环节一般又由一个或几个元件构成。当然也有一个元件包含几个环节或者各环节区分不太明显的情况。

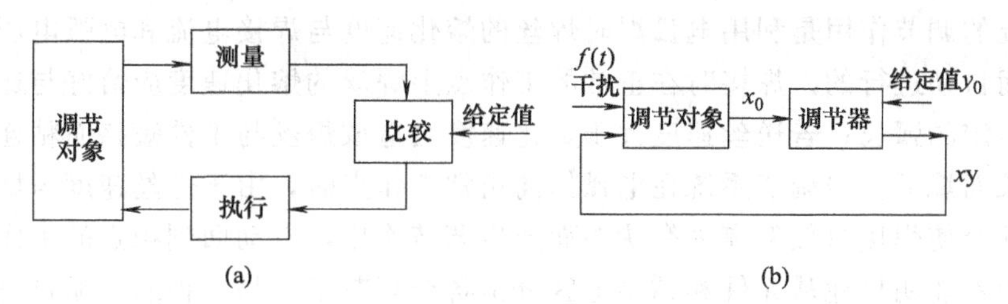

图 7-8 闭环自动调节系统

测量环节又称检测环节或传感器，它应在整个焊接过程中连续检测工作对象的某一个物理量，如电压、电流、压力和温度等。检测到的值若为电量，便不需进行变换而直接作为信号取出，若检测到的量为非电量则通常应变换为电量取出，以便于进行处理。被检测的量往往就是需要自动调节，从而保证焊接过程稳定的量，所以也可称为被调量或被控量。

在比较环节中可将检测到的实际被调量与预先给定的量相比较，然后输出偏差信号。因此它起到了判断和指挥的作用，是系统的关键部分。

执行环节可根据比较环节输出的偏差讯号值改变调整对象的某个输入物理量，并执行调整动作，因此这个执行调整动作的物理量又称为操作量或控制量。

此外，为了提高自动调节系统的灵敏度，在以上环节中还经常包含有放大环节。

对于整个调节系统来说，还可把除调节对象以外的所有环节总称为自动调节器。所以闭环自动调节系统可以认为是由调节对象和自动调节器两部分组成的，如图 7-8（b）所示。

自动调节系统的结构在很大程度上是由被调量和操作量的特性决定的。通常应选择对生产过程（调节对象）的运行状态有决定性影响，同时又便于检测的物理量作为被调量，并选择对被调量具有灵敏控制作用的物理量作为操作量。例如为了稳定电弧焊的工艺参数，补偿电弧焊过程中由于弧长变化而引起的电弧电压和焊接电流的波动，在熔化极自动电弧焊中可以采用电弧电压作为被调量，送丝速度作为操作量的电弧电压调节系统。它只需在焊丝送进的拖动装置中引入电弧电压的反馈信号即可。这种系统之所以常用是由于在各种干扰中，弧长的干扰是最为突出的，在一般焊接电弧中，弧长的数值仅为几毫米到十几毫米，弧柱电场强度一般可达 10～40V/cm，由此可见，只要弧长变化 1～2mm，电弧电压就会有显著的变化，因此这种调节系统可以获得较高的灵敏度。另一方面，电弧电压的检测非常方便，也是这种调节系统的优点之一。

自动调节系统的优劣，可以从系统的稳定性、调节灵敏度和静态误差几个方面来衡量。系统的稳定性是指它受干扰偏离平衡状态，而在干扰停止后自动恢复到稳定状态的能力。如果系统稳定性良好，则应在干扰停止后很快地恢复到稳定状态。研究得知，系统的稳定性取决于系统中各元件的结构和参数，在结构确定的条件下自动调节系统的灵敏度（即放大倍数）过大是系统丧失稳定的重要原因，因此可以通过控制系统的灵敏度来保证系统的稳定性。静态误差又称静态精度或准确度，是指系统受干扰经调节而达到新的工作状态后，被调量的稳定值与原始稳定值之差，静态误差愈小，系统的精度就愈高，它也与系统的结构和参数有关。

目前在焊接生产中适用的自动调节系统主要有：熔化极电弧自身调节系统，电弧电压自动调节系统以及恒速自动调节系统等。

二、熔化极电弧的自身调节系统

这种系统的调节作用是利用电弧焊时焊丝的熔化速度与焊接电流和电弧电压有确定的关系这一规律而自动进行的。焊接时在正常的工作点上焊丝的熔化速度应恰好与送丝速度相平衡，以维持恒定的弧长；若送丝速度大于熔化速度会造成焊丝与工件短路而粘连，反之，则会使电弧拉长而熄灭。本调节系统在电弧偏离正常工作点时，由于送丝速度与熔化速度之间失去平衡，就会使焊接参数偏离平衡状态而产生调节作用，自动回到稳定的工作状态。在这个调节系统中不能明显地从元件和结构上区分出各个环节来，是一种靠电弧自身调节系统静特性实现闭环反馈调节的系统。

1. 电弧自身调节系统静特性曲线

在熔化极电弧焊时，首先确定一种送丝速度，然后改变电源的外特性，即可得到一系列电弧电压和焊接电流相对应的稳定工作点，将这些点连接起来成为一条曲线，这就是电弧自身调节系统静特性曲线。由于电弧自身调节静特性曲线上各点的送丝速度与焊丝的熔化速度相等，所以也可称它为等熔化速度曲线，如图 7-9 中的曲线 3 即是。

熔化极电弧焊时电弧稳定燃烧的工作点应该是电弧静特性曲线 1、电源外特性曲线 2 和电弧自身调节系统静特性曲线 3 三者的交点，电弧静特性曲线通过该点意味着电弧中通过的电流和电弧两端的电压满足电弧稳定燃烧的要求；电源外特性曲线通过该点则意味着电源所提供的电压和电流正好与电弧所需要的电压和电流相平衡，电弧自身调节系统静特性曲线通过该点则说明此时电极（焊丝）的送进速度恰好与焊丝的熔化速度相等，达到了动态的平衡，显然这条曲线只对熔化极电弧焊才有意义，在非熔化极电弧焊中，只需电弧静特性与电源外特性曲线相交即可稳定，而在熔化极电弧焊中只有全面满足上述要求，其燃烧过程才可稳定。

电弧自身调节系统静特性曲线族是描述电弧自身调节规律的一组坐标图，实测的一组电弧自身调节静特性曲线如图 7-10 所示，对曲线分析得知，它的物理意义是：

(1) 在曲线上各点工作时送丝速度与焊丝的熔化速度相等，因而焊接过程稳定。每条曲线都把图面分割为左右两部分，当送丝速度不变时，曲线左侧所有点的工作电流小于曲线上所有点的电流，所以焊丝的熔化速度低于送丝速度，因此若电弧的燃烧工作点（即电弧静特

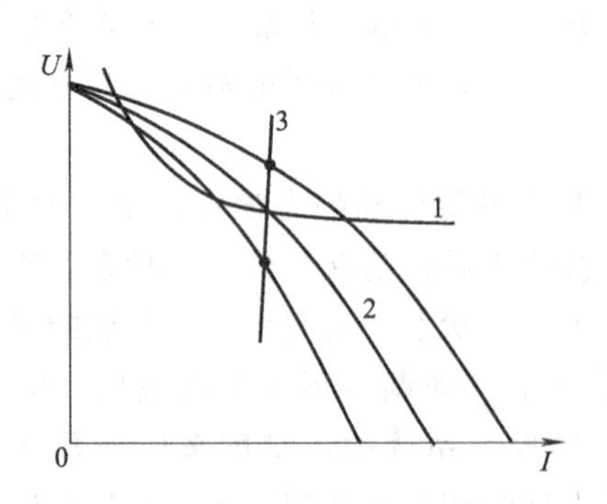

图 7-9 电弧自身调节系统的静态工作点和静特性曲线

1—电弧静特性曲线；2—电源外特性曲线；3—电弧自身调节系统静特性曲线

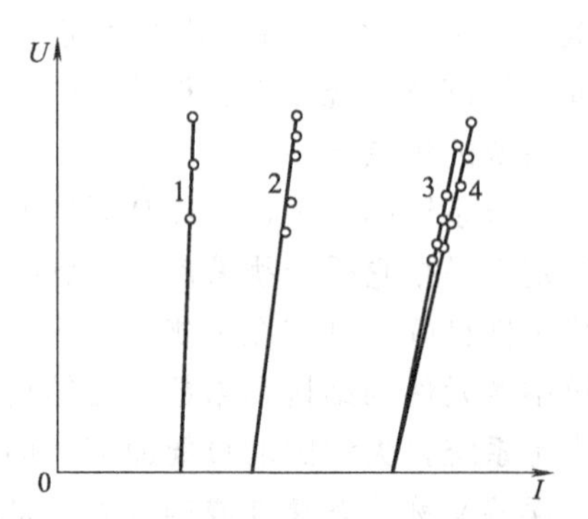

图 7-10 电弧自调节系统的静特性曲线

1—d=2mm，v_f=7.14cm/s；

2—d=4mm，v_f=2.5cm/s；

3—d=4mm，v_f=4.4cm/s；

4—d=5mm，v_f=2.94cm/s

性与电源外特性的交点）落在曲线左侧，则有使电弧长度缩短的趋势，使电弧的工作点自动向电压降低电流增大的方向进行调节；反之，曲线右侧所有点的工作电流大于曲线上所有点的电流，焊丝熔化速度大于送丝速度，因此会发生相反的调节过程。

（2）曲线本身是一组近似于与纵坐标轴（电压轴）平行的直线，当焊接电流增大时，曲线向右平移，焊丝的熔化速度随之增加，而电弧电压增加时则熔化速度变化不显著，因此可以说明焊接电流是影响熔化速度的主要因素。

（3）在其他条件不变时，增加送丝速度则曲线右移，反之则曲线左移。这说明增加送丝速度则会使焊接电流相应增加，并使焊丝的熔化速度相应增加，从而与送丝速度相平衡。这一特性被用作等速送进式焊接设备中调节焊接电流中使用，即调节焊丝的送丝速度也就是调节焊接电流。

（4）当焊丝直径增大时，曲线右移，且随电压升高而略向右倾斜，它一方面说明需要更大的电流才能达到必要的熔化速度，另一方面也说明焊丝直径较粗时，只有电压与电流按一定比例增加才可保持等熔化的特性，也就是说此时已不能用单纯调节送丝速度的方法来调节焊接电流了。

（5）在其他条件不变时，焊丝伸出长度增加则曲线左移，这是因为焊丝的伸出长度增加时，可使焊丝得到一定程度的预热，所以在送丝速度不变时，只需提供更小的电流便可达到与之相平衡的熔化熔度了。

此外，当被焊材料不同及弧长发生变化时也会对电弧的自身调节系统静特性产生一定的影响，但埋弧焊时影响较小。

2. 弧长波动时的调节过程

弧长波动是焊接过程中最经常发生的扰动，在电弧自身调节系统中弧长变化时的自动调节过程如图7-11所示，若系统原来的工作点为 O_0，在此点上述三条特性曲线相交，电源所提供的电流和电压与电弧所要求的电流和电压相等，焊丝的送进速度与它的熔化速度也相等，因而系统达到稳定状态，此时的电流为 I_0，电压为 U_0。

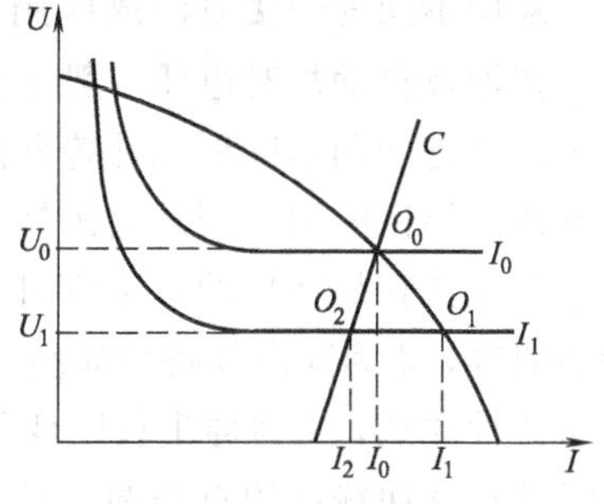

图7-11　弧长变化时电弧的自身调节过程

若由于某种原因使弧长突然变短，则电弧电压随之降低，电弧静特性曲线向下平移，但其电弧燃烧工作点要沿电源外特性曲线下移，这是因为此时电源外特性曲线并未调整，所以电源向电弧提供的参数只能在该外特性曲线所确定的阻抗值上变化。因此在弧长波动的瞬间系统的工作点变为 O_1，此时送丝速度未变，自身调节系统静特性曲线亦不变，所以点 O_1 处于该曲线右侧，其工作电流 I_1 大于原工作点 O_0 的电流 I_0，焊丝的熔化速度大于送丝速度，因此焊丝的熔化加快，迫使弧长加大，使其实际工作点沿电源外特性曲线左移，并向原工作点 O_0 靠近，当达到 O_0 后就又能满足送丝速度与熔化速度相等的条件，使系统恢复平衡。由图可见，系统恢复平衡时回到了原来的工作点，因此这个调节过程结束后没有产生静态误差，所以说它的调节精度很高。

3. 伸出长度变化时的调节过程

弧长变化而伸出长度不变的情况仅发生在熔滴过渡的条件下，而当工件不平或焊机导轨不平时，则不仅会使弧长发生变化，还会引起焊丝伸出长度发生变化，这时的调节过程将变

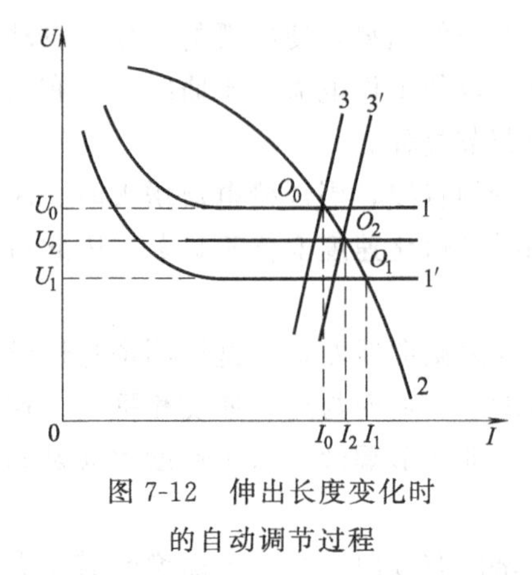

图 7-12 伸出长度变化时的自动调节过程

得更加复杂。如图 7-12 所示，若焊接机头变低，则弧长缩短，此时电弧燃烧的工作点由 O_0 变为 O_1；此时由于电流增大，将依照弧长变化时的自动调节过程，O_1 点自动沿着电源外特性曲线 2 向 O_0 点方向靠近，但此时因焊丝伸出长度比原始状态为小，电弧自身调节静特性曲线将向右移动而变为 3′，即因伸出长度变短，需在焊丝中通以更大的电流才可达到与送丝速度相同的熔化速度。所以整个调节过程不是进行到 O_0 点结束，而是到 O_2 点便结束了，因而产生了静态误差，此时的焊接电流 I_2 将大于初始的焊接电流 I_0，电弧电压 U_2 则低于初始的电弧电压 U_0，其差值愈大，则说明调节的精度愈差。相反，若由于某种原因使伸出长度变长，则调节后的稳定工作点将沿电源外特性曲线移向电流较小的左侧，调节的结果是电弧电压有所提高，而焊接电流有所下降，这一点直接从物理现象出发进行分析也是很清楚的，显而易见，当伸出长度增加时焊接电流通过焊丝本身所产生的电阻热增加，则在送丝速度不变的情况下，只需作用更小的电流便可达到与之相平衡的熔化速度了（即电弧自身调节静特性曲线左移），所以新的工作点就要向电流减小的方向移动。

在此还应注意，当系统发生扰动时，工作点会发生瞬时的偏移，如图 7-12 中弧长突然变短时工作点变为 O_1，O_1 与原工作点 O_0 之间的偏差不是静态误差，而是一个瞬时的动态偏差，一般说来这个偏差愈大，则自动调节过程进行得愈快，因此系统的灵敏度愈高。

4. 电源外特性对伸出长度变化时自动调节精度的影响

采用不同的焊接方法或应用不同直径的焊丝时，焊接电弧将工作在静特性的不同区段上，如埋弧自动焊时电弧一般工作在水平段，细丝 CO_2 气体保护焊则工作在上升段。与之相应，也需配用不同形式外特性的电源，如陡降、缓降、水平或上升外特性电源等，但不同的电弧静特性配用不同的电源外特性时，随着焊丝伸出长度的变化会产生不同的静态误差。当电弧工作在静特性的水平段时，其自身调节的情况如图 7-13（a）所示，图中 1 为电弧静特性曲线，2 为陡降外特性曲线，2′为缓降外特性曲线，3 为伸出长度不变时的电弧自身调节静特性曲线，3′为伸出长度变长后的自身调节静特性曲线。O_0 为系统原工作点，b 为具有陡降外特性曲线电源自身调节后的工作点，a 为采用缓降电源时调节后的工作点。由图可见采用缓降外特性电源时调节后电弧电压的静态误差较小，陡降的误差较大，而焊接电流的静态误差两者相差不多。

当电弧工作在静特性的上升段时，如图 7-13（b）所示，图中 1 为电弧静特性曲线，2

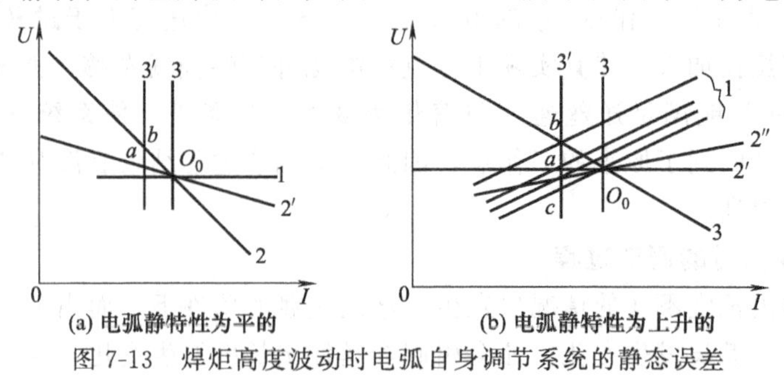

图 7-13 焊炬高度波动时电弧自身调节系统的静态误差

为下降外特性曲线，2′为水平外特性曲线，2″为上升外特性曲线，3 为伸出长度不变时的电弧自身调节曲线，3′为伸出长度变长后的自身调节曲线。O_0 为系统原工作点，a、b、c 分别为采用不同外特性时经自身调节后的工作点。由图可见采用不同的外特性时焊接电流的误差都相差不大，而电弧电压的误差却有较大的差别，其中采用下降外特性时电压波动最大，采用水平外特性时电弧电压波动最小，而采用上升外特性时的弧长波动最小。

由以上情况分析得知，采用自身调节系统时，为了减少电弧电压及弧长的静态误差，对于工作在静特性为水平段的电弧采用缓降外特性的电源较为合理，对于工作在静特性为上升段的电弧则采用水平或上升外特性电源较为合理。

5. 电网电压波动时的调节过程和调节精度

如图 7-14 所示，图中 1 为电弧静特性曲线，2 为正常工作时的电源外特性曲线，2′为电网电压下降后的外特性曲线，3′为电弧自身调节系统静特性曲线。系统的原工作点为 O_0，当电网电压突然降低时，电弧长度还来不及改变，所以工作点突然由 O_0 点跳至 O_1 点，此时因送丝速度不变，而电流大为减少，所以焊丝熔化速度减慢，则弧长逐渐变短，工作点 O_1 则会沿着外特性曲线 2′向 O_1' 点的方向调节，直至 O_1' 时焊丝的熔化速度与送丝速度相等，从而达到新的平衡，但此时产生了从 O_0 点到 O_1' 点的静态误差。且电网电压波动愈大，则此处误差也愈大。由图 7-14 可见，其中还有 4 及 4′两条缓降外特性曲线，它与 2 及 2′两条陡降外特性曲线相比，在有相同的电网电压波动 ΔU 的情况下，可以看到具有缓降外特性曲线的电源有较小的静态误差。

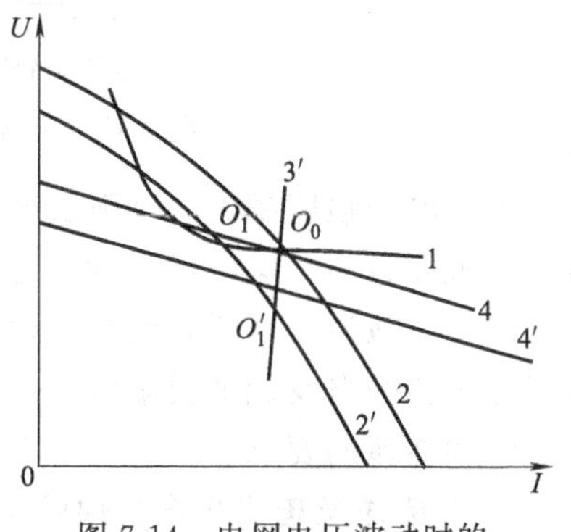

图 7-14　电网电压波动时的调节过程和调节精度

6. 电弧自身调节的灵敏度

上面已对电弧自身调节的过程和调节精度进行了详细讨论。但在自身调节系统中还必须充分注意调节过程进行的速度。如对于电弧的弧长波动是通过改变焊丝的熔化速度进行自身调节的，这一调节过程是需要一定时间的，如果所需的时间很长，使焊接过程在不稳定的状态下长时间工作，就会对焊接质量带来不良的影响。显然，调节过程进行得愈快则系统的灵敏度愈高。前已述及，外扰引起的动态偏差愈大，自动调节的过程就进行得愈快，亦即系统的灵敏度愈高。此外焊丝直径、电流密度、电源外特性形状、弧柱电场强度都对电弧自身调节的灵敏度有重要的影响。

当焊丝直径较细或电流密度比较大时，电弧自身调节的灵敏度则比较高，在一定的工艺条件下，每一种直径的焊丝都对应一个能依靠自身调节作用，得以保证焊接电弧稳定燃烧的最小电流值，如表 7-2 所示。所以采用等速送丝电弧焊时只有电流或电流密度足够大的条件下才会有理想的自身调节效果。

表 7-2　自身调节足够灵敏时的电流下限

焊丝直径/mm	2	3	4	5	6
I/A	250	350	500	650	900

电源外特性形状的影响如图 7-15 所示。当电弧工作在静特性曲线的水平段时，采用缓降外特性电源比陡降外特性电源的动态偏差更大，所以调节过程更为灵敏，如图 7-15（a）

所示，v_m为熔化速度，v_f为送丝速度，缓降外特性电源的动态偏差 ΔI_2 大于陡降外特性电动态偏差 ΔI_1。而当电弧工作在静特性曲线的上升段时，采用平特性电源比下降外特性电源有更大的动态偏差，如图 7-15（b）所示的 ΔI_2 大于 ΔI_1，所以采用平特性电源的调节过程也更为灵敏，这就是一般等速送丝焊接设备均采用缓降或水平外特性电源的原因。

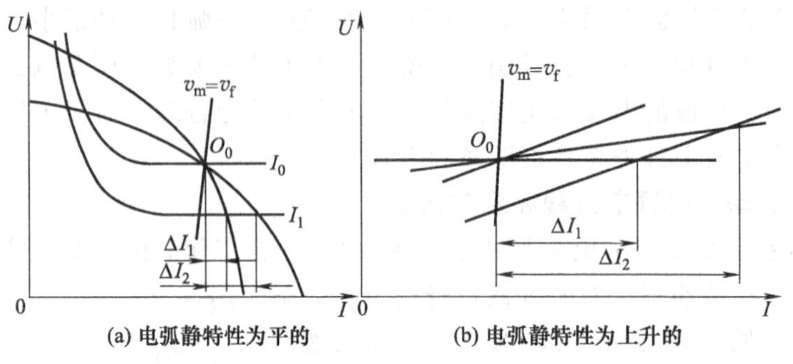

图 7-15 电源外特性形状对电弧自身调节灵敏度影响

弧柱电场强度越大，则弧长变化时电弧电压和焊接电流的变化量就越大，从而使自身调节的灵敏度愈高。但电场强度大也意味着电弧的稳定性较低，从而要求配用空载电压更高的电源。具体地说，埋弧自动焊时电场强度较高（约为 30～38V/cm），所以采用缓降电源就能保证足够的自身调节灵敏度了，同时因缓降外特性电源有较高的空载电压，也就同时保证了引弧和稳弧的要求。

7. 等速送丝熔化极电弧焊的电流和电压调整方法

前已述及电弧自身调节系统是在送丝速度不变时，利用电弧自身调节系统静特性来实现调节的，采用这种调节原理在生产实践中设计了多种等速送丝焊接设备，它的电流和电压调节方法如图 7-16 所示。

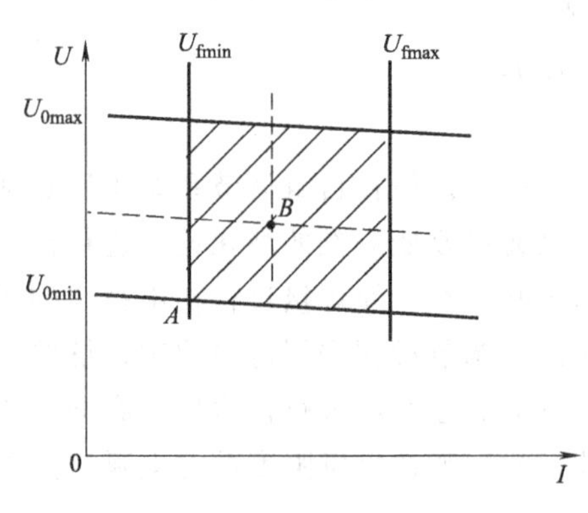

图 7-16 等速送丝熔化极电弧电压和电流的调节方法

在一般焊接条件下，电弧自身调节系统静特性曲线为一组接近于与横坐标（电流坐标）垂直的直线，而电源外特性多用缓降或水平的。因此它的焊接电流是通过改变送丝速度来调节的，而电弧电压则是用改变电源外特性来进行调节的。其电流调节范围取决于送丝速度的调节范围，而电弧电压的调整范围则取决于电源外特性的调整范围。

在实际生产中为保证电弧稳定燃烧，通常要求电压和电流同时进行调整，如图 7-16 中要求工作点从 A 调整到 B，若用两个独立的旋钮进行调节往往不太方便，因而可以按特定的焊接条件，将电流与电压有规律地相匹配，就可以作到用一个旋钮来调节焊接参数了。采用这种方法已经研制出了能保证电弧电压和焊接电流间可维持最佳配合的单旋钮自动焊机，它必将在生产中获得愈来愈广泛的应用。

三、电弧电压自动调节系统

从设备结构来看，电弧自身调节系统是非常简单的，它完全不必为进行弧长调节而设置任何控制元件，所以在焊接生产中得到了广泛的应用。但是在采用粗丝和小电流密度焊接的条件下，由于仅仅依靠电弧自身调节作用的调节灵敏度是不够的，它无法保证焊接过程的稳定性，在这种条件下就不得不采用带有电弧电压调节系统的变速送丝式自动电弧焊机了。

1. 电弧电压调节系统的结构和工作原理

电弧电压调节系统是以电弧电压为被调量，而以送丝速度为控制量的闭环自动调节系统。由于埋弧自动焊时一般均采用陡降外特性电源，所以焊接时电弧长度的波动将使电弧电压发生较大的波动，这样选择电弧电压作为检测对象便比较灵敏，可是焊接时电弧长度的调整又是通过调节焊丝的进给速度来实现的，因而应以送丝速度作为控制量，为保证弧长的稳定，当电弧电压升高时，应加快送丝速度，而迫使弧长缩短，当电弧电压降低时，则应减慢送丝速度，使电弧拉长。

电弧电压调节系统按具体结构的不同可分为发电机-电动机控制系统和晶闸管（可控硅）控制系统两类。

发电机-电动机电弧电压自动调节系统的结构原理如图 7-17（a）所示。

其中 M 为直流电动机，G 为直流发电机，$VC_{1\sim2}$ 为整流器，RP 为电位器，W 为直流电动机的激磁绕组，W_1 和 W_2 为直流发电机的激磁绕组，R 为线绕电阻。

直流发电机是一个将机械能转换为电能的能量转换装置，它由电枢（即转子）和带有激磁线圈的定子两大部分组成。电枢上装有若干线圈，它由交流电动机或其他动力装置驱动，在定子所产生的磁场中旋转，以切割磁力线而产生电势，其电势的大小和方向决定于激磁绕组中磁通的强弱和方向，由图 7-17（a）可见，激磁绕组 W_1 和 W_2 所产生的激磁磁通方向相反，因而会在发电机的电枢上获得方向相反的电势，若 W_1 和 W_2 同时作用在发电机的定

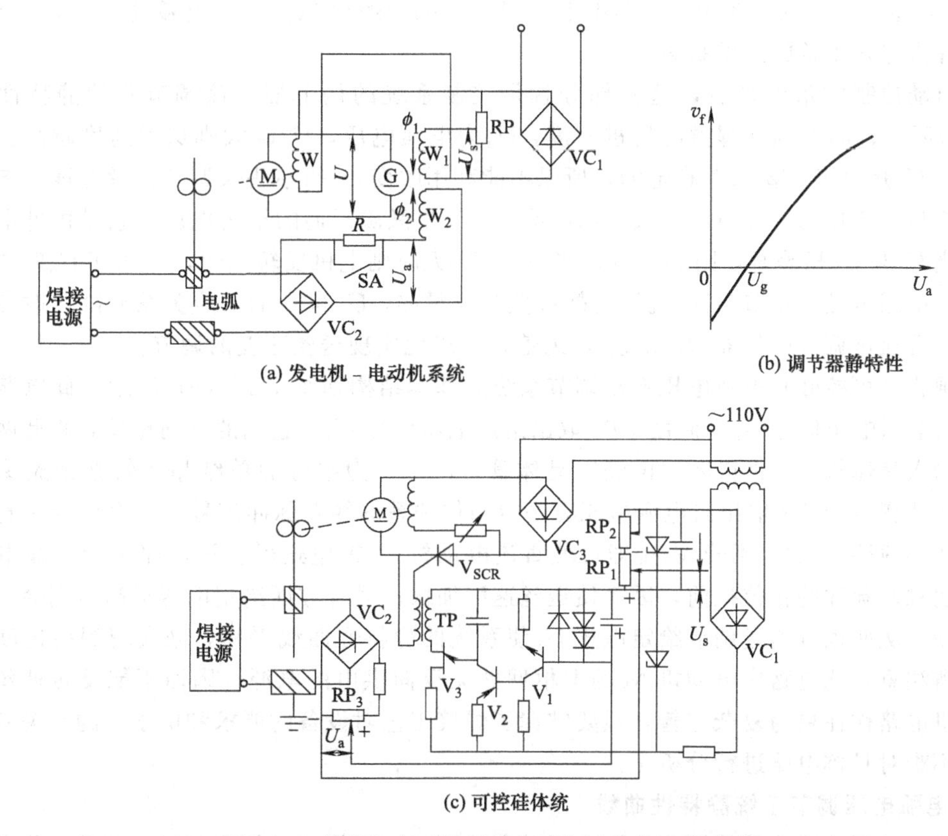

(a) 发电机－电动机系统

(b) 调节器静特性

(c) 可控硅体统

图 7-17　熔化极自动电弧焊电弧电压自动调节系统

子上，则最终在电枢上所获得的电势的方向将决定于 W_1 和 W_2 的合成磁通方向。

直流电动机则是一个将电能转换为机械能的能量转换装置。它也由电枢（转子）和装有激磁线圈的定子两大部分组成。工作时在定子中作用一个激磁磁通，在电枢两端供给直流电压，电枢中的载流导体在激磁磁通中则会受力而转动，其转速决定于电枢电压的高低，电压愈高则转速愈大。因此，调节电枢电压的大小和方向便可调节电机的转速和方向了。

在调节系统中，从电弧两端取样进行整流得到电弧电压信号 U_a 为取样环节；发电机 G 的激磁绕组 W_1 的供电电路是给定环节；发电机 G 的全部激磁电路（包括 W_1 和 W_2）是比较环节；直流电动机及其送丝系统是执行环节，电路中激磁绕组 W_1 的方向应设计得使焊丝上抽，W_2 的方向则使焊丝送进。

在正常焊接时，一方面由给定环节通过 RP 调节产生磁通 W_1，另一方面由电弧电压通过整流产生磁通 W_2，此两磁通综合后 W_2 较强，所以由 W_2 确定发电机所发出电势的方向，该电势输入直流电动机 M 的电枢电路，即可使电动机旋转而正常送丝。

当焊机空载时，由取样环节获得的是空载电压 U_0，由于 U_0 很高，所以此时 W_2 很强会使焊丝以较快的速度送进，而当焊丝与工件相接触后，便会使焊接电源短路 W_2 降为 0，此时只由 W_1 决定直流电机的旋转方向，则可使焊丝上抽，在明弧焊时上述这一焊丝快送——上抽过程便可引燃电弧了。由此可见，这一调节系统不但有利于电弧的稳定，而且也便于电弧的引燃和建立。但埋弧自动焊时，由于焊剂撒放在工件表面上，空载时焊丝下送受焊剂的阻碍而无法与工件直接接触，所以不能引燃电弧。埋弧焊时总是在焊接电源未接通之前，调整焊丝使之末端与焊件相接触，再撒放焊剂，这样当焊机启动时焊接电源正处于被短路的状态，W_2 为零，于是就会在 W_1 的作用下将焊丝上抽引燃电弧。而当电弧建立，W_2 就可得电而使焊机进入正常的送丝状态。

从自动控制的角度来看，这一部分就是控制系统的调节器。该调节器的静特性如图 7-17（b)所示，图中 v_f 为焊丝的送进速度，U_a 为电弧电压，U_a 越大则送丝速度越高。但需注意由于 U_a 是由工艺要求而确定的，所以不能利用改变 U_a 的办法来调节送丝速度。图中静特性曲线与 U_a 轴的交点为 U_s，U_s 是用以使 W_1 产生激磁磁通的给定电压，它是由外电路提供的，当 U_a 与 U_s 相等时，则 v_f 为零；当 U_a 小于 U_s 时则电机反转抽丝，U_a 大于 U_s 时电机正转送丝。由图可见，调节 U_s 值就可使静特性曲线平移，U_a 与 v_f 的对应关系亦随之改变，所以焊接时可通过调节电位器 RP 来改变 U_s 值，并以此实现送丝速度的调节。

晶闸管（可控硅）电弧电压自动调节系统的基本结构如图 7-17（c）所示。此电路中由 RP_s 取出电弧电压信号 U_a，而由 RP_1 取出给定电压信号 U_s，它们的方向相反，将此两信号比较后输入晶体管 V_1 的基极，再经以晶体管 $V_1 \sim V_3$ 为中心的单结晶体管弛张振荡器电路，由脉冲变压器 TP 输出与电源电压有一定相位关系的触发脉冲信号，触发串接于直流电动机 M 电枢回路中的晶闸管 V_{SCR} 即可使直流电动机 M 得电送丝。该电路中当电弧电压提高时可使触发脉冲的相位提前，因而使送丝速度加快；另一方面给定电压提高时则会使送丝速度减慢，从而也可通过调节给定电压 U_s 使系统的静特性曲线平移，来实现焊接速度的调节。但需注意，此电路中电动机 M 的电枢回路无反向供电的电源，因而不能反转抽丝。实际的焊机电路往往更为复杂完善，只要掌握了焊接工艺对设备的要求和电子学的有关基础知识，便不难对具体电路进行分析了。

2. 电弧电压调节系统静特性曲线

电弧电压调节系统静特性曲线也可通过实验测得，在焊接条件确定时，用某一稳定的电压（给定电压）对激磁线圈 W_1 供电，然后改变电源外特性，就可以得到一系列的电弧燃烧稳定工作点，将这些点连接成一条曲线，这就是电弧电压调节系统的静特性曲线。应注意它不是调节器的静特性曲线，调节器的静特性曲线已如前述，它表述送丝速度 v_f 与电弧电压 U_a 之间的关系，见图 7-17（b），改变给定电压的值则可得到一组互相平行的曲线，给定电压愈高则曲线离电流坐标轴愈远。如图 7-18 所示，图中 1 为一组电弧静特性曲线，2 为一组电源外特性曲线，3 为一条电弧电压调节系统静特性曲线，这条曲线的物理意义是：

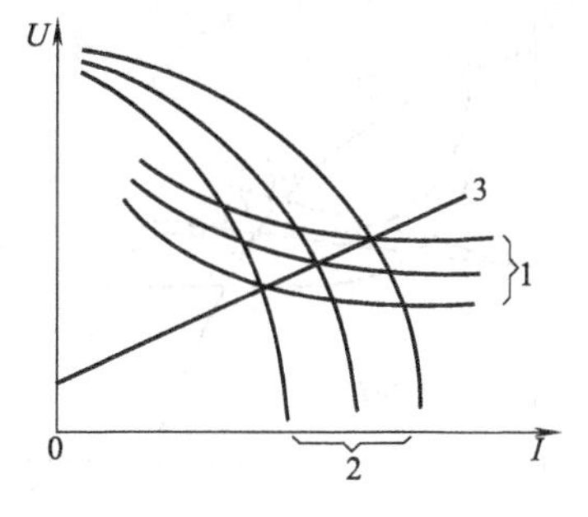

图 7-18　电弧电压自动调节系统静特性曲线的确定

在曲线 1 上的各点工作时送丝速度与焊丝的熔化速度相等，因而焊接过程稳定。若电弧的工作点在曲线的右下方时，焊丝的熔化速度大于送丝速度，电弧将逐渐被拉长；而电弧在曲线的左上方燃烧时，焊丝的熔化速度小于送丝速度，电弧将逐渐缩短。经强制调节后，电弧的工作点最终一定会回到这条曲线上。当然，应注意这条曲线也只适用于熔化极电弧焊情况。

曲线 2 本身是一条在电压轴上有一定截距，并略向上倾斜的直线，如图 7-19 所示。当电路中的参数不变时，在电压轴上截距的大小决定于给定电压的数值，给定电压愈高则截距愈大，亦即电弧的工作电压愈高。曲线的倾斜程度决定于系统的放大倍数，当系统的放大倍数足够大时，可以近似认为特性曲线平行于水平坐标轴（即电流坐标轴）。当系统放大倍数较低时，则曲线的倾斜程度增加（即 β 角增大），β 角愈小表示电压变化时调节作用愈加强烈；反之 β 角太大则说明调节作用不足，往往必须增大系统的放大倍数才能满足调节的要求。曲线 3 表示在其他条件不变，而减小焊丝直径、增加电流密度或加大焊丝的伸出长度时，会使焊丝的融化速度增加，β 角增大。

3. 弧长波动时的调节过程

弧长波动时的调节过程可用图 7-20 予以说明，图中 1 为电弧静特性曲线；2 为电源外特性曲线；3 为电弧电压调节系统静特性曲线，原静态稳定工作点为 O_0，若电弧弧长突然变短，则电弧静特性曲线变为 1′，此时电弧电压调节系统静特性曲线交于 O_2，焊丝的送进速度由 O_2 点的电压决定，因 O_2 点的电压低于 O_0 点，所以送丝速度减慢，电弧逐渐变长，电压沿着调节系统静特性曲线向 O_0 点靠近而逐渐升高，从而实现了电弧电压的自动调节。与此同时，当弧长突然变短时电弧静特性曲线 1′还与电源外特性曲线相交于 O_1，因弧长变短焊丝的熔化速度加快，也就是说电弧的自身调节系统也会起作用，电弧随之拉长，从而加速了调节过程。它与电弧自身调节时一样，如果仅仅只是弧长波动，其调节过程是可以进行到

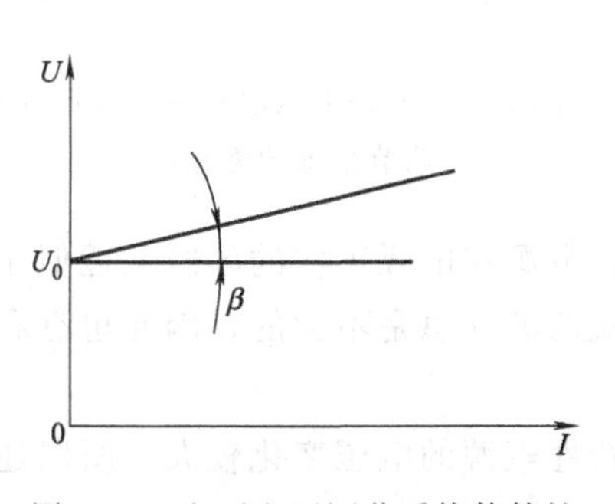

图 7-19　电弧电压调节系统静特性

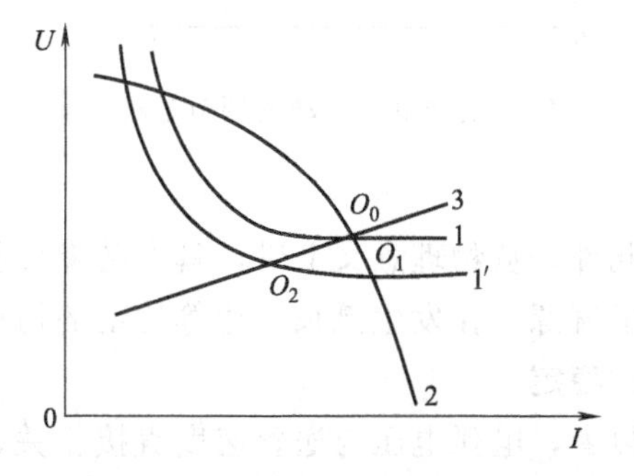

图 7-20　弧长波动时的调节过程

底而恢复到工作点 O_0 的，因此不会引起静态误差。

4. 伸出长度变化的调节过程

伸出长度变化不但引起电弧燃烧工作点的变化，还会使电弧电压调节系统静特性曲线的斜率发生变化，如图 7-21 所示。在其他条件不变时若伸出长度增加，则会使调节系统静特性曲线的斜率增大，调节能力减弱，而此时因给定电压不变，曲线在电压坐标轴上的截距不变，所以曲线变为虚线 3′，调节过程完成后的工作点变为 O_0'，产生了静态误差。但由于电弧电压调节系统多用于粗丝埋弧焊的情况，这时电弧工作在静特性曲线的水平段上，对焊丝的熔化速度不会发生太大的影响，也就是对调节系统静特性曲线的斜率没有太大的影响，从而使调节后的稳定工作点 O_0' 与原工作点 O_0 相差不远，所以不会产生太大的静态误差。

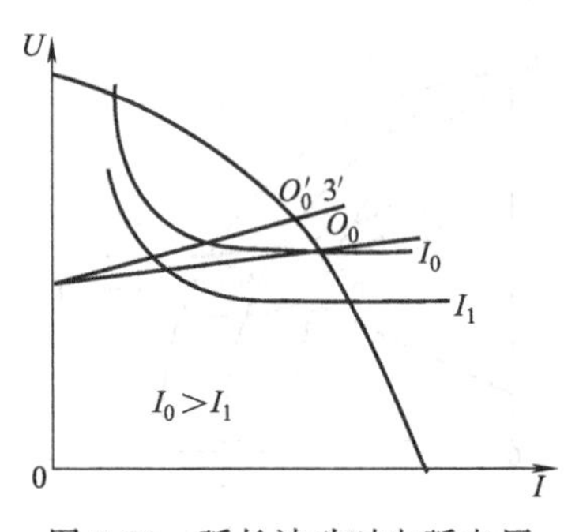

图 7-21 弧长波动时电弧电压调节系统的静态误差

5. 电网电压波动时的影响

电网电压波动时的调节过程也与自身调节系统相似，如图 7-22 所示。若电网电压突然降低时，电弧长度一时还来不及发生变化，因此瞬时间工作点由 O_0 变化为 O_1'，此时 O_1' 处于电弧电压调节系统静特性曲线的左上方，焊丝的熔化速度小于焊丝的送进速度，因而弧长逐渐变短，并沿着电源外特性曲线（电网电压降低后的电源外特性曲线 2′）由 O_1' 点向 O_1 点方向调节，达到 O_1' 点后即可满足送丝速度与熔化速度相等的要求，调节过程终止，并且在此时产生了从 O_0 点到 O_1 点之间的静态误差。

电网电压波动所产生的静态误差与电源外特性形状有密切的关系，由图 7-23 可见，在其他焊接条件不变，仅电网电压发生相同幅度波动的情况下，陡降外特性电源新的工作点为 O_1'，而缓降外特性电源的新工作点为 O_1，显而易见 O_1 的静态误差要比 O_1' 为大。因此采用电弧电压调节系统时应使用具有陡降外特性的电源。

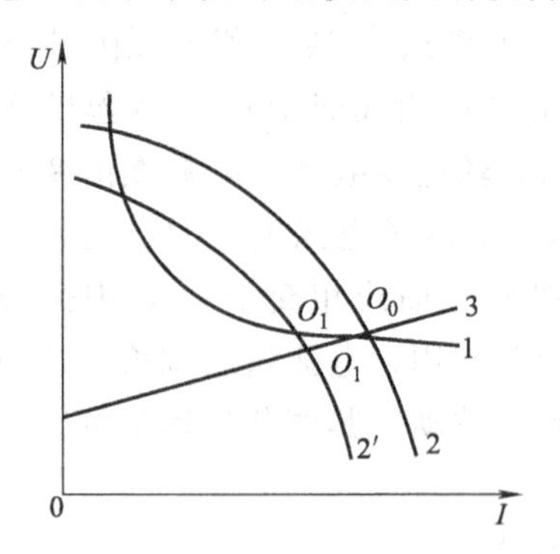

图 7-22 电网电压波动的调节过程

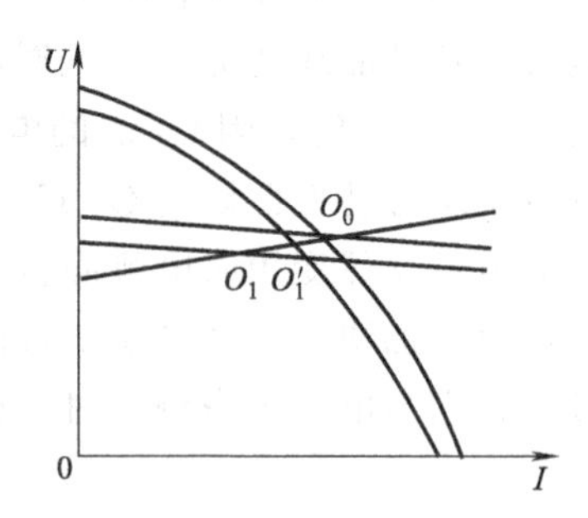

图 7-23 网路电压波动时的电弧电压调节系统的静态误差

此外，从物理意义上讲，具有陡降外特性曲线的电源在电弧工作的区段上近似于电流稳定的恒流源，在发生弧长变化等扰动的情况下，电流的波动总是不大的，因此也有利于焊缝成型的稳定。

再者，电弧电压与送丝速度直接相关，陡降外特性电源的电压变化较大，所以还有利于提高调节系统的灵敏度，从而加快调节过程。

6. 电弧电压调节系统的灵敏度

电弧电压调节系统的灵敏度在系统结构确定的条件下，取决于电弧电压的变化量，电压的变化愈大，则送丝速度的变化量愈大，其调节过程的灵敏度也愈高。

由调节系统结构决定的系统放大倍数也是影响系统灵敏度的重要因素，在电弧电压波动量相同的条件下，系统的放大倍数愈大，则调节的灵敏度愈高，但在实际结构中切不可片面提高系统的放大倍数，还应兼顾系统稳定性的要求，实际使用证明，放大倍数过大往往会使系统发生振荡，从而破坏系统的正常工作。

此外，电弧弧柱的电场强度也对系统的灵敏度有很大的影响，埋弧自动焊时弧柱电场强度比较高，因此调节过程的灵敏度也比较高；而氩弧焊时弧柱的电场强度却比较低，所以此时若选用电弧电压调节系统，其放大倍数则应设计得更大一些。

7. 变速送丝熔化极电弧焊的电流和电压调节方法

由于变速送丝时的电弧电压调节系统静特性曲线是一组近似于与水平轴平行的线段，它通常又与陡降外特性电源相配用，而陡降外特性曲线则为一组近似于与垂直轴平行的线段。因此，应该用调节电源外特性的方法调节焊接电流，而用调节送丝系统的给定电压来调节电弧电压，其电压和电流的调节范围由给定电压和电源外特性的调节范围确定。图 7-24（a）中阴影线所示的面积即为可能的调节范围。在采用细焊丝时，由于电流密度加大，会使电弧电压调节系统静特性曲线的斜率加大，如图 7-24（b）所示，这样就使得工艺参数的调节范围处于电流较小，而电压较高的一个区间内，这个区域是不符合焊接生产实际要求的，所以在采用较细的焊丝时应增大系统的放大倍数，以降低曲线的斜率，把焊接工艺参数调整限定在恰当的范围之内。但从另一方面讲，采用细焊丝时，其自身调节作用已足够强烈，往往不借助电弧电压调节系统已可满足调节灵敏度的要求，所以此时一般均采用等速送丝的电弧自身调节系统。

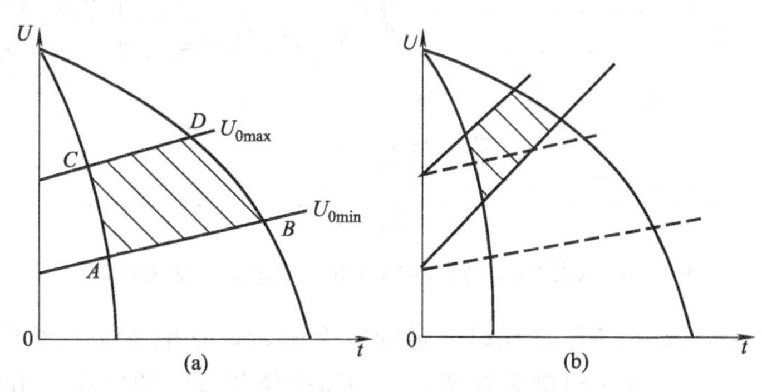

图 7-24　电弧电压自动调节式熔化极电弧焊电压、电流调节方法

模块三　埋弧焊自动焊机

本模块将主要介绍目前生产中最常用的自动焊设备 MZ-1000 型埋弧自动焊机。

MZ-1000 型埋弧自动焊机的控制系统是根据电弧电压自动调节原理设计的，是一种变速送丝式自动焊机，适合于水平位置或与水平面倾斜不大于 15°的各种有剖口或无剖口的对接、搭接和角接接头的焊接。如果借助转胎尚可焊接圆筒形焊件的内、外环缝。焊机主要由

MZT-1000 型自动焊小车、MZP-1000 型控制箱和焊接电源三大部分组成。其焊接电源既可选用交流，也可选用直流。交流电源常配用 BX2-1000 型焊接变压器，直流电源则可配用具有相当功率、并具有陡降外特性的直流弧焊机或焊接整流器。

MZT-1000 型自动焊小车的结构已经在前面作了介绍（参见图 7-1）。这里将着重介绍焊机的控制系统，并以交流焊机为主介绍 BX2-1000 型埋弧自动焊机的电气原理如图 7-25 所示。它可分为送丝、小车行走和焊接电源供给系统三大部分。

一、送丝系统

送丝系统电路在图 7-25 的中部，其中 M_4 为送丝电动机，它只有一个激磁绕组 W_4，W_4 是由电网电压经控制变压器降压，并经整流桥 VC_1 整流后供电的，若电网电压不变，那么其中通入的激磁电流就是恒定的，这时 M_4 的转速决定于它的电枢电压，其电枢电压则是由发电机 G_1 供给的。

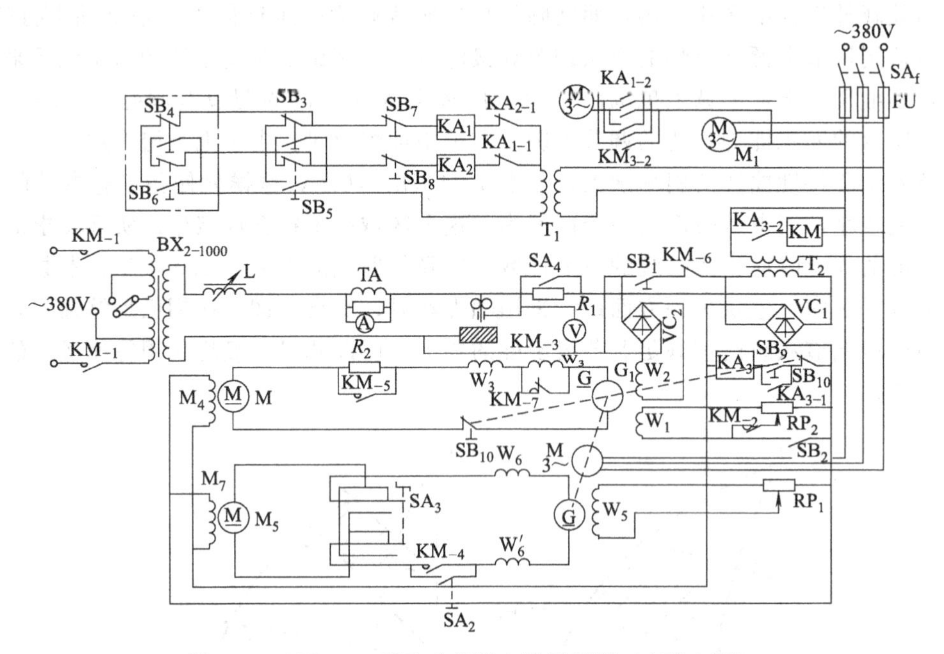

图 7-25 MZ-1000 型自动焊机电路原理图（交流电源）

发电机 G_1 由交流电动机 M_3 拖动以一定的速度旋转，它电枢两端所产生的电势由其激磁磁通的强弱决定，G_1 共有三组激磁线圈，其中激磁绕组 W_1 的电流是由控制变压器降压，VC_1 整流，并通过电位器 RP_2 调节后提供的，由 W_1 作用而在 G_1 中所产生的电势，最终是使电动机 M_4 旋转而带动焊丝上抽，激磁绕组 W_2 的电流是从电弧电压取出，并经 VC_2 整流后提供的，它所产生的激磁磁通与 W_1 的激磁磁通方向相反，所以由 W_2 作用而在 G_1 中所产生的电势，最终是使电动机 M_4 旋转而送丝；W_1 与 W_2 合成磁通的大小和方向将决定 G_1 输出电势的大小和方向，并随之决定焊丝的运动方向和速度，其速度还可借助 RP_2 调节 W_1 予以调节。当 $W_1>W_2$ 时焊丝上抽，$W_1<W_2$ 时焊丝送进；$W_1=W_2$ 时焊丝不动。两个串接在 G_1 电枢回路中的串激绕组 W_3 在电枢中通电后，便会产生激磁磁通，W_3 的接线应使它所产生的磁通方向与 W_1 和 W_2 的合成磁通方向相同，这样便可在接负载后加强发电机的激磁磁通，提高电机带负载的能力（即提高机械特性的硬度）和系统调节的灵敏度。当焊机

进行调整时，未接通焊接电流，送丝负载也比较轻，则无需全部接入 W_3，其中一组 W_3 将被主接触器 KM 的一对常闭触点 KM_{-7} 短接；在焊接时 KM 得电吸合，常闭触点 KM_{-7} 脱开，才可将 W_3 全部接入 G_1 的电枢回路，以进一步加强激磁磁通。

为了扩大电弧电压的调节范围，在 W_2 的回路中接入了一个电阻 R_1，并用一个开关 SA_4 与它并联，当 SA_4 闭合时 R_2 被短接，发电机 G_1 中的激磁绕组 W_2 获得的电压值较高，则焊丝送进速度加快，电弧电压降低。反之 SA_4 断开 R_1 串入回路中，则会使焊丝送进速度减慢，电弧电压升高。实质上电阻 R_1 是改变了电弧电压自动调节系统的放大倍数。由上节分析得知，当系统的放大倍数提高时，调节系统静特性曲线的斜率降低，电弧的工作点便会沿着外特性曲线下移，而使焊丝的送进速度加快，电弧电压降低。

在 G_1 的电枢回路中还串接了一个电阻 R_2，它被主回路接触器 KM 的一对常开触点 KM_{-5} 所并联，未接通焊接电流前 KM_{-5} 常开，R_2 接入电枢回路，使焊丝升降速度较慢，因此便于调节焊丝达到指定的位置，焊接时 KM_{-5} 闭合，将 R_2 短接，使 G_1 与 M_4 的电枢直接相连，则可使焊丝得到较大的升降速度。

二、小车行走系统

小车行走系统的电路处于图 7-25 下部，其中 M_5 为小车行走电动机，它的电枢电压由直流发电机 G_2 供给，激磁绕组 W_7 的供电回路与 M_4 的激磁电路 W_4 相同，在电网电压不变时也是恒定的。

G_2 也由交流电动机 M_3 拖动、并以恒速旋转，G_2 有两组激磁线圈，其中 W_5 的激磁电流供给电路也与 W_1 相同，并且其电流大小可通过 RP_1 进行调节，以调节焊接小车的行走速度，W_6 是串激绕组，它的作用也与 W_3 相似，可使小车的行走更加稳定。

小车行走的方向是由换向开关 SA_3 控制的，当 SA_3 旋转到不同位置时，可以改变 M_5 与 G_2 电枢连接的极性，以改变 M_5 的旋转方向，从而改变小车的运行方向。

三、焊接电源供给系统

焊接电源供给系统包括焊接电源和电流调节电路两大部分，它们的电气原理示于图7-25的上部和中左部。

交流焊接电源多采用 BX2-1000 型弧焊变压器，这种电源将变压器与电抗器制成一体，属于同体式结构，具有陡降的外特性。改变电抗器活动铁芯与固定铁芯之间的间隙，即可调节焊接电流的大小。

变压器的初级有两个线包，分别绕在两个铁芯柱上，每个线包各有一个中间抽头，当两个线包全部串联时，变压器的初级匝数最多，因次级匝数不变，所以变化较小，此时变压器次级输出的空载电压为 69V；而当去除部分初级匝数后（即将变压器中间抽头相连），次级输出的空载电压则可达 78V。这样就可根据电网电压实际情况和焊接工艺参数的要求调换不同的接法。

焊接变压器中电流的调节是利用交流电动机 M_2 经减速后移动电抗器的活动铁芯来实现的，由于铁芯需在伸入或出两个方向移动，所以要求电动机 M_2 应能正反方向旋转，为此在电路中设置了两个中间继电器 KA_1 和 KA_2，它们分别由两组按钮进行控制，其中 SB_3 与 SB_5 为一组装在焊接变压器上，SB_4 与 SB_6 为另一组装在焊接小车控制盒上，这两组按钮的作用是完全相同的，安装在控制盒上的一套按钮是为了在正常焊接过程中，发现焊接电流波动时能及时进行调整而使用的。

当按下按钮 SB_3（或 SB_4）时，继电器 KA_2 动作，使电动机 M_2 正转，带动电抗器的活动铁芯外移，从而增大焊接电流，当铁芯移至极限位置时，撞开限位开关 SB_7 切断 KA_1 的供电回路，则可使 KA_1 失电，电动机 M_2 随之停转以防止超程。相反，当按下按钮 SB_5（或 SB_6）时，继电器 KA_1 动作，使电动机 M_2 反转，带动电抗器的活动铁芯内移，焊接电流减小。SB_8 为最小焊接电流限位开关，其作用与 SB_7 相似，可限制活动铁芯向内顶死。此外，还在 KA_1 的供电电路中设置了一个 KA_2 的常闭触点 KA_{2-1}，KA_2 的供电回路中设置了一个 KA_1 的常闭触点 KA_{1-1} 以使 KA_1 与 KA_2 处于互锁状态，保证两个继电器不能同时动作，以免同时接通 M_2 而使电源短路。

电路中除以上三个系统外，还设置了风扇电机 M_1，用以向电风扇供电，以冷却焊接电源。熔断器 FU 用以防止过电流。电流互感器 TA、电流表 PA 和电压表 PV 用以监测焊接参数。此外还设有若干开关，按钮和继电器等元件，用以调整焊机和控制焊接流程，对这些元件将在下面结合焊机的调整和操作过程时再分别予以介绍。

采用交流电源时，MZ-1000 型焊机的外部接线如图 7-26 所示。

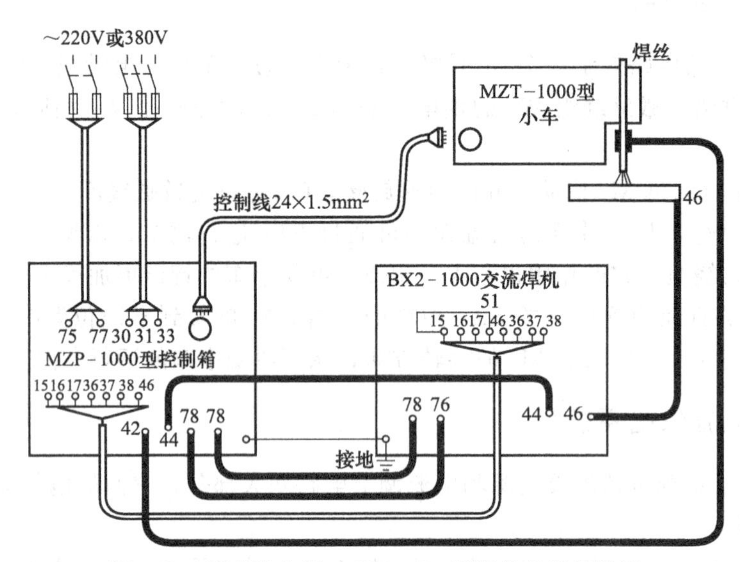

图 7-26 用交流电源时 MZ-1000 型焊机外部接线图

四、焊机的调整

焊接前应仔细调整焊机，使其处于正常的工作状态。首先合上开关 SA_1，则冷却风扇的电机 M_1 启动以冷却焊接电源；同时交流电动机 M_3 启动使 G_1 和 G_2 的转子转动准备发电；控制变压器 T_1 和 T_2 得电，VC_1、VC_2 等整流元件工作向各有关激磁回路供电。根据焊接方向将 SA_3 置于向左或向右位置，闭合行走电机电枢回路中的开关 SA_2，将主接触器的常闭触点 KM_{-4} 短接（即将 SA_2 拨至小车控制盒面板上所指示的“空载”位置），使 G_2 向 M_5 供电，并同时合上 M_5 与行车车轮之间的机械离合器，小车即可行走。这时可借助电位器 RP_1 将焊接小车调到需要的焊接速度，调好后再将 SA_2 断开，以使 KM_{-4} 恢复控制功能（即将 SA_2 拨至小车控制盒面板上所指示的“焊接”位置）。

按下按钮 SA_1 使 W_2 经 VC_2 获得激磁电压，则 G_1 的转子可输出电势，并且送丝电机

M_4 应旋转使焊丝下送。若此时焊丝上抽则说明拖动电机 M_3 的转动方向不正确，这时可以调换 W 的接法，亦可将 M_3 电源的相序予以调换即可恢复正常。按下按钮 SB_2 使 W_1 经 VC_1 得电，则 G_1 发出的电势应拖动 M_4 使焊丝上抽，若焊丝运动方向与按 SB_1 按钮时相同，则说明 W_1 的接法不正确，应调换。如果按 SB_1 上抽，按 SB_2 下送，说明两者均相反，此时只需将拖动电机 M_3 的相序调整后就可恢复正常了。值得注意的是：M_4 的空载送丝速度是不能反映正常焊接时的送丝速度的，而且也是不便调节的，而只有正常焊接时电弧电压起作用后才能调节送丝速度，由图可见焊接时与调节时的电路各不相同，正常焊接时 W_1 的电源来自焊接变压器；而调节时 W_1 的电源却来自控制变压器 T_2 及其整流电路。

开关 SA_4 起调节电弧电压自动调节系统放大倍数（反馈深度）的作用。SA_4 将 R_1 短接时系统的放大倍数增大，在其他条件不变时，送丝速度加快，电弧长度缩短，适于细丝焊接；相反，SA_4 断开将 R_1 接入电路，则适于粗丝焊接。

此外，焊前还应根据焊接工艺的要求，借助按钮 SB_3（或 SB_4）与 SB_5（或 SB_6）调好焊接电流。

五、焊机的启动和停止

将焊机调整好之后即可引弧焊接，引弧前应先使焊丝与工件有轻微而良好的接触，然后打开焊剂漏斗的阀门，使焊剂均匀地堆附在焊丝周围的工件接头处，并将焊丝末端掩埋起来。若焊丝与工件之间有一些焊剂阻隔，便会破坏电路的畅通而无法引燃电弧，相反，若焊丝与工件顶得太紧，以致回抽过程不能很快完成，则可能导致焊丝末端与工件之间发生粘连，也无法引燃电弧。焊接时按下启动按钮 SB_9，则中间继电器 KA_3 由 T_2 得电动作。其常开触点 KA_{3-1}闭合自锁，常开触点 KA_{3-2}闭合使主接触器 KM 得电工作，则 KM 的各触点随之完成以下动作，其主触点 KM_{-1}闭合接通焊接电源；KM_{-2}闭合使 W_1 得电焊丝回抽引弧；KM_{-3}闭合将电弧电压引入 W_2，在 W_1 与 W_2 的综合作用下，使焊丝送进、进入正常焊接过程，KM_{-4}闭合使焊接小车行走；KM_{-5}闭合将衰减电阻 R_2 短路；KM_{-6}断开以切断 W_2 的空载送丝电源，防止误按 SB_1 而引起短路造成事故；KM_{-7}断开使 G_1 的串激绕组 W_3 起作用，以提高送丝的可靠性。

焊机启动引弧是由 G_1 的工作状态来保证的，在焊机启动瞬间，由于焊丝已先与焊件短路，所以焊接电压为零，W_2 中无电流不引起激磁磁通，仅有 W_1 起作用而使焊丝上抽。由于此时焊接回路已被接通有电流流过，一旦焊丝离开工件便可在焊丝末端产生电弧，并随焊丝的上抽不断拉长，且电弧电压也随之提高，W_2 的磁通不断增强，它与 W_1 合成后，则使焊丝上抽速度不断降低。当 W_1 与 W_2 相等时，合成速度为零，焊丝便停止上抽。但此时电弧电压还将继续增高，W_2 继续增大直至大于 W_1 使 G_1 反转便开始送丝，直到焊丝的熔化速度与送进速度相平衡时为止。

停机时，先轻轻按下停机按钮 SB_{10}，由于 SB_{10} 有两层，此时首先切断送丝电动机 M_4 的电枢回路，而中间继电器的电源并未切断，因此焊接电源继续接通，焊丝靠 M_4 的转动惯性继续稍许下送，并继续熔化填满弧坑，电弧逐渐拉长，这个过程称为电弧的返烧，是经常采用的熄弧方式。返烧一方面可以填满弧坑使焊缝收尾处成形饱满，另一方面也可防止停机时焊丝在 M_4 的转动惯性作用下插入熔池，避免焊丝与工件粘连。待电弧因弧长加大而自然熄灭后，再重按 SB_{10} 到底，以切断 KA_3 的工作回路，主接触器才会失电；随之各触点恢复原始状态，焊接过程终止。待焊接过程全部终止后，应随手关闭焊剂漏斗的阀门，制止焊剂继续外流。停机过程也可参见图 7-27。

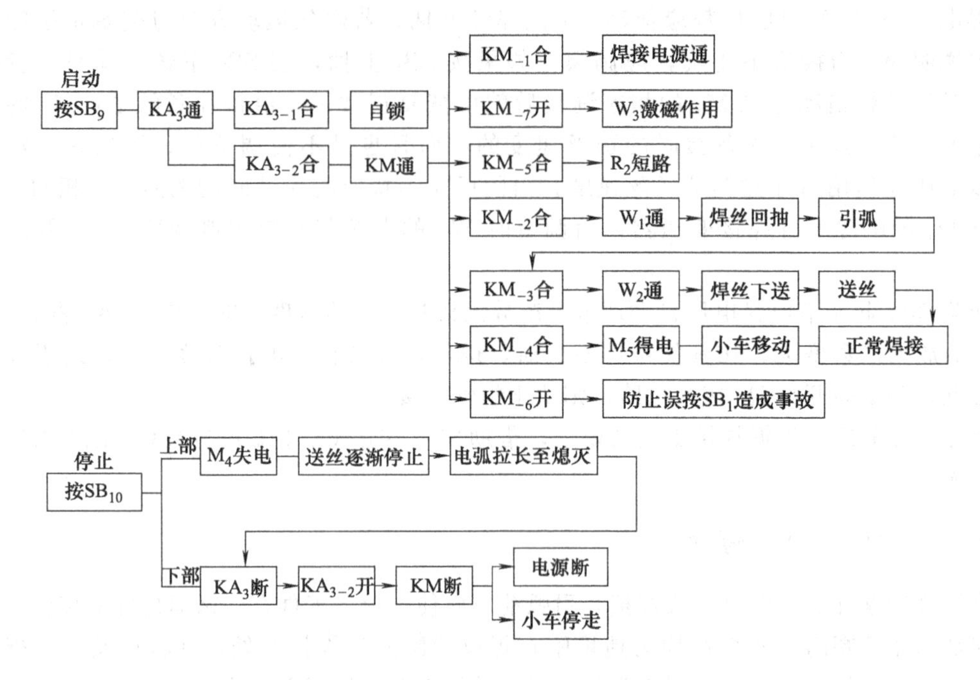

图 7-27 MZ-1000 型焊机动作程序方框图（SB_{10}是两次按钮）

六、焊机的使用维护及常见故障的排除

对焊接设备进行经常性的保养维护，使其处于良好的工作状态是保证焊接过程顺利进行的必要条件。

首先在设备安装时，要仔细研读使用说明书，严格按照说明书中的要求进行安装。如电网电压是否符合设备的要求，千万不可把电压为 220V 的设备接在 380V 的电网上；外接电缆的容量是否得当（一般电流密度粗略按 5～7A/mm^2 计算）；工作环境的温度和湿度是否符合要求等等。安装过程中要特别注意连接部分必须把螺钉拧紧，以免导电时接触不良，尤其是地线连接的可靠性最为重要，否则便有可能危及人身安全。通电前应反复检查接线的正确性，只有确认无误后才可开机通电。通电后应仔细观察设备运行的情况，如有无发热，声音异常等；并应注意运动部件的转动方向和测量仪表指示的方向是否正确无误等，若发现异常情况应立即停机处理。

在使用时，只有熟悉焊机的结构、工作原理和使用方法，才能正确使用和及时排除各种故障，有效地发挥设备的正常功能。如果一时不能熟悉设备的工作原理，也应熟练掌握它的使用方法，才能进行操作，但此时一旦设备发生故障切勿擅自处理，以免危及设备和人身的安全。在使用过程中对设备应经常清扫，严格防止异物落入焊接电源或小车的运动部件内；并应及时检查连接件是否因运行的振动而使之松动，运动部分响声异常、电路引线不正常地发热往往就是由于连接件松动而引起的；若设备在露天工作，还要特别注意因下雨受潮而破坏焊机的绝缘等问题。

但是任何设备工作一定时间后，发生某些故障总是难以避免的，并且即使设备的工作正常，也可能因操作方面的原因而影响焊接质量，因此对焊接设备必须进行经常性的检查和维护。下面将埋弧焊设备的常见故障及其排除方法见表7-3；设备无故障的条件下，因操作方面的原因而引起焊接质量异常情况见表7-4。

表7-3 埋弧自动焊机常见故障及排除方法

故障现象	可能原因	排除方法
按焊接“向下”“向上”按钮时，焊丝动作不对或者不动作	①控制线路有故障(控制变压器，整流器损坏，按钮接触不良等) ②电动机方向接反 ③发电机或电动机电刷接触不良	①找到故障位置对症排除 ②改接电源线相序 ③清洁和修理电刷
按按钮，继电器不工作	①按钮损坏 ②继电器回路有断路现象	①检查按钮 ②检查继电器回路
按启动按钮，继电器工作，但接触器不起作用	①继电器本身有故障，线包虽工作，但触点不工作 ②接触器回路不通；接触器本身有故障 ③电网电压太低	①检查继电器 ②检查接触器及其回路 ③改变变压器接法
按启动按钮，接触器动作，但送丝电机不转，或不引弧	①焊接回路未接通 ②接触器触点接触不良 ③送丝电机的供电回路不通 ④发电机发不出电来(对MZ-1000)	①检查焊接电源回路 ②检查接触器触点 ③检查电枢回路 ④检查发电机系统的激磁和电枢回路
按启动按钮后，电弧不引燃，焊丝一直上抽(MZ-1000)	①焊接电源线部分有故障，无电弧电压 ②接触器的主触点未接触 ③电弧电压取样电路未工作	①检查电源电路 ②检查接触器触点 ③检查电弧电压取样电路
按启动按钮，电弧引燃后立即熄灭，电机转，只使焊丝上抽(MZ1-1000)	启动按钮触点有毛病，其常闭触点不闭合	修理或更换
按停止按钮时，焊机不停	①中间继电器触点粘连 ②停止按钮失灵	修理或更换
焊丝与焊件未接触时回路有电流	小车与焊件间绝缘损坏	检查并修复绝缘

表7-4 操作不当产生的问题及其排除方法

故障现象	可能原因	排除方法
焊丝送进不均匀或正常送丝时电弧熄灭	①送丝机中焊丝未夹紧 ②送丝滚轮磨损 ③焊丝在导电嘴中卡死	①调整压紧机构 ②换送丝轮 ③调整导电嘴
焊接过程中机头及导电嘴位置变化不定	①焊接小车调整机构有间隙 ②导电装置有间隙	①更换零件 ②重新调整
焊机无机械故障，但常粘丝	电网电压太低，电弧过短	进行调节
焊机无机械故障，但常熄弧	电网电压太高，电弧过长	进行调节
焊剂供给不均匀	①焊剂斗中焊剂用完 ②焊剂斗阀门卡死	①添焊剂 ②修阀门

续表

故障现象	可能原因	排除方法
焊接过程中焊机突然停止行走	①离合器脱开 ②有异物阻拦 ③电缆拉得太紧 ④停电或开关接触不良	①关紧离合器 ②清理障碍 ③放松电缆 ④对症处理
焊缝粗细不均	①电网电压不稳 ②导电嘴接触不良 ③导线松动 ④送丝轮打滑 ⑤焊件缝隙不均匀	对症处理
焊接时焊丝通过导电嘴产生火花，焊接发红	①导电嘴磨损 ②导电嘴安装不良 ③焊丝有油污	①修理导电嘴 ②重装导电嘴 ③清理焊丝
导电嘴与焊丝一起熔化	①电弧太长 ②焊丝伸出太短 ③焊接电流太大	认真调节工艺参数
焊机停车时焊丝与工件粘连	返烧过程控制不当，焊接电源停电过早	调整返烧过程
焊接电路接通，电弧未引燃，而且焊丝与导电嘴焊合	焊丝与工件接触太紧	调整焊丝与工件的接触状态

思考与练习

一、概念

1. 熔化极电弧自身调节系统；

2. 电弧电压反馈自动调节系统。

二、填空题

1. 在自动埋弧焊接状态下，电弧长度是由__________和__________共同决定的。

2. 电弧自身调节系统的静特性曲线实际上就是焊接过程中__________曲线，电弧在这一曲线上任何一点工作时，焊丝熔化速度__________焊丝的送进速度，焊接过程稳定进行。

3. 埋弧焊时若采用等速送丝，当弧长发生变化而引起焊接参数发生变化时，电弧自身会产生一种调节作用，使__________，这种特性称为焊接电弧的__________。

三、判断题

1. 在电弧自身调节系统的静特性曲线上，焊接速度等于焊丝熔化速度。（ ）

2. 埋弧焊的自动调节以消除焊件表面不平、焊缝坡口不规则、装配质量不良等引起的弧长变化的干扰为目标。（ ）

3. 埋弧焊焊接过程停止时，应先切断送丝电机电源。（ ）

4. 埋弧焊短路反抽式起弧，应先按动“焊丝向下”按钮，使焊丝紧密接触工件。（ ）

5. 等速送丝埋弧焊机，都要求焊接电源具有缓降或平的外特性。(　　)

四、问答题

1. 埋弧焊机必须具备哪些功能?

2. 当弧长发生变化时，电弧自身调节系统如何进行调节?

3. 电弧自身调节系统为什么需要配用平或缓降外特性的电源?

4. 简述发电机-电动机电弧电压反馈自动调节系统的工作原理。

5. MZ-1000 型埋弧焊机如何调整焊接参数? 说明其原理。

第八单元　CO_2 电弧焊设备

学习目标： 深入了解 CO_2 气体保护焊设备的分类及结构。认识掌握 CO_2 气体保护焊设备铭牌上有关品名及技术参数的含义。了解 CO_2 电弧焊焊机电路原理，熟练掌握电弧焊设备的使用和维护。

CO_2 电弧焊设备是在埋弧焊和氩弧焊设备的基础上发展起来的，也分为自动焊和半自动焊两类。自动焊适于长焊缝焊接，在批量生产中具有生产率高、质量好的优点。但普通自动焊设备只适于焊接直线、圆形、环形以及螺旋形焊缝，而且大部分为水平位置焊接。半自动焊设备较为简单，但适应性则较自动焊大得多，它可以进行全位置焊接，适合于焊接短焊缝和不规则焊缝，而且焊接准备工作要比自动焊简单。

CO_2 电弧焊工艺能否在生产中推广应用，很大程度上取决于焊接设备性能是否完善。对 CO_2 电弧焊设备不但要满足 CO_2 电弧焊工艺的要求，而且应该稳定可靠，使用、维修方便。

模块一　CO_2 电弧焊设备的主要组成

一台完整的 CO_2 电弧焊设备应该包括焊接电源、自动或半自动焊枪、送丝机构、供气系统和控制系统等几个部分。图 8-1 为 CO_2 电弧焊焊接设备示意图。

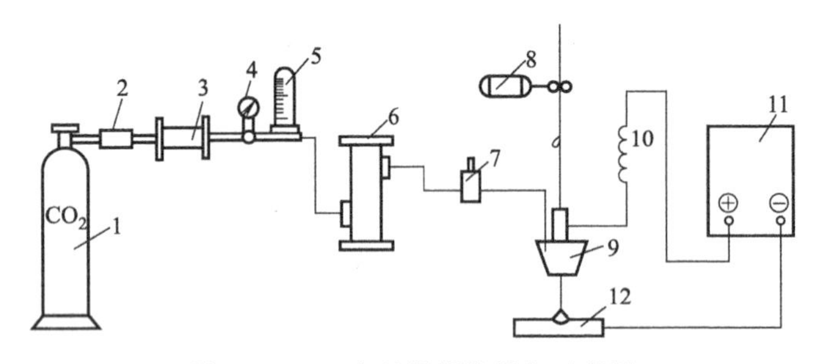

图 8-1　CO_2 电弧焊焊接设备示意图

1—CO_2 气瓶；2—预热器；3—高压干燥器；4—气体减压阀；5—气体流量计；6—低压干燥器；7—气阀；8—送丝机构；9—焊枪；10—可调电感；11—焊接电源及控制装置；12—工件

一、CO_2 电弧焊焊接电源

电源是供给电弧能量的设备，应能保证焊接电弧稳定燃烧，在焊接过程中焊接工艺参数稳定不变，而且焊前能在一定范围内调节。除上述工艺方面的要求外，还希望焊接电源结构简单、成本低廉、使用可靠、维修方便等。

为了满足上述对电源要求，必须正确选择电源的外特性和电源的动特性。

1. 电源的外特性

CO_2 电弧焊因为其电流密度较大，加上 CO_2 气体对电弧的冷却作用，电弧的静特性曲线是上升的。焊丝直径越小，电弧静特性曲线斜率越大。

根据电源-电弧系统稳定条件：

$$K_y=\frac{du_h}{di}-\frac{du_y}{di}>0$$

式中，K_y为稳定系数；u_y为电源电压；u_h为电弧电压；i 为瞬时电流。

只要电弧静特性的斜率大于电源外特性的斜率，电弧-电源系统即可维持稳定过程。根据这个条件，CO_2 电弧焊时，电源的外特性可以是缓降的，可以是水平的，也可以是上升的（斜率比电弧静特性斜率小即可）。CO_2 电弧焊究竟选用何种电源外特性更为合适，这应从调节灵敏度和调节精度以及焊接工艺特性几个方面综合加以比较，一般选用平外特电源为好，具体分析如下：

CO_2 电弧焊在焊丝直径小于 3mm 时，通常采用等速送进式的送丝方式，为了获得较高的电弧调节灵敏度，电源外特性的斜率应与电弧静特性的斜率相近，以便在电弧长度稍有变化时，产生较大的电流变化量，从而使弧长有较快的恢复速度。图 8-2 为采用下降特性电源 1，平特性电源 2 和升特性电源 3 在弧长 l 变化相同时所引起的电流变化量 ΔI 的大小。由图可见，当弧长由 l_1 变为 l_2 时，上升特性电源的电流变化量 ΔI_c最大，平特性电源次之，缓降特性电源最小。但是由于电弧静特性曲线的斜率一般难于准确测定和控制，当使用上升特性电源时，可能导致电源外特性曲线的斜率大于电弧静特性曲线的斜率，而使焊接过程不稳定。因此 CO_2 电弧焊采用平特性电源，不但可以获得较高的电弧调节灵敏度，而且能够保证电源-电弧系统的稳定性。

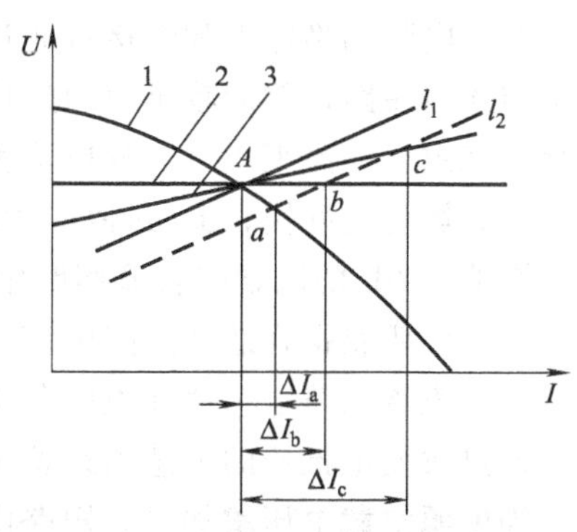

图 8-2　电源外特性形状对电弧调节灵敏度的影响

CO_2 电弧焊时，弧长的波动经常是由于焊炬相对高度变化而引起的。在这种情况下，弧长的调节过程必然是在焊丝伸出长度发生变化的条件下进行的。当伸出长度发生变化时，电弧自身调节静特性曲线将产生移动，因此调节过程结束后，将由焊丝伸出长度伸长（或缩短）以后的电弧自身调节系统静特性曲线和电源外特性曲线交点而确定新的工作点。调节过程完成后系统将带有静态误差。

平特性电源除了具有足够的电弧调节灵敏度、最小的电压静态误差外，还能够提供较大的短路电流，使引弧比较容易，对电压和电流可以单独调节，因而焊接工艺参数调节方便。而且电源的工作电压接近于空载电压，为下降外特性电源空载电压的一半左右，这样可以减小电源的设计容量，缩小体积，降低原材料消耗。

目前国产的整流器式平外特性焊接电源（如磁放大器式、抽头式等），电源外特性都是略呈下降的，但其下降率一般不大于 1/20。

缓降外特性电源的电弧自身调节灵敏度要比平特性电源差，调节精度也远不如平特性电源，一般情况下不宜用作 CO_2 电弧焊电源。但是在 CO_2 短路过渡焊接中，使用缓降外特性电源，配以等速送丝焊机，焊接过程的稳定性和焊接质量有时也可满足生产实际的要求，因此在有些情况下，可以用缓降外特性电源进行短路过渡 CO_2 电弧焊接。但是缓降外特性的下降率不能太大（一般允许到8V/100A左右），若下降率太大，则短路电流值过小，会使引弧发生困难。

至于上升外特性电源，虽然其电弧调节灵敏度较高，但从总的焊接性能（如飞溅以及焊接质量等）来看，这种外特性电源并不比其他两种外特性电源优越多少，而且这种电源制造比较复杂，所以目前在生产中应用较少。

2. 电源的动特性

CO_2 电弧焊主要采取两种过渡形式，即颗粒过渡和短路过渡。颗粒过渡对焊接电源的动特性不作要求，而只要有合适的电源外特性（平的或下降的），提供足够的电流和电压即可。在短路过渡焊接时，不仅要求电源具有合适的外特性，而且还要求电源有良好的动特性。

CO_2 电弧焊对电源动特性的要求，主要是指短路电流上升速度 $\mathrm{d}i/\mathrm{d}t$。$\mathrm{d}i/\mathrm{d}t$ 过大或过小，对于电弧的稳定性和焊接过渡过程的稳定性都是不利的。只有 $\mathrm{d}i/\mathrm{d}t$ 选择合适时，一旦熔滴与熔池短路，就能较迅速地形成缩颈，使熔滴在缩颈处断裂，从而使电弧燃烧和熔滴过渡都很稳定，飞溅很小，焊缝成形美观。$\mathrm{d}i/\mathrm{d}t$ 应与焊丝的最佳短路频率相适应。细丝短路频率高，熔化速度快，$\mathrm{d}i/\mathrm{d}t$ 值应大一些；粗丝频率低，熔化速度慢，$\mathrm{d}i/\mathrm{d}t$ 值则应小些。

影响 $\mathrm{d}i/\mathrm{d}t$ 的因素有直流回路中的电感值和电阻值；电源的空载电压；电源的外特性形状等。因此要获得合适的短路电流上升速度 $\mathrm{d}i/\mathrm{d}t$，可以通过调节上述因素而进行调整。

关于直流回路电感值和电阻值对短路电流上升速度的影响，在 CO_2 电弧焊设备中，主要是通过改变电抗器的电感值来调节短路电流上升速度的。

当电源空载电压增加时，短路电流上升速度加快，反之，当空载电压降低时，短路电流上升速度变慢。一般平硬外特性电源，具有较大的短路电流峰值，由于回路内感抗较小，短路电流上升速度较大；而缓降外特性电源，短路电流上升速度较小。因此从对电源动特性要求来看，在细焊丝时，宜用平硬外特性电流，而在较粗焊丝时，则可采用缓降的外特性电源。

二、半自动焊枪和自动焊炬

CO_2 电弧焊半自动焊枪和自动焊炬的主要作用是导电、送丝和输送保护气体。焊枪和焊炬能否完成上述功能，取决于其结构设计是否合理。

1. 半自动焊枪

半自动焊枪按使用电流的大小，可分为自冷式和水冷式两种。通常焊接电流在250A以下采用自冷式，焊接电流在250A以上采用水冷式。水冷式因自重大，不便操作，所以不常采用，这里主要介绍自冷式焊枪。

半自动焊枪有两种结构形式，即手枪式和弯管式（亦称鹅颈式）。根据不同位置的焊缝，可采用不同形式的半自动焊枪。空间位置一般采用手枪式焊把；水平位置焊缝，多用弯管式焊把。手枪式焊把的优点是送丝阻力比较小，但焊把重心不在手握部分，操作时不太灵活。弯管式焊把，重心在手握部分，操作比较灵活，但随着弯颈角度增加，送丝阻力也随之增大。图8-3、图8-4分别为手枪式和弯管式两种结构形式的 CO_2 电弧焊半自动焊枪，它们都由以下几部分组成。

(1) 导电部分　从焊接电源来的电缆线（通常为正极），在焊枪后部由螺母与焊枪连接，把电送入焊枪。电流通过导电杆、导电嘴导入焊丝。导电嘴是一个比较重要的零件，首先要求导电嘴材料导电性能良好、耐磨性好以及熔点高。一般采用紫铜，目前也有用铬青铜或磷青铜的。其次，对导电嘴的孔径也有严格要求。当孔径太小时，送丝阻力增大，焊丝不能顺利通过直接影响焊接电流的稳定性；当导电嘴孔径太大时，焊丝在导电嘴内接触点不固定，既影响焊接实际伸出长度，又影响焊接电流的大小，使焊接过程不稳定。实践证明，导电嘴直径 D 与焊丝直径 d 应为如下关系：

$d \leqslant 1.6$mm 时　　$D=d+(0.1\sim0.3)$mm

$d=2\sim3$mm 时　　$D=d+(0.4\sim0.6)$mm

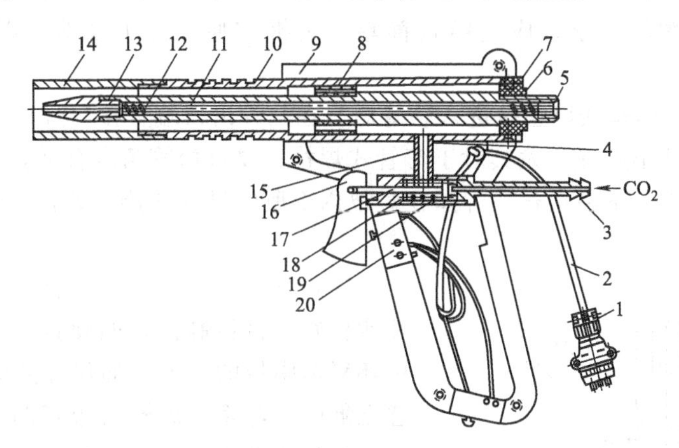

图 8-3　手枪式焊枪

1—插头；2—控制线；3—进气管；4—钎焊；5—钢套；6—螺母；7—绝缘套；8—喷气具；9—气把；10—外套；11—导电杆；12—弹簧管；13—导电嘴；14—喷嘴；15—连管；16—扳手；17—顶针；18—气阀；19—弹簧；20—开关

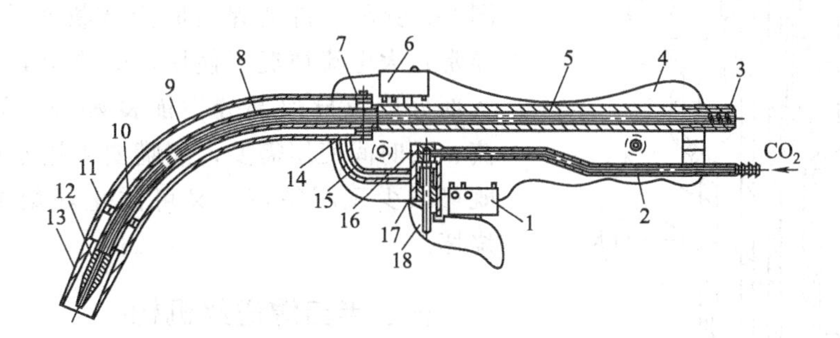

图 8-4　半自动弯管式焊枪

1—开关；2—进气管；3—钢套；4—手把；5—导电杆；6—开关；7—绝缘套；8—导电管；9—外套；10—弹簧管；11—喷气具；12—导电嘴；13—喷嘴；14—钎焊；15—弯管；16—气阀；17—弹簧；18—扳手

导电嘴长度取 25mm 左右，太长会增加送丝阻力，太短则导电性不好。另外因导电嘴为易损件，要求拆卸方便。

(2) 导气部分　CO_2 气体从焊枪导气管进入焊枪以后，先进入气室，这时气流处于一种紊乱状态，其流动方向和速度都不一致，称为紊流。为了使保护气体形成流动方向和速度趋于一致的层流，在气室接近出口处装有分流环，当气体通过这种具有网状密集小孔的分流环从喷嘴流出时，就能够得到具有一定挺度的保护气流（层流）。

保护气流经过的最后部分即焊枪的喷嘴部分。喷嘴的形状和尺寸对于保护气流的状态，焊枪的操作性能都有直接的影响。喷嘴一般做成圆柱形，也有圆锥形的。喷嘴尺寸也应选择合适，减少喷嘴孔径，气体流量可以减少，但太小时，气体保护范围变小，容易产生气孔。若喷嘴孔径较大，就要加大气体流量，这样又很不经济。一般采用细焊丝焊接时，熔池比较小，喷嘴孔径可以小些，最小可到 12mm；采用粗焊过时，熔池比较大，喷嘴的孔径要稍大些，最大可达 22mm 左右。

喷嘴一般采用导热性较好的紫铜材料，为了减少喷嘴上粘附飞溅，表面可经镀铬处理；也有采用陶瓷喷嘴的，这种喷嘴表面光滑，且本身不导电，缺点是寿命短，易损坏，有待进一步提高。对于喷嘴的要求，应是结构简单，装拆方便，易于制造，以及便于观察熔池情况。

（3）导丝部分 焊丝从焊丝盘进入软管后，在软管出口端直接与焊枪连接，因此希望焊丝经过焊枪时阻力越小越好。尤其对于弯管式焊枪，要求弯管角度合适，角度过大操作不方便，角度过小则阻力大不易送丝。焊丝在焊枪内部所经过的各接头处，一定要过渡圆滑，使焊丝容易通过。

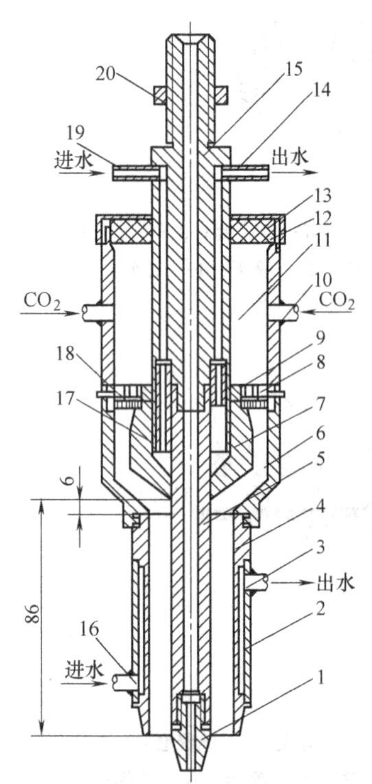

图 8-5 CO_2 电弧焊自动焊炬

1—导电嘴；2—喷嘴外套；3—出水管；4—喷嘴内套；5—下导电杆；6—外套；7—纺锤形体内套；8—绝缘体外套；9—出水接管；10—进气管；11—气室；12—绝缘压块；13—背帽；14—出水管；15—上导电杆；16—进水管；17—进水连接管；18—铜丝网；19—进水管；20—螺母

（4）手柄及弯管 半自动焊枪手柄，要用绝缘性能良好的材料制作，如硬塑料、尼龙等，也有采用环氧树脂板的。手柄的尺寸要大小适宜，手握时感觉舒服。弯管式焊枪的弯管部分，外表要求不导电，另外要求弯管角度灵活，最好能在 360°内任意转动。

2. 自动焊炬

焊炬的主要作用与半自动焊枪相同，其结构如图 8-5 所示。自动焊炬固定在机头或行走机构上，经常在大电流情况下使用，除要求其导电部分、导气部分以及导丝部分性能良好外，为了适应大电流、长时间使用需要，喷嘴要采用水冷装置，这样既可减少飞溅粘着，又可防止焊炬绝缘部分过热烧坏。

三、半自焊送丝机构

CO_2 电弧焊主要采用等速送进式焊机，其焊接电流是通过送丝速度来调节的，因此送丝机构质量的好坏，直接关系到焊接过程的稳定性。自动焊相对半自动焊而言，送丝机构简单可靠，因此本节仅讨论半自动焊送丝机构。

1. 半自动焊的三种送丝方式

半自动焊的送丝方式有三种：推丝式、拉丝式和推拉丝式，如图 8-6 所示。

（1）推丝式 由直流电动机经蜗轮、蜗杆减速，带动送丝滚轮，焊丝由送丝轮推动，经过送丝软管，直至焊枪的导电杆及导电嘴，最后进入焊接电弧区。通常将送丝电动机和减速装置、送丝滚轮、焊丝盘等都装在一起，组成一套单独的送丝机构。这种送丝方式的特点是，焊枪结构比较简单，轻便、操作和维修都很方便，因此应用最为广泛。但是这种送丝方式，焊丝要经过一段较长的软管，阻力很大，特别是焊丝直径较小时（小于0.8mm）时，送丝往往不够均匀可靠，所以这种方式的送丝软管不能太长，一般在2～5m左右。

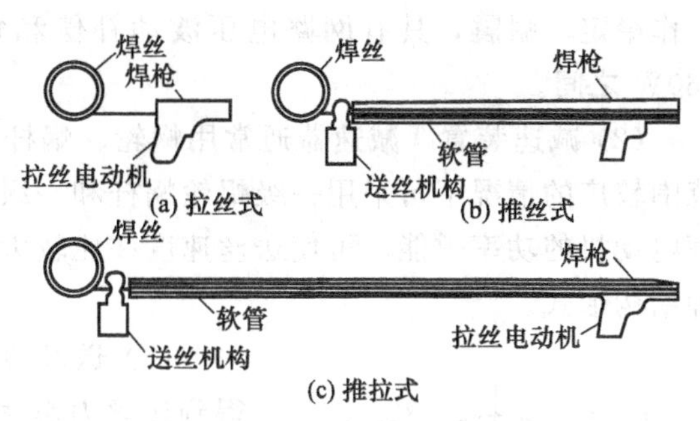

图 8-6　半自动焊三种送丝方式示意图

（2）拉丝式　为克服推丝式送丝方式的缺点，减少软管的阻力，应将送丝软管尽量缩短，如果直接把送丝电动机和焊丝盘装在焊枪内，就成为拉丝式送丝机构。拉丝式没有送丝软管阻力，细焊丝也能均匀稳定地送进，但由于送丝电动机和焊丝盘都装在焊枪内，焊枪重量增加，加重了焊工的劳动强度，操作也不够灵活。这种送丝方式在细焊丝（焊丝直径小于0.8mm）的焊接中，仍具有较大的优越性，也得到了广泛的应用。

（3）推拉式　推拉式送丝方法，是在推丝式基础上，在焊丝进入焊枪之前，在焊枪上再加上一个微型电动机，使焊丝受到一个较小的拉力，这就可以大大减小焊丝通过送丝软管所需要的推力，有效地防止了焊丝在送进过程中产生的弯曲和蹭动现象，使送丝更为均匀可靠。一般说来，在推拉式送丝机构中，推丝电动机是主要送丝动力，它保证焊丝等速送进，而拉丝电动机只是起将送丝软管中焊丝拉直的作用。推拉式两个动力在调试过程中要尽量做到同步，以推为主。在焊丝送进过程中，总要使焊丝在软管中处于拉直状态，这就要求拉丝动力稍快于推丝动力。推拉式送丝软管可长达20～30m，大大扩大了半自动焊的操作范围。

虽然推拉式送丝方式有一定优点，但这种方式结构比较复杂，焊枪比较笨重，使用两个不同功率的电动机给操作者带来一定的麻烦，因此这种送丝方式目前国内应用不多。

2. 半自动焊送丝机构的组成及其作用

推丝式送丝机构如图8-7所示，主要由送丝电动机、减速装置、送丝滚轮以及送丝软管几个部分组成，现分述如下。

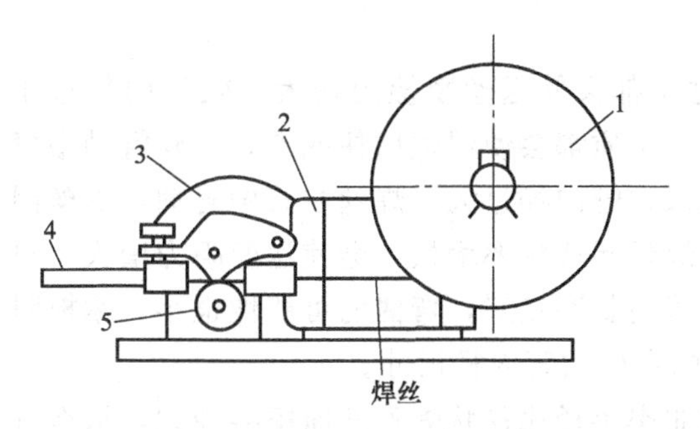

图 8-7　推丝式送丝机构示意图
1—焊丝盘；2—送丝电动机；3—减速器；4—送丝软管；5—送丝滚轮

（1）送丝电动机　送丝电动机通常采用直流电机，进行无级调速。在固定工位和要求不高的情况下，为了简化线路，一般交流电动机也可以用作送丝电动机，通过调换齿轮的办法进行有级调速。

送丝电动机应该有足够的功率，具有平硬的机械特性，可在较大范围内实现无级调速，并要求启动、停止惯性越小越好。

目前在送丝电动机中用得最多的是直流伺服电动机。其优点是动作灵敏，结构轻巧，速度调节方便。一般只要改变直流伺服电动机的电枢电压，即可实现电动机无级调速，采用晶闸管整流器调节伺服电动机电枢电压是应用比较广泛的一种调速方式。这种方法调节方便，工作稳定，耐震，具有网路电压波动补偿和负载补偿等功能。电动机的功率一般在55～160W之间。

（2）减速装置 减速器通常用蜗轮、蜗杆、齿轮传动方式减速。在要求送丝速度的调节范围较广的情况下可采用一级蜗轮蜗杆和一级可拆换齿轮的两级减速装置。这样可以充分发挥电动机的功率效能，可使送丝速度在比较大的范围内无级调节，所以一般减速器常采用这种结构形式。

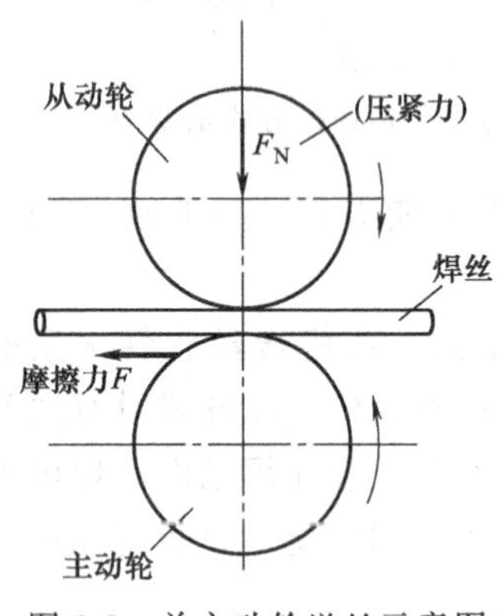

图8-8 单主动轮送丝示意图

（3）送丝滚轮 送丝动力直接由送丝滚轮传给焊丝。焊丝得到送丝力越大，则送丝的可靠性和稳定性越高。送丝力是依靠送丝滚轮和焊丝之间的摩擦力得到的，而摩擦力又取决于送丝轮之间的压紧力和轮与焊丝间摩擦系数的大小。一般采用单主动轮即一个主动轮和一个从动轮送丝方式，焊丝靠两轮间压力和摩擦力送进软管，如图8-8所示。为了使送丝可靠，过去常在滚轮表面滚花或者增加压力以增加摩擦，但这些办法会使焊丝表面出现压痕，反而增加了焊丝在软管中的阻力，并且还会加剧导电嘴的磨损。现在常用的办法是在送丝滚轮上刻有型槽，使送丝轮与焊丝接触面积增大，而使送丝力提高10%～30%左右。这种办法的另一个优点是可以保证焊丝在滚轮中的位置和送进方向。但是焊丝直径不同时，这种V形或U形槽的大小要改变，因而比较麻烦。为了更可靠地均匀送丝，可以来用双主动轮送丝方法，目前多用单双主动式，也有用二双主动式的。

单双主动式送丝，是在两个送丝轮轴上，都装有相同齿数的齿轮，靠齿轮啮合使两个送丝轮均为主动轮。这时送丝力比单主动轮送丝增加一倍，由于焊丝受力对称，可以减少焊丝在送进过程中的偏摆，使送丝均匀稳定。为了增加送丝力，送丝滚轮直径不宜过小，一般为38～40mm，并用45号钢制造，淬火到45～50HRC左右，以增加其耐磨性。

（4）送丝软管 焊丝由送丝滚轮推入送丝软管，由软管引导焊丝进入焊枪导电部分。因此，希望送丝软管内摩擦阻力小，内径大小均匀、合适，有适宜的挠度和刚度，能够保证焊丝流畅均匀地送进。

焊丝直径一定时，送丝软管的内径过大或过小都会使送丝摩擦力增大。软管内径过小时，焊丝与软管内壁接触面积增加，任何一点外来杂质都会使焊丝堵住或卡死，软管稍微弯曲时，也会使焊丝被挤住而送不出去。反之，如果软管内径过大，焊丝在管中晃动，焊丝因为弯曲出现波浪状态，当软管轴向载荷增大时，焊丝起伏频率增快，会使送丝阻力增大。只有焊丝直径与送丝软管内径配合适当时，焊丝在管内状态较好，弯曲的可能性也小，摩擦阻力才最小。表8-1为几种不同直径的焊丝所对应的送丝软管内径尺寸。

由于软管的内径要比焊丝粗，而一般软管的曲率半径比盘状焊丝的曲率半径大，那么弯曲的焊丝在软管中移动，会使摩擦阻力增大。因此，对于过小曲率的盘状焊丝，可在焊丝进入软管之前，附加一套校直装置。软管的曲率半径越小，摩擦阻力越大，为了减少送丝摩擦阻力，焊接过程中应尽可能保持软管平直。

目前国内使用的送丝软管主要有弹簧钢丝软管和尼龙软管，弹簧软管采用65Mn优良弹簧钢丝绕制成密排的螺旋弹簧管，然后在外面用一层多股钢丝，沿反螺旋方向将弹簧管包扎起来，以增加软管的刚度和防止软管纵向变形。采用尼龙管作送丝软管时，尼龙材料为聚四氟乙烯。软管内径应与焊丝直径相配合，管壁厚选取 2mm 左右为宜。壁太薄容易磨损，太厚硬度太大不易弯折。这种软管目前国内使用不多，原因是磨损较严重，同时接头处理也比较困难。

表 8-1 不同直径焊丝对应的软管内径

焊丝直径/mm	软管内径/mm	焊丝直径/mm	软管内径/mm
0.8～1.0	1.5	1.4～2.0	3.2
1.0～1.4	2.5	2.0～3.5	4.7

四、CO_2 电弧焊供气系统

供气系统的作用是使钢瓶中高压 CO_2 液体处理成为合乎质量要求的、具有一定流量的 CO_2 气体，并使之均匀畅通地从焊枪喷嘴喷出。供气系统通常由钢瓶、预热器、减压阀、干燥器和流量计等组成（参看图 8-1）。

1. 预热器

当打开气瓶阀门时，CO_2 钢瓶中的液态 CO_2 要挥发成气体，气化过程中要吸收大量的热量。另外经减压后，气体体积膨胀，也会使气体温度下降。为了防止气中水分在气瓶出口处结冰，在减压之前，要将 CO_2 气体预热。这种预热气体的装置称为预热器，显然预热器应尽量装在钢瓶的出气口处。预热器的结构比较简单，一般采用电热式，使用电阻丝加热。电阻丝绕在有螺距的瓷管上，两端固定在外部接线柱上，一般采用 36V 低压交流供电，功率在 100～150 W 之间，通气的紫钢管制成蛇形状，以增加受热面积。带有电阻丝的瓷管，固定在蛇形紫钢管的中间，在开气瓶之前，先将预热器通电加热。

2. 减压阀

减压阀用以调节气体压力，也可以用来控制气体的流量。CO_2 所用的气体减压阀可以与氧气表减压阀通用，但氧气表减压阀的低压表压力范围为 980～14700kPa，而 CO_2 气体的压力范围为 100～700kPa（相当于 5～50L/min）。因此最好采用较低压力的乙炔压力表（低压表压力调节范围为 10～150kPa）或带有流量计的医用减压阀。

3. 干燥器

为了最大限度地减少 CO_2 气体中的水分含量，供气系统中一般设置有干燥器。干燥器内装有干燥剂，如硅胶、脱水硫酸铜、无水二氯化钙等几种。在气路中使用一段时间后，这些材料因吸水达到饱和而失效，但其中硅胶和脱水硫酸铜这两种干燥剂，经一定温度烘干后可重复使用。

根据干燥器位置不同，分为高压干燥器和低压干燥器两种。高压干燥器在减压阀之前，低压干燥器在减压之后，可以根据钢瓶中 CO_2 的纯度选用其中一个，或两个都用。如果 CO_2 纯度较高能满足焊接生产的要求，亦可不设干燥器。有的厂家把高压干燥器和预热器作成一个整体，称为预热干燥器。这种预热干燥器兼有加热、干燥气体的功用，能够满足提纯 CO_2 气体的要求，使用也比较方便。

4. 流量计

流量计只用来计量 CO_2 气体的流量大小，而不能控制流量大小。一般采用转子流量计。转子流量计上的刻度，是用空气作为介质来标定的。实际使用的保护气体密度不同，流量也就不同。因此，要知道实用气体准确的流量大小，可按下式进行换算。

$$Q_2=Q_1\sqrt{\frac{(\rho_f-\rho_2)\rho_1}{(\rho_f-\rho_1)\rho_2}}$$

式中 Q_1 为实用气体的准确流量值；Q_2 为流量计刻度流量值；ρ_f 为流量计浮子材料的密度；ρ_2 为实用气体介质密度；ρ_1 为空气介质密度。

5. 气阀

气阀是用来控制保护气体通、断的装置。CO_2 保护气体的通气和断气，可直接采用机械气阀开关来控制。当要求准确控制时，可用电磁气阀由控制系统来完成气体的准确通断。目前，不少生产厂家在手枪形、弯管式焊枪上设置了手动机械球型气阀。这种气阀通、断可靠，结构简单，使用方便。自动 CO_2 电弧焊接，通常采用电磁气阀，由控制系统自动完成保护气体的通断。

五、CO_2 电弧焊的控制系统

控制系统主要完成送丝拖动系统的控制，供气系统的控制，供电系统的控制以及焊接操作程序的控制等几个部分的控制要求。现分述如下。

1. 送丝拖动系统的控制

送丝拖动系统的控制主要是送丝速度的调节控制和焊接过程中焊丝的恒速自动调节控制两个部分。

CO_2 电弧焊时，由于电流密度较高，电弧的自调整作用比较强，所以一般采用等速送进式送进焊丝。因此，上述送丝拖动控制的两个部分具体为：焊前能均匀地调节送丝速度；在焊接过程中能补偿因网路波动和送丝阻力的波动所造成的送丝速度的波动，而保证送丝速度恒定。

前面谈到，送丝电动机目前多用直流伺服电动机。只要能无级调节电动机的电枢电压，就能实现电动机无级调速，也就能均匀地调节焊丝送进速度。目前 CO_2 电弧焊送丝拖动以及各类自动电弧焊的送丝和焊速拖动系统，除个别老产品沿用三相异步电动机和发电机-电动机系统调速外，大部分均已采用晶闸管调速电路。常用的晶闸管直流调速系统的主电路结构如图 8-9 所示。图中（a）为桥式整流晶闸管全控电路；（b）为晶闸管半控电路；（c）为桥

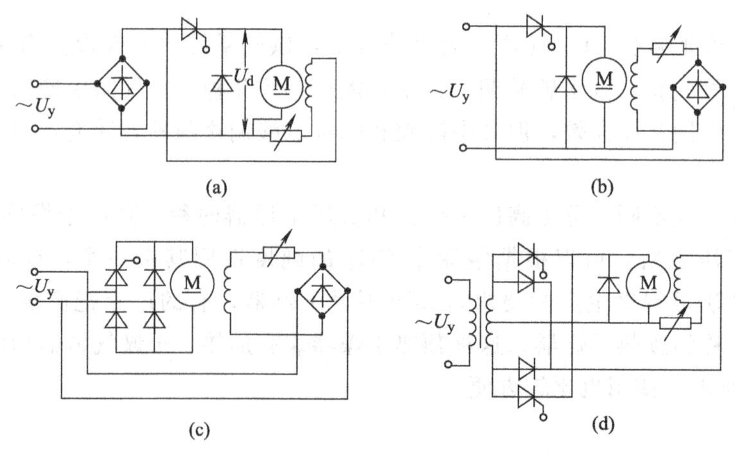

图 8-9 常用晶闸管拖动系统主电路结构

式半控电路；(d) 为全波全控电路。图 (b)、(c) 只能得到半波可控电压波形，而图 (a)、(d) 则能得到全波可控电压波形，因而在实际晶闸管整流电路中应用较多。焊丝拖动系统的速度调节是由控制系统改变晶闸管整流电路中晶闸管导通角的大小，使直流电机电枢电压发生变化，而调节直流电机转速，实现焊丝送进速度的均匀调节的。

为了补偿网路电压和送丝负载波动造成的转速波动，常用的转速自动调节方法有：电枢电压负反馈，电枢电流正反馈，电势负反馈几种。此外，为了改善控制系统的动态特性，消除可能产生的振荡，减小启动电流以及防止电流过载，还可设置电枢电压或电势微分负反馈，电流截止负反馈以及积分环节等。下面简要讨论这几种反馈方法的基本原理。

(1) 电枢电压负反馈　电枢电压负反馈的主要作用是，补偿网路电压波动时可能造成的电机电枢电压波动。当不加电压负反馈时，网路波动会使给定导通角的晶闸管直流输出电压 U_d 变化，从而引起电动机转速 $n=(U_d-IR_i)/Ce\Phi$ 发生变化。如果在晶闸管的触发电路中加入电枢电压 U_d 的负反馈信号，则晶闸管的导通角将随网路电压的升高而减小（或降低而增加），而使 U_d 不受网路波动的影响。

电压负反馈实现方法取决于触发电路形式，通常有直接叠加式和间接叠加式两种。直接叠加式是电枢电压负反馈信号直接叠加在阻容移相式晶闸管触发控制电路中。间接叠加式是电枢电压负反馈加在触发电路前置放大器输入端的转速调节环节。常用的晶闸管直流拖动调速电路中，大多采用间接叠加式电枢电压负反馈环节。现以图 8-10 为例，说明间接叠加式电压负反馈转速调节电路工作原理。

在图 8-10 中，电枢电压负反馈信号从 R_3、R_4 构成的分压器上取出，R_4 上压降 U_u 即为反馈信号。一般取 R_3+R_4 约等于 10kΩ，反馈深度 $\frac{U_u}{U_d}=\frac{R_4}{R_3+R_4}$ 为 10%。给定控制信号 U_s 从电位器 RP_1 中点取出。在 V_1 的基极—发射极回路中，U_u 和 U_s 反相串联，如图 8-10 (b) 所示。当网路电压波动，如升高时，电枢电压 U_d 升高，使转速有升高的趋势，此时 R_3、R_4 分压电路上的电压也随之升高，而使电枢电压负反馈信号 U_u 相应升高。因为给定控制信号 U_s 由稳压电路供给，尽管网路电压升高，但 U_s 值稳定不变，因此 U_u 和 U_s 反向串联后加在三极管 V_1 基极—发射极电路中的电压和 (U_s-U_u) 下降，这样使 V_1 的发射极—集电极电流减小而使电容 C 的充电速度减慢，结果使单结晶体管 V_2 击穿的时间延迟，脉冲变压器 TP 发出脉冲推迟、晶闸管导通角减小，最终抑制电枢电压升高以及电机转速升高，达到网路补偿的目的。

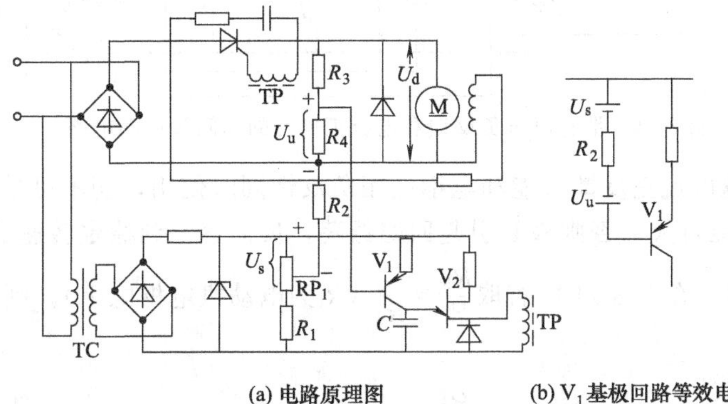

(a) 电路原理图　　(b) V_1 基极回路等效电路

图 8-10　电枢电压负反馈网路补偿电路

应该指出，上述电路中反馈深度 U_u/U_d 通常是可以调节的，一般是用电位器代替 R_4，改变电位器阻值，达到改变 U_u，从而改变反馈深度的目的。反馈深度愈大，网路补偿作用愈强，仅反馈深度太大将会影响 U_d 即电动机转速的上限调节范围。因此，在反馈深度可以调节的电路中，电动机转速的调节范围，除了由 U_s 的调节范围给定外，也可以通过改变反馈深度来加以调整。

(2) 电枢电压负反馈和电枢电流正反馈　在晶闸管拖动电路中，若负载因某种原因增大，则使电机转矩增大，电枢电流增大，转速下降。为稳定转速，可将电枢电流作为反馈信号，使晶闸管导通角增大，转速回升。这种反馈称为电枢电流正反馈。图 8-11 为带有电压负反馈和电流正反馈的可控硅拖动电路结构原理图（ST-55 拖动电路）。

电路中电枢电压反馈信号的取出方式同上，电枢电流正反馈信号 U_i 从与电枢串联的电阻 R_5 上取出。电枢电压负反馈信号 U_u 和电枢电流正反馈信号 U_i，通过电位器 RP_3 叠加，并从 RP_3 中点取出叠加信号的一部分加到三极管 V_1 的基极，因此反馈信号组合 U_{i-u} 为电枢电流正反馈与电枢电压负反馈之和（U_i-U_u）的一部分，即 $U_{i-u}=m(U_i-U_u)$，m 为 RP_3 中点调定分压比（$m<1$）。这个综合反馈信号加入后，当电动机负载增加时，电枢电流增加，使电枢电流正反馈信号 U_i 以及综合反馈信号 U_{i-u} 随之增加，这样就使得三极管 V_1 的基极—发射极电流增大，集电极—发射极电流增大；V_2 的基极—发射极电流增大（因 R_6 上压降增大），集电极—发射极电流增加即电容 C_2 充电速度增加，因而使达到单结晶体管 V_3 的击穿电压的时间提前，TP 发出脉冲相位提前，晶闸管导通角增加，最终使电动机转速因负载增加所引起的减慢得以补偿。电枢电压负反馈的作用和单独使用时是一样的。在图 8-11 电路中，给定控制信号由 RP_2、RP_4 提供，并跟综合反馈信号 U_{i-u} 并联叠加在 V_1 的基极—发射极上。U_s 和 U_{i-u} 分别影响 V_1 的基极—发射极电流，因 U_s 事先调定，故当 U_{i-u} 增加时，基极—发射极电流增大，反之则减小，从而起到补偿网路波动及负载波动的作用。

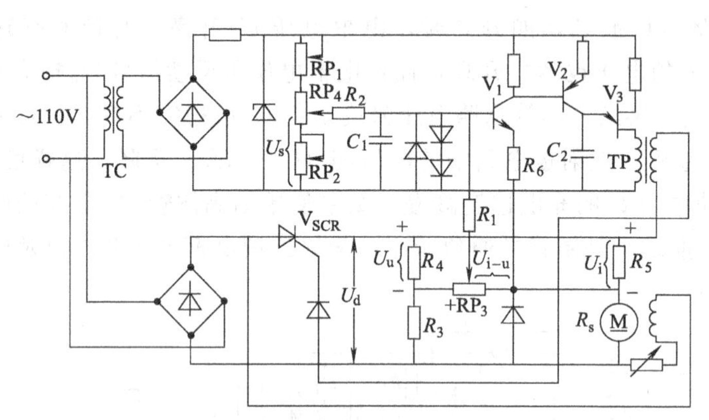

图 8-11　带有电压负反馈和电流正反馈的晶闸管拖动电路

必须注意，电枢电流正反馈只能和电枢电压负反馈同时使用，切不可单独使用，且反馈量（R_5 的数值）不能过大，否则极易引起回路振荡，反而达不到稳定转速的目的。

(3) 电势负反馈　在图 8-11 中若取 $\frac{R_5}{R_i}=\frac{R_4}{R_3}$（$R_i$ 为电动机电枢电阻），则由反比定理和合比定理可以得出

$$\frac{R_5}{R_i+R_5}=\frac{R_4}{R_3+R_4}$$

因为
$$U_u=\frac{R_4}{R_3+R_4}U_d$$

又因为
$$U_i=\frac{R_4}{R_3+R_4}(U_d-E)$$

（$E=Ce\phi n$ 为电动机反电势）

则
$$U_i=\frac{R_4}{R_3+R_4}(U_d-E)$$

$$U_{i-u}=m(U_i-U_u)=m\left[\frac{R_4}{R_3+R_4}(U_d-E-U_d)\right]$$

$$=-m\frac{R_4}{R_3+R_4}E=-m\frac{R_4Ce\phi}{(R_3+R_4)}n$$

由此可见，根据上述条件所得到的反馈信号是跟电动机反电势，亦即与电动机转速成正比的负反馈信号，故称电势负反馈。这种反馈能使电动机任何转速波动都得到完全补偿。

(4) 电枢电压或电势微分负反馈　电路原理如图 8-12 所示。图中 V_1 相当图 8-12 中 V_1，而 V_2、V_3 等均未画出，RP 相当于图 8-10 中 R_4（取出电枢电压负反馈）或图 8-11 中 RP_3（取出电势负反馈信号），微分负反馈是由 RP 和 C、R 一起组成的，从 RP 取的反馈信号经电容 C 和电阻 R 加在 V_1 的基极—发射极上，由于电容的作用，V_1 的基极—发射极电流为电容 C 的充电电流，并与 C 的电容量以及电枢电压或电势的微分成正比，即 $i_c\propto C\frac{dU_d}{dt}$，故称电枢电压或电势微分负反馈。当转速稳定时，$\frac{dU_d}{dt}=0$，反馈环节不起作用。当转速加快或减慢时，$\frac{dU_d}{dt}>0$（或$<0$）负反馈环节使晶闸管导通角减小（或增大），阻止转速增加（或减小），并且由于电容的充电电流不能突变，使反馈信号逐渐加入，因而能抑制振荡。

(5) 电流截止负反馈　图 8-13 为电流截止负反馈电路原理，图中 C_1 相当于图 8-11 中 C_2，其他反馈和控制环节均未画出。由 R_1 和 RP_1 以及 V_4、V_5、C_2 等元件组成电流截止负反馈环节。R_1 和 RP_1 并联后串在电枢电路中取得电流反馈信号，并从 BP_1 中点取出，经稳压管 V_5 加在 V_4 的基极—发射极上。当电枢电流在正常数值范围内时，从 RP_1 中点取出的信号不足以使 V_5 反向击穿，这时 V_4 截止，这一反馈环节不起作用。当电枢电流超过正常数值时，V_5 被击穿，V_4 导通，C_1 充电电流被旁路，C_1 充电速度减慢，晶闸管输出减小，电机转速减慢。当电枢电流过载太大时，V_4 饱和导通，使电容 C_1 几乎短路，这样就不能使电容 C_1 充电到单结晶体管 V_3 的击穿电压，电阻 R 无脉冲信号发出，晶闸管输出截止，从而保护了可控硅元件及直流电机。在电枢电流减小到正常值或因晶闸管截止电枢电流为零时，这一反馈又自动停止作用，电机转速又恢复正常。在启动过程中，这一环节还可以限制启动电流，延续启动速度。

2. 供气系统的控制

对供气系统的控制可分为三个方面，即：引弧前提前供气大约 1～2s，以排除引弧区周围空气，保证引弧区的焊缝质量，引弧后控制环节要保证整个焊接过程气流均匀可靠，以保证焊接过程正常进行，停止焊接后，熔池金属尚未冷却凝固，应滞后断气 2～3s，继续保护弧坑区的熔池金属不受空气的有害作用。对于供气系统提前送气以及滞后停气的要求，在控制电路上可以采用很多办法来实现，常用的有时间继电器延时方法，RC 延时电路，或采用机械球阀开关装在焊枪上由焊工直接按动等。半自动CO_2电弧焊多用机械开关控制供气系统的提前或滞后，自动CO_2电弧焊常用时间继电器延时方法或RC延时电路，通过电磁气阀来完成对供气系统的控制。

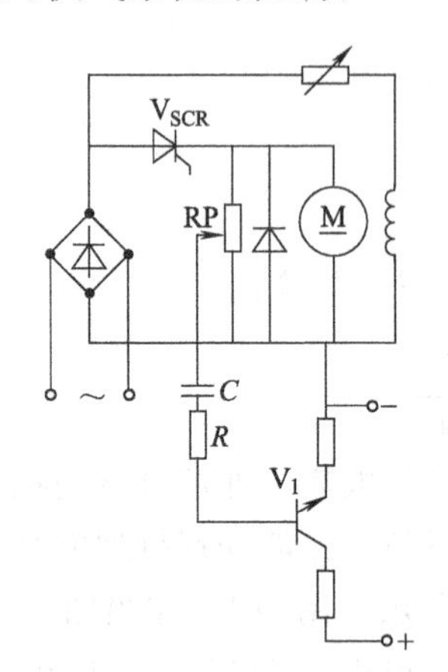

图 8-12 电压或电势微分负反馈

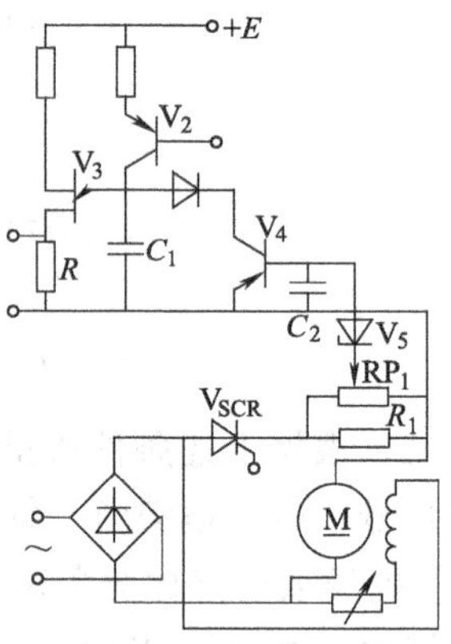

图 8-13 电流截止负反馈

3. 供电系统的控制

供电系统是指焊接主电源部分，供电系统的控制则是指电源的通断与焊丝送给的配合关系。供电可在送丝之前接通，亦可与送丝同时接通。但在停电时，希望送丝先停，而后再断电，以避免焊丝末端与熔池粘连，而影响弧坑处焊接质量。在通用的自动CO_2电弧焊设备中，都设有延时断电电路，保证在焊丝及小车停止后0.2～1s内延时切断焊接电源，使电弧在焊丝伸出端“返烧”借以填补弧坑。此外，必要时还可以采用焊接电压、电流自动衰减的熄弧控制环节以保证弧坑的焊接质量。

4. 焊接操作程序的控制

焊接操作程序是指焊接的启动和停止动作过程，是通过启动和停止按钮自动完成的。

半自动焊接操作控制程序如下：

启动→提前送气（1～2s）→送丝，供电（开始焊接）

停止→停丝，停电（焊接停止2～3s）→停止送气（滞后停气）

自动焊接操作控制程序如下：

启动按钮→提前送气（1～2s）→引弧，供电→正常送丝，小车行走（开始焊接）

停止按钮→焊丝送进衰减，小车停止→停丝（0.2～1s）→停电（2～3s）→停气（停止焊接）

模块二 CO_2电弧焊焊机电路原理举例

前面已经分别介绍了CO_2电弧焊焊接电源以及控制系统的各个环节，现以NBC-250型CO_2半自动电弧焊机为例，分析CO_2半自动电弧焊整机的电气线路工作原理，使读者对CO_2电弧焊机有较全面的了解。

NBC系列CO_2半自动焊机（包括NBC-160，NBC-250，NBC-1400）的引弧、熄弧均由手工操作，只具有简单的提前送气、滞后停气和送丝电机的调速控制等电路，但由于运行可靠，维修方便在生产上应用仍然十分普遍。NBC-250型焊机最大焊接电流为250A，可用于板厚为1～5mm的低碳钢、低合金钢结构的全位置对接、搭接以及角接焊缝的焊接。焊机采用等速送丝系统，焊丝驱动为拉丝式，焊丝直径为0.8～1.2mm，焊接电流范围为60～250 A，空载电压调节范围为17～27V，额定输入功率为9kW，额定负载持续率为60%。该焊机的电气原理如图8-14所示。主要由焊接电源、晶闸管送丝电动机调速控制、供气控制以及焊接操作程序控制等部分组成。

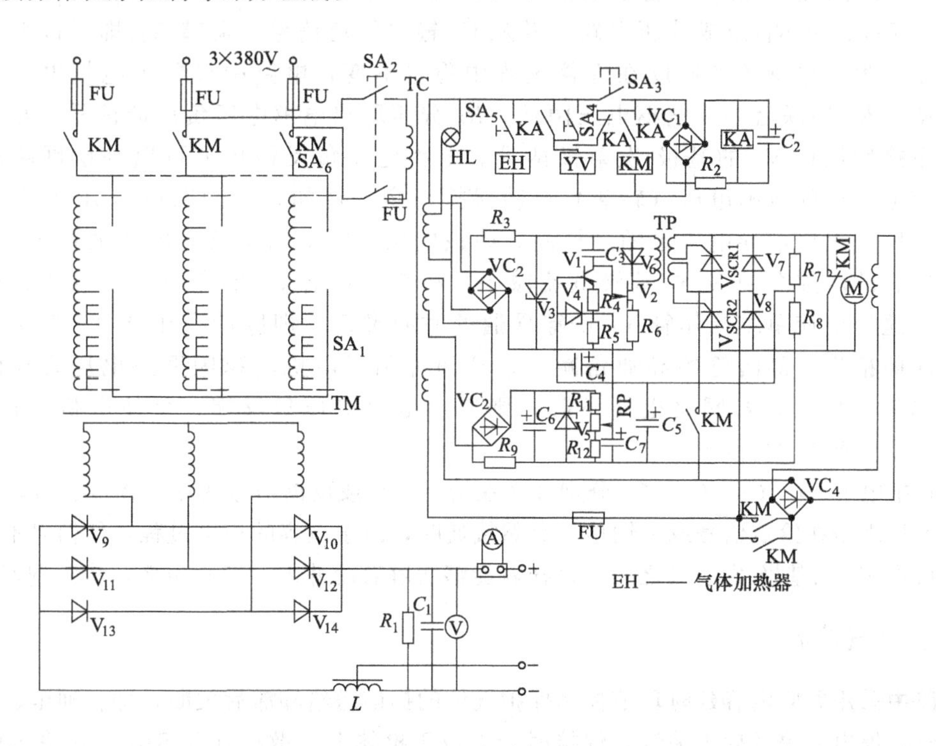

图8-14　NBC-250型 CO_2 气体保护半自动焊机电气原理

一、焊接电源

焊接电源为平特性三相硅整流器。焊接变压器TM采用星形—三角形（Y/△）连接方法，通过粗调开关 SA_6 和细调开关 SA_1 调节初级线圈的匝数，一共可调出20级输出电压。TM的次级接入三相桥式整流器，经可调电感 L 输出。L 串在焊接直流回路中，起调节电源动特性的作用。根据焊接条件（焊丝直径、工艺参数）电感 L 有二档可供选择，既可接入全部电感量，亦可只接入一半电感量。

二、调速控制

调速主电路由两只晶闸管 V_{SCR1}、V_{SCR2} 和两只整流二极管 V_7、V_8 组成桥式全控电路。调节晶闸管的导通角，即可调节电动机M的电枢电压和电机转速，从而调节送丝速度和焊接电流。

晶闸管导通角控制电路（触发电路）由二极管整流桥（VC_2）、稳压管 V_3、R_4、R_5、三极管 V_1、C_3 以及双基极二极管 V_2 等组成。V_1 的作用相当于可变电阻，改变基极电流大小，即可改变 V_1 阻值大小，从而改变电容 C_3 的充电速度，以及双基极二极

管 V_2 发出第一个脉冲的相位，进而改变晶闸管的导通角，亦即改变直流电动机 M 的电枢电压和转速，实现焊前送丝速度的调节。V_2 的基极电流愈小，其电阻愈大，C_3 的充电速度愈低，晶闸管的导通角也愈小，电枢电压和转速愈低，结果使焊丝送给速度减慢。反之，送丝速度加快。

V_1 基极给定信号由二极管整流桥 VC_3、C_6、V_5 以及 RP、R_{11} 及 R_{12} 组成的电路提供。RP、R_{11}、及 R_{12} 组成分压电路，并从 C_7 输出给定信号，调节 R_{10} 即可改变给定信号的大小。为了保持送丝速度在焊接过程中稳定不变，电路中设置了电枢电压负反馈环节。R_7、R_8 串联后并在电枢电压两端，R_8 分压取出电枢电压负反馈信号，与给定信号反向串接后加在 V_1 的基极-发射极两端。电枢电压负反馈环节可以补偿网路波动的影响，使电动机的电枢电压（转速）自动保持稳定。例如，当网路电压升高时，R_8 上取出的电压负反馈信导电压也随之提高，因该电压与给定电压反向串联加在 V_1 的基极上，所以它的增加会使 V_1 的基极电流减小，结果使电容 C_3 的充电电流减小，充电速度变慢，这样便使单结晶体管 V_2 击穿导通的时间推迟，即脉冲变压器 TP 发出第一个脉冲的时间推迟，晶闸管的导通角减小，从而抑制了电机转速因网路电压升高而产生的上升趋势。反之，若网路电压下降，则通过电枢电压负反馈，可使电机转速回升，从而达到稳定转速的目的。

电路中电容 C_4、C_5、C_6、C_7 分别并联在给定信号或反馈信号两端，构成积分环节。积分环节的作用是在给定信号或反馈信号突然接通时，由于电容的充电过程，使信号不会立即加在三极管 V_1 的基极-发射极之间。这样就能够缓解启动冲击，抑制振荡，稳定调速过程。

三、供气控制

电路中采用并联电容延时环节控制保护气体的提前送给和滞后关断，即在通电、送丝之前先通气，停电、停丝后再关气。焊接时合上位于枪体上的微动开关 SA_3（开关 SA_4 已向下闭合），电磁气阀 YV 动作，CO_2 气体即送入焊接区。整流桥 VC_1 输出约 30V 的直流电压，经 R_2 向电容 C_2 充电。大约 1s 后（提前送气时间）直流继电器 KA 动作，使交流接触器 KM 工作，于是接通电源主电路。输出空载电压，KM 动作。同时，送丝控制电路接通，直流电动机运转，焊丝正常输送，即可引弧焊接。

焊接结束时断开微动开关 SA_3，接触器 KM 断电，电源主电路和送丝电路均切断，电弧熄灭。但由于电容 C_2 向继电器 KA 的绕组放电，经过大约 1s 后 KA 的触点才释放，使电磁气阀 YV 断电，从而实现滞后停气。

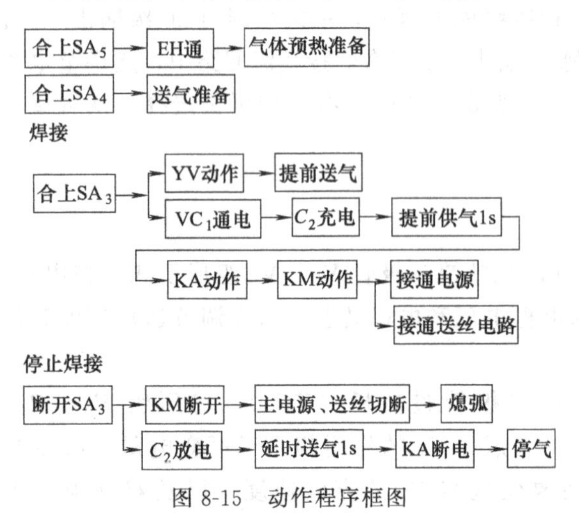

图 8-15 动作程序框图

四、焊接操作程序控制

焊接操作控制比较简单，焊接前合上开关 SA_5，使气体加热器 EH 工作，焊接时按下焊枪上的微动开关 SA_3，电路自动实现先通气，延时接通电源，送进焊丝等动作。停止焊接时，只需松开 SA_3，就可自动切断焊接电源，停止送丝，然后延时停气。

动作程序框图如图 8-15 所示。

模块三　CO_2焊机的保养和常见故障排除

CO_2 焊机的正确使用、保养和维修是保证焊机有良好的工作性能和延长焊机寿命的重要措施。现将焊机的保养和维修简介如下。

1. CO_2 焊机的保养

① 操作者必须掌握焊机的一般构造，电气原理以及使用方法。

② 焊机应按外部接线图正确安装，焊机外壳必须可靠接地。

③ 必须建立焊机定期维修制度。

④ 经常检查电源和控制部分的接触器及继电器触点的工作情况，发现烧损或接触不良者，要及时修理或更换。

⑤ 经常检查送丝电机和小车电机的工作状态，发现碳刷磨损、接触不良或打火时要及时修理或更换。

⑥ 经常检查送丝滚轮的压紧情况和磨损程度。

⑦ 定期检查送丝软管的工作情况，及时清理管内污垢，避免增加送丝阻力。

⑧ 注意导电嘴和焊丝的接触情况，当导电嘴孔径严重磨损时要及时更换。

⑨ 注意喷嘴与导电杆之间的绝缘情况，防止喷嘴带电并及时清除附着的飞溅金属。

⑩ 经常检查供气系统工作情况，防止漏气，焊枪分流环堵塞，预热器以及干燥工作不正常等问题，保证 CO_2 气流均匀畅通。

⑪ 工作完毕或因故离开，要关闭气路和水路，切断一切电源。

⑫ 当焊机出现故障时，不要随便拨弄电气元件，应停机停电检查修理。

2. CO_2 焊机常见故障及排除方法

CO_2 设备故障的判断方法，一般采取直接观察法、表测法、示波器波形检测法和新元件代入等方法。检修和消除故障的一般步骤是，从故障发生部位开始，逐级向前检查。对于被检修的各个部分，首先检查易损、易坏、经常出毛病的部件，随后再检查其他部件。CO_2 焊机常见故障的产生原因及其排除方法如表 8-2 所示。

表 8-2　CO_2 焊机常见故障的产生原因及排除方法

故障现象	可能原因	排除方法
焊丝送给不均匀	①送丝电机电路故障 ②减速箱故障 ③送丝轮滚轮压力不当，或磨损 ④送丝软管接头处堵塞或内层弹簧松动 ⑤焊枪导电部分接触不好或导电嘴孔径大小不合适 ⑥焊丝绕制不好，时松时紧或有弯折	①检修电机电路 ②检修 ③调整滚轮压力或更换 ④清洗或修理 ⑤检修或更换导电嘴 ⑥调直焊丝
焊接过程中发生熄弧和焊接规范不稳	①导电嘴打弧烧坏 ②焊丝给送不均匀，导电嘴磨损过大 ③焊接规范选择不合适 ④焊件和焊丝不清洁，接触不良 ⑤焊接回路各部件接触不良 ⑥送丝滚动磨损	①更换导电嘴 ②检查送线系统，更换导电嘴 ③调整焊接规范参数 ④清理焊件和焊丝 ⑤检查电路元件及导线连接 ⑥更换滚轮

续表

故障现象	可能原因	排除方法
焊丝停止送进和送丝电机不转	①送丝滚轮打滑 ②焊线与导电嘴熔合 ③焊丝卷曲卡在焊丝进口管处 ④保险丝烧断 ⑤电动机电源变压器损坏 ⑥电动机碳刷磨损 ⑦焊枪开关接触不良或控制线路断线 ⑧控制继电器烧坏或其触点烧损 ⑨调速电路故障	①调整滚轮压力 ②连同焊丝拧下导电嘴，更换 ③将焊丝退出，剪去一段焊丝 ④更换 ⑤检修或更换 ⑥换碳刷 ⑦检修和接通线路 ⑧换继电器或修理触点 ⑨检修
焊丝在送给滚轮和软管进口之间发生卷曲和打结	①弹簧管内径太小或阻塞 ②送丝滚轮离软管接头进口太远 ③送丝滚轮压力太大，焊丝变形 ④焊丝与导电嘴配合太紧 ⑤软管接头内径太大或磨损严重 ⑥导电嘴与焊丝粘住或熔合	①清洗或更换弹簧管 ②移近距离 ③适当调整压力 ④更换导电嘴 ⑤更换接头 ⑥更换导电嘴
气体保护不良	①电磁气阀故障 ②电磁气阀电源故障 ③气路阻塞 ④气路接头漏气 ⑤喷嘴因飞溅而阻塞 ⑥减压表冻结	①修理电磁气阀 ②修理电源 ③检查气路导管 ④紧固接头 ⑤清除飞溅物 ⑥查清冻结原因可能是气体消耗量过大，或预热器断路或未接通

思考与练习

一、填空题

1. 自动调节系统的优劣，可以从系统的稳定性、____________和静态误差几个方面来衡量。

2. CO_2 电弧焊设备应包括焊接电源、__________________、送丝机构、____________和____________等几个部分。

3. 电弧电压调节系统是以____________为被调量，而以__________为控制量的闭环自动调节系统。

4. CO_2 电弧焊对电源动特性的要求，主要是指短路电流上升速度 di/dt。细丝短路频率高，熔化速度快，di/dt 值应______些，粗丝频率低，熔化速度慢，di/dt 值应______些。

5. CO_2 电弧焊其送丝方式主要有______________、______________和______________三种。

6. 熔化极半自动氩弧焊设备主要由______________、______________、______________以及________________等部分组成。

7. CO_2 供气系统的作用是使钢瓶中高压 CO_2 液体处理成合乎质量要求的、具有一定流量的 CO_2 气体，并使之均匀畅通地从焊枪喷嘴喷出。供气系统通常由________、________、__________和____________等组成。

二、问答题

1. CO_2 钢瓶压力表所示的压力能否表示瓶中 CO_2 气体的储量，为什么在瓶内压力降到

10^2kPa 以下时，就应该停止使用？

2. CO_2 电弧焊时，对 CO_2 气体纯度有什么要求？试说明 CO_2 气体的提纯措施。

3. 一台完整的 CO_2 电弧焊设备通常包括哪几个主要部分？试说明各部分的作用以及对它们的要求。

4. 为什么细丝 CO_2 电弧焊通常采用平特性电源，等速送丝式焊机？

5. CO_2 电弧焊的控制系统通常包括几个部分？各部分应满足哪些要求？

6. CO_2 电弧焊送丝拖动（小车拖动）通常采用什么电路？

7. 常用的转速自动调节有哪几种方式？

8. CO_2 电弧焊焊机的保养和维护应该注意哪些问题？

第九单元　氩弧焊设备

学习目标： 深入了解氩弧焊设备的分类及结构。认识掌握氩弧焊设备铭牌上有关品名及技术参数的含义。熟练掌握氩弧焊设备的使用和维护。

模块一　钨极氩弧焊设备

一、钨极氩弧焊设备的一般结构

钨极氩弧焊机可分为手工钨极氩弧焊机和自动钨极氩弧焊机两类。手工钨极氩弧焊设备主要由焊接电源、焊枪、供气和供水系统以及控制系统等部分组成。自动氩弧焊机设备则在手工焊机设备的基础上，再增加焊接小车（或转动设备）和焊丝送给机构等组成。这里主要介绍焊接电源和控制系统的结构。

（一）焊接电源

钨极氩弧焊可以采用直流、交流或交、直流两用电源。无论是直流还是交流都应具有陡降外特性或垂直下降外特性，以保证在弧长发生变化时，减小焊接电流的波动。交流焊机电源常用动圈漏磁式变压器；直流焊机可用它激式焊接发电机或磁放大器式硅整流电源；交、直流两用焊机常采用磁饱和电抗器或单相整流电源。

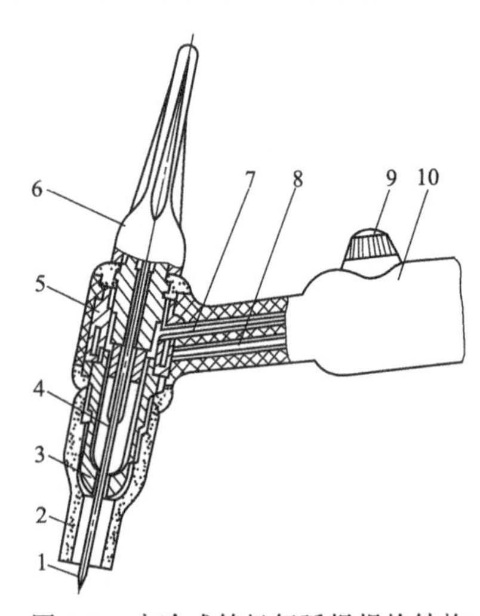

图 9-1　水冷式钨极氩弧焊焊枪结构
1—钨电极；2—陶瓷喷嘴；3—导气套管；4—电极夹头；5—枪体；6—电极帽；7—进气管；8—冷却水管；9—控制开关；10—焊枪手柄

（二）焊枪

钨极氩弧焊焊枪的作用是夹持电极、导电及输送保护气体。目前国内使用的焊枪大体上有两种：一种是气冷式焊枪，用于小电流（最大电流不超过 100A）焊接，另一种是水冷式焊枪，供焊接电流大于 100A 时使用，其结构见图 9-1。气冷式焊枪利用保护气流冷却导电部件，不带水冷系统，结构简单，使用轻巧灵活。水冷式焊枪结构比较复杂，重量稍重，使用时两种焊枪皆应注意避免超载工作，以延长焊枪寿命。

（三）控制系统

钨极氩弧焊机的控制系统在小功率焊机中和焊接电

源装在同一箱子里，称为一体式结构。大功率焊机中，控制系统与焊接电源则是分立的，为一单独的控制箱，如 NSA-500-1 型交流手工钨极氩弧焊机便是这种结构。

控制系统由引弧器、稳弧器、行车（或转动）速度控制器、程序控制器、电磁气阀和水压开关等构成。

1. 对控制系统的要求

① 提前送气和滞后停气，以保护钨极和引弧、熄弧处的焊缝；

② 自动控制引弧器、稳弧器的启动和停止；

③ 手工或自动接通和切断焊接电源；

④ 焊接电流能自动衰减。

图 9-2 为典型的钨极氩弧焊接程序流程。

2. 引弧器和稳弧器

(1) 引弧器　有高压脉冲式和高频振荡式两种。

① 高频振荡引弧器　电气原理图如图 9-3 所示，它是一个高频高压发生器，其输出电压一般为 2000～3000V，频率为 150～260kHz。T_1 是高漏抗升压变压器，P 是火花放电器，由两小段钨棒构成，两者之间留有可调间隙，大约为 1mm 左右；C_1 为高压振荡电容；L 为振荡电感兼高频输出变压器 T_2 的初级绕组；T_2 为高频升压变压器。振荡器工作原理是：当合上电源开关 SA 后，变压器 T_1 次级电压可达 2500～3000V。在升压过程中，电容 C_1 充电，端电压不断升高，当达到 P 的击穿电压时，其间空气隙被击穿而产生火花放电，这时 P 处于短路状态。于是 C_1 通过 P 和 L 构成的 L-C 振荡电路放电而使电路发生振荡。产生的高频高压通过 T_2 输出至焊接回路用于引弧。

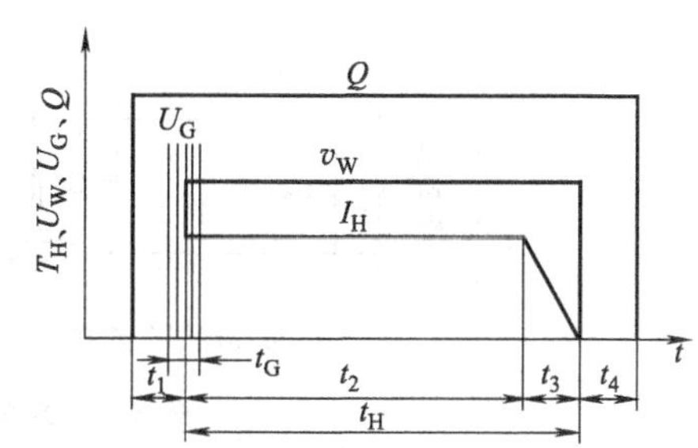

图 9-2　钨极氩弧焊焊接程序流程图

Q—氩气流量；U_G—高频振荡；v_W—焊接速度；I_H—焊接电流；t_G—高频振荡时间；t_1—提前送气时间；t_2—正常焊接电流时间；t_3—电流衰减时间；t_4—滞后停气时间；t_H—焊接时间

因振荡电路中存在电阻，所以振荡是衰减的。一旦振荡电压低于 P 的击穿电压，振荡过程亦随之结束。这时变压器 T_1 又重新给 C_1 充电，使之重复前述的振荡过程，振荡波形如图 9-4 所示。可见报荡器的振荡过程为振荡—间歇—振荡。

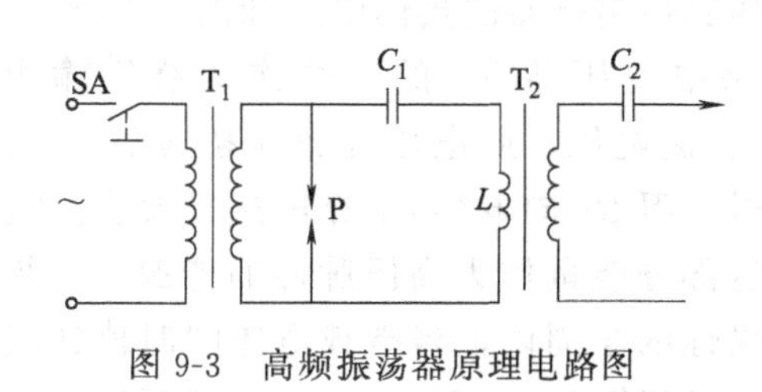

图 9-3　高频振荡器原理电路图

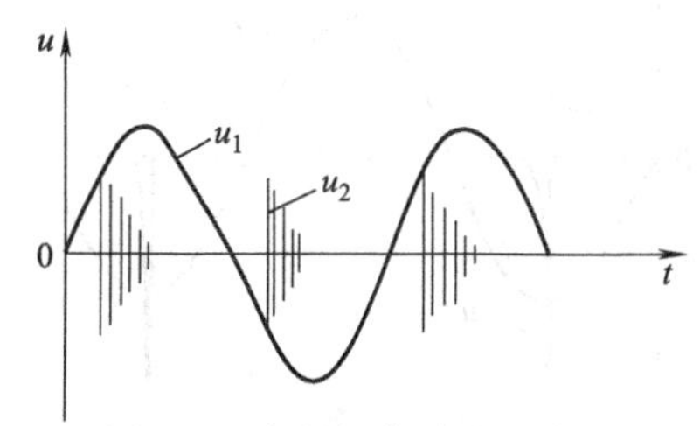

图 9-4　高频振荡波形示意图

u_1—电源电压；u_2—高频电压

振荡器同焊接回路的连接方式有并联和串联两种，如图 9-5 所示。

并联接法在早期的钨极氩弧焊机中应用颇广［图 9-5 (a)］。为防止高频高压窜入焊接电源中损坏整流元件和绝缘，常在焊接回路内串接一个电抗器，并且在焊接电源的输出端并联一个电容。虽然如此，但总有部分高频通过焊接电源和 L_1、C_2 而分流。消耗部分能量，因而减弱了引弧效果。图中电容 C_2 起隔离作用，可防止焊接电流通过 T_2 次级绕组形成通路。

采取串联方法［图 9-5（b）］可纠正上述缺点，并使引弧可靠性提高。由于高频串联于回路中，因此可无衰减地通过电弧区。图中 C_2 为高频旁路电容，它可使高频不通过阻抗大的焊接变压器，从而避免了高频窜入焊接电源引起的不良后果。由于高频高压输出变压器 T_2 的次级为焊接主回路一部分，有焊接电流流过，所以次级导线截面要选粗些。

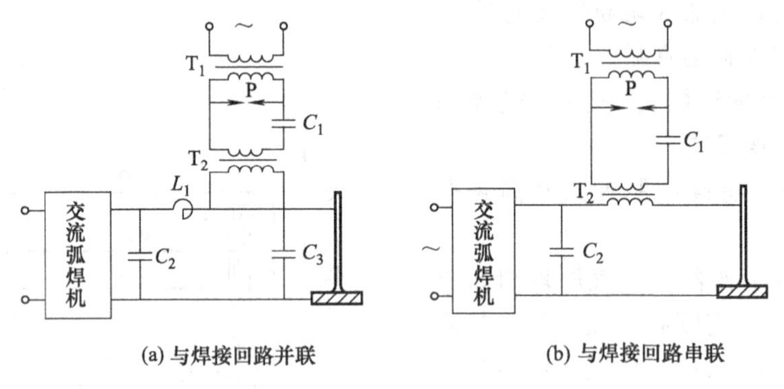

图 9-5 高频振荡的连接方法

高频振荡器截至目前为止，仍是非接触式引弧的一种常用装置，引弧效果亦很好。但它也存在一些缺点：第一，产生的高频电磁波对周围工作的电子仪器有干扰作用；第二，当窜入焊接电源中或控制电路中，可能造成电器元件的损坏或电路失控；第三，对长期在高频磁场中工作的人员的身体健康有某种不利影响。鉴此，必须对高频振荡器采取隔离屏蔽等措施。

② 高压脉冲引弧器 是为消除振荡器的上述缺点而出现的一种引弧器，如 NSA-500-1 型手工钨极交流氩弧焊机上就采用了这种引弧器。那么这个高压脉冲应在什么时候加入呢？前已述及，钨极氩弧焊时，由于电极与焊件材料的物理性质相差较大，因而焊件处于负极性的半周时，引燃电弧比较困难，特别是使用交流钨极氩弧焊焊接铝、镁及其合金时，这种情况更突出。因此，为了使高压脉冲引弧可靠，应当在焊件处于负极性半周的峰值时，叠加高压引弧脉冲，效果最佳。

引弧脉冲电压与电网电压瞬时值间的相位关系如 图 9-6 所示。

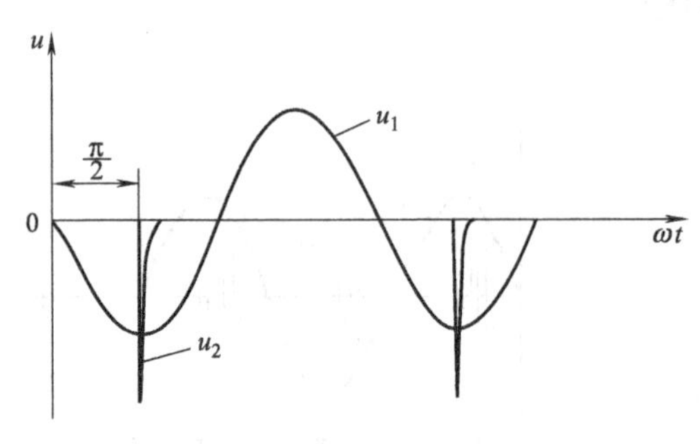

图 9-6 引弧高压脉冲与电源电压间的相位关系
u_1—电源电压；u_2—高压脉冲电压（引弧用）

高压脉冲引弧器的具体电路如图 9-7 所示。引弧电路中变压器 T_1 的一个次级绕组输出 800V 的交流电压，此电压经整流桥 VC_1 整流后，经过电阻 R_1 向电容 C_1 充电达最大值。C_1 储存的这部分能量作为高压脉冲的能源。在焊件为负极性的半周内，当空载电压瞬时值达极大值时，晶闸管 V_{SCR1} 和 V_{SCR2} 被触发导通，于是 C_1 向 T_2 的初级绕组放电。因此在 T_2 的次级绕组感应出一高压脉冲，它通过电容 C_{10}、电阻 R_5、二极管 V_5 叠加在钨极与焊件之间，以供引弧之用。

电容 C_1 放电很快结束，可控硅即自行关断，于是 C_1 又再次开始充电，经过 1/50s 待下一触发脉冲到来时，C_1 上的充电电压又将达到最大值。这时，若第一次引弧脉冲来引燃电弧，则可控硅将再次触发，并提供又一次引弧脉冲，直至电弧引燃。

引弧高压脉冲触发信号由引弧触发电路提供。此电路由同步、移相和脉冲形成等几部分组成。信号电源取自控制变压器 T_1 的一个次级绕组，其输出电压为 24V。由于 T_1 焊接变压器都取自同一相网路，所以 T_1 上的电压信号可以保证同步于焊接电源空载电压。

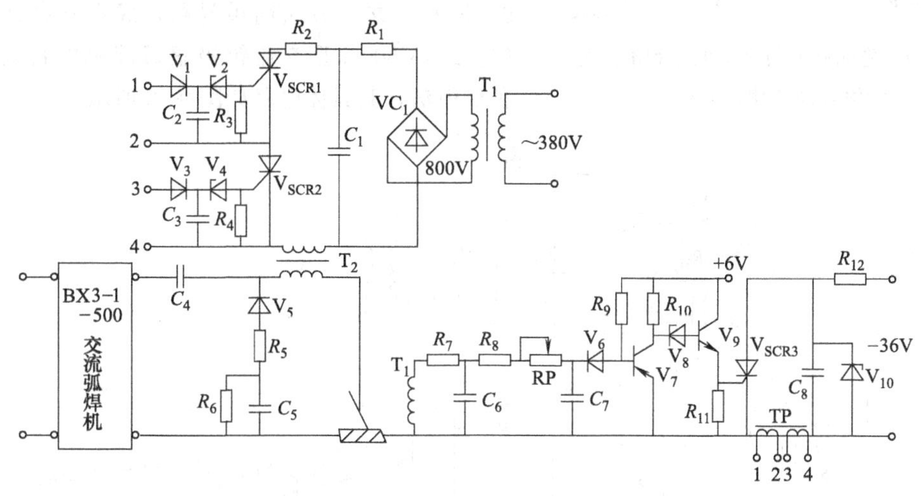

图 9-7　脉冲引弧电路

为了保证引弧脉冲触发信号在焊接电源空载电压相位为 90°时发出，应将输出的同步信号进行移相。移相是利用交流电路中电阻和电容上的电压在相位上相差 90°的原理制成阻容移相电路来实现的。由于需移相 90°，用一级移相电路达不到，所以采用了二级：R_7、C_5 为第一级；R_8 + RP、C_7 第二级，其移相矢量关系如图 9-8 所示。通过调节可调电位器 RP 使 U_{C7} 与 U_{T1} 在相位上正好相差 90°。

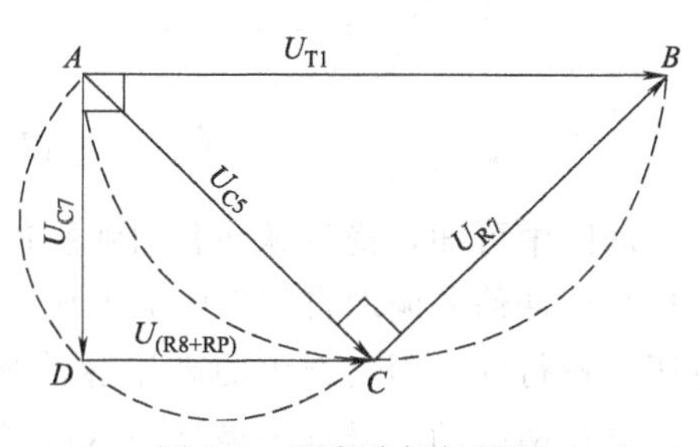

图 9-8　阻容移相矢量图

触发信号经过二级阻容移相 90°后，再通过二极管 V_6 检波加到三极管 V_7 基极。V_7 基极同时由 R_9 提供直流正向偏置信号。由于 V_6 取向的阻挡作用，当 C_7 上端为正电压时，不能加于 V_7 基极上，则 V_7 被 R_9 的电位所控制而所处于饱和导通状态，其集电极电位很低。于是 V_9 被截止，晶闸管 V_{SCR1} 和 V_{SCR2} 不被触发；当 C_7 上的电压转为上负下正时，则 C_7 两端电压可通过 V_6 施加于 V_7 基、发极两端，使 V_9 基极电位变负，V_7 转为截止，集电极电位上升，电压通过稳压管 V_8 加到 V_9 基极上，使 V_9 导通，其发射极电阻 R_{11} 上有正电压输出至晶闸管 V_{SCR3} 触发极，使 V_{SCR3} 导通。V_{SCR3} 导通后，C_6 经过 TP 初级放电，则次级上产生的感应脉冲信号可触发 V_{SCR1} 和 V_{SCR2}。待它们导通后，C_1 放电，保证了焊接电源空载电压在焊件为负极性的半周内的 90°处产生高压引弧脉冲（见图 9-6）。

图 9-7 中 C_5、R_5、R_6 和 V_5 组成高压脉冲旁路，其作用是避免高压脉冲电流通过焊接变压器造成对电源设备损伤以及脉冲能量损耗。C_5 是过渡高压脉冲用的，R_6 是 C_5 的放电电阻，以免 C_5 积累高压。V_5 用来防止脉冲振荡。

(2) 稳弧器　从前面分析可知，当用钨极交流氩弧焊焊接铝合金时，电流由正极性到负极性

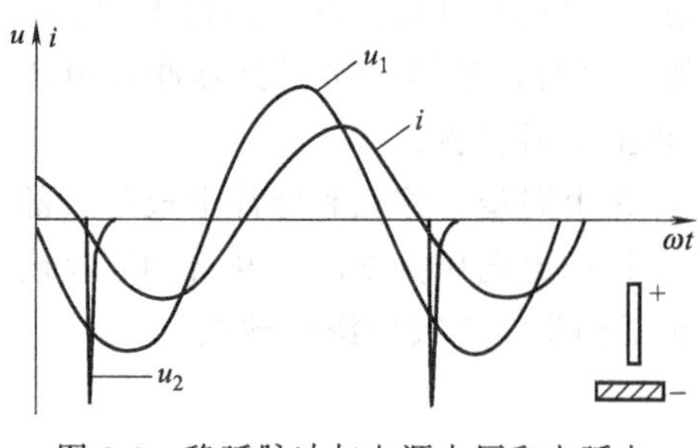

图 9-9 稳弧脉冲与电源电压和电弧电流之间的相位关系

的过零瞬间，电弧重新引燃比较困难。同时还知道采用高空载电压的焊接电源和采用高频振荡器来稳弧也有许多缺点。为解决这个问题，可以采用高压脉冲稳弧法，它是在焊件由正极性向负极性转变的时刻，向弧隙提供一高压脉冲来帮助电弧重燃的。稳弧脉冲与电源电压和电弧电流间的相位关系如图 9-9 所示。这一方法简单易行，成本不高而且效果好。NSA-500-1 型交流钨极氩弧焊机中就是采用这种稳弧法，其具体电路如图 9-10 所示。

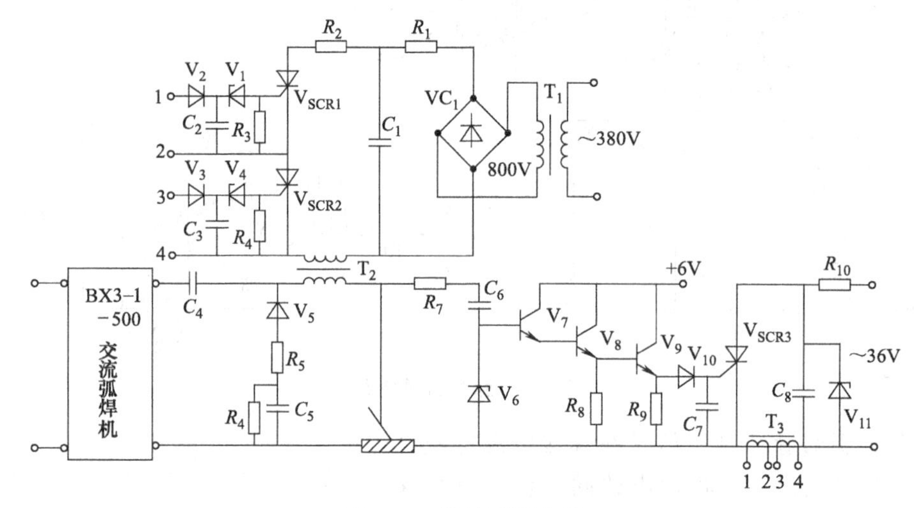

图 9-10 脉冲稳弧电路

从图中可知，稳弧脉冲和引弧脉冲共用一套脉冲发生电路，但有各自的触发电路。这里的稳弧脉冲信号源取自焊接电弧电压，以保证稳弧脉冲在电流过零时产生。但直接取用电弧电压是不行的，因为产生的高压脉冲最终也将叠加在电弧电压上。为了防止高压脉冲的冲击，电弧两端的信号首先经过由 R_7、C_8 及 V_8 组成的衰减器衰减后，再输入由 V_7、V_8 内联组成的阻抗极大的射极输出器，并由 R_8 输送给后一级射极输出器 V_9。最后从 R_9 上输出矩形波，经 V_{10} 钳位后去触发 V_{SCR3}。当焊件处于正极性的半周内时，V_7 基极电位为负值，所以 V_7 被截止，R_9 上没有电压输出，V_{SCR3} 不能被触发，脉冲发生电路不工作；当焊件由正极性向负极性转变瞬间，V_7 的基极输入一个正向的同步信号电压，于是 V_7 导通，并在 V_9 的射极电阻 R_9 上输出正电压触发 V_{SCR3}。V_{SCR3} 导通后，已充满电的 C_8 通过 T_3 次级感应一个脉冲去触发 V_{SCR1} 和 V_{SCR2} 使得 C_1 放电。于是，T_2 次级产生一个高压脉冲，保证了电弧电流向工件为负极性转变的过零瞬间重新引燃电弧。

在 NSA-500-1 型焊机中，引弧脉冲和稳弧脉冲共用一变脉冲发生电路，两脉冲都发生在焊件为电源负极性的半周内。当电弧引燃以后，引弧脉冲触发电路仍在继续工作，所以脉冲变压器 T_3 往后续的稳弧半波里就会出现两个触发脉冲。但由于稳弧脉冲相位角小于 90°，而引弧脉冲恰发生在 90°处，故稳弧脉冲在前，引弧脉冲在后。由此可知，当稳弧脉冲输出后，电容 C_1 刚放完电而来不及充足电，随之而来的引弧触发脉冲信号又将 V_{SCR1}、V_{SCR2} 触发导通，于是 C_1 将再次放电。但由于 C_1 充电不足，则这时供给电弧的脉冲电压是很低的，对电弧的行为无多大影响。

（四）供气供水系统

供气系统主要包括氩气瓶、减压器、流量计及电磁气阀，其组成如图 9-11 所示。

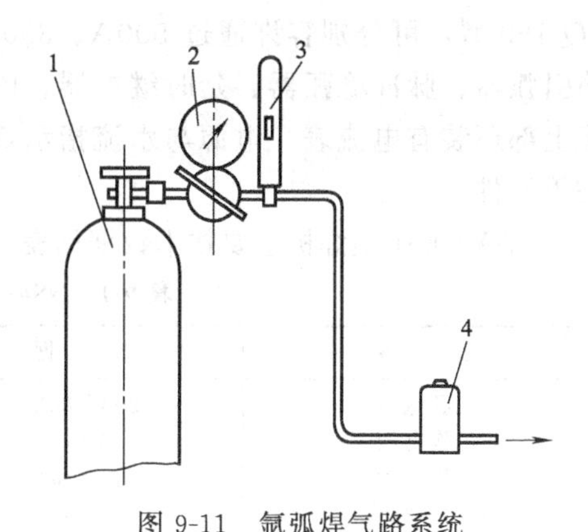

图 9-11　氩弧焊气路系统

1—气瓶；2—减压阀；3—流量计；4—电磁气阀

（1）氩气瓶　氩气瓶的构造和氧气瓶相似，外表涂为灰色，并标以“氩气”字样。氩气瓶最大压力为 14700kPa，容积一般为 40L。氩气在钢瓶中呈气体状态，从钢瓶中引出后，不需要预热和干燥。

（2）减压器　减压器用以减压和调压，通常采用氧气减压器即可。

（3）气体流量计　气体流量计是检测通过气体流量大小的装置。目前采用的 301-1 型浮标式流量计将减压器和流量计制成一体，使用方便可靠。另一种为 LZB 型转子流量计，是单独使用的，一般转子流量计上的刻度是用空气来标定的。由于实际所使用的保护气体密度与空气不同，实际的流量也不同。因此，要知道所用气体准确的流量，则必须经过换算。

（4）电磁气阀　电磁气阀的开启和关闭受控于控制系统，从而达到提前送气和滞后断气的目的。它为一般的通用元件，与 CO_2 气路上的一样。

供水系统主要用来冷却焊接电缆、焊枪和钨棒。如果焊接电流小于 100 A 时，就不需要水冷。为保证冷却水可靠接通并有一定的压力才能启动焊接设备，通常在氩弧焊机中设有保护装置——水压开关 SW，如 NSA-500-1 型焊机中就置有这种装置。

二、典型钨极氩弧焊机举例

这里以 NSA-500-1 型手工钨极交流氩弧焊机为例来介绍钨极氩弧焊机的结构和电气原理。

NSA-500-1 型焊机主要用来焊接铝、镁及其合金的焊接构件。该机主要由弧焊电源、焊枪和控制箱等部分组成，外部接线图如图 9-12 所示。

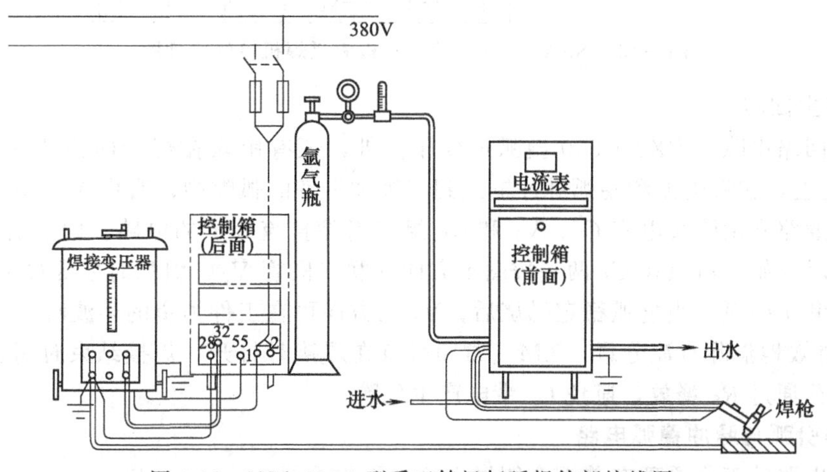

图 9-12　NSA-500-1 型手工钨极氩弧焊外部接线图

弧焊电源采用 BX3-1-500 型动圈式弧焊变压器，额定焊接电流为 500A，具有陡降外特性，其空载电压有两挡，分别为 80V 和 88V；焊枪三种，分别为 PQ-500 型、PQ-350 型和 PQ-150 型，可分别容许通过 500A、350A 和 150A 的电流；控制箱内装有交流接触器、脉冲引弧器、脉冲稳弧器、延时继电器、电磁气阀和消除直流分量的电容器等电气元件。控制箱上部还装有电流表、电源与水流指示灯，电源转换开关，气流检测开关和粗调气体延时开关等元件。

NSA-500-1 型焊机主要技术数据见表 9-1，其电气原理图如图 9-13 所示，工作原理如下：

表 9-1 NSA-500-1 型焊机主要技术数据

名　　称	数　　据	名　　称	数　　据
电源电压	200/380V	额定焊接电流	500A
工作电压	20V	焊接电流调节范围	50～500A
钨极直径	1～7mm	氩气流量	25L/min
额定持续率	60%	冷动水流量	1L/min

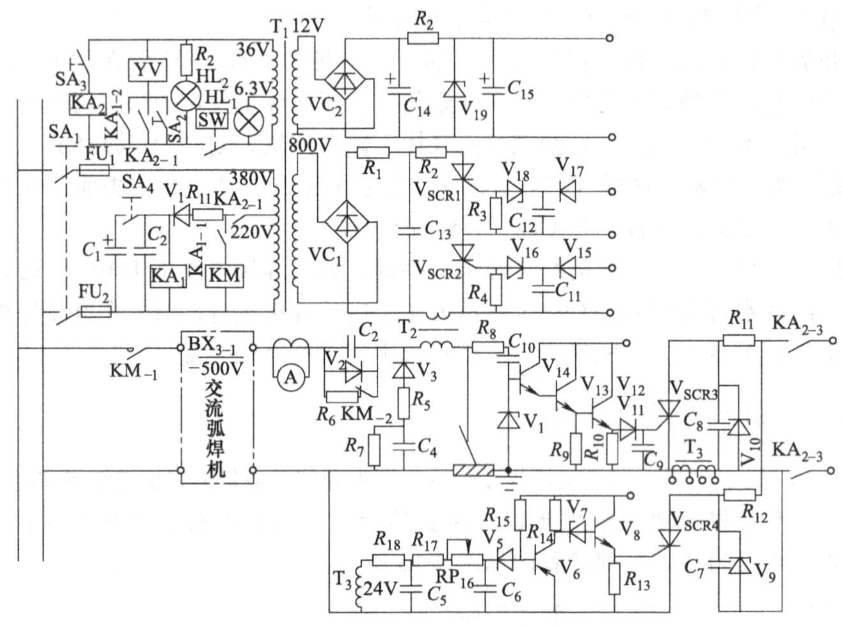

图 9-13 NSA-500-1 型手工钨极氩弧焊机电气原理图

1. 焊接主回路

焊接主回路中除了 BX3-1-500 型弧焊变压器外，还有串联在焊接回路冲的脉冲变压器 T_2 的次级绕组，它将引弧和稳弧脉冲输送到钨极和焊件的弧隙中；有由 V_3、R_5 和 C_4 组成的高压脉冲通路和由隔直电容 C_3、V_2 和 R_6 组成消除直流分量的电路。由于引弧选择在焊件为负半波时开始，所以在 C_3 两端按图示方向并联二极管 V_2，引弧时使焊接电流从 V_2 直接通过，以利于引弧。当电弧稳定燃烧后，V_2 的方向可在工件为负的半波时将 C_3 短接，从而使 C_3 更有效地消除直流分量。KM_{-2} 常闭触点在焊接时打开，焊接结束时闭合，可使 C_3 上储存的电荷通过 R_6 释放，避免 C_3 带电产生危险。

2. 脉冲引弧与脉冲稳弧电路

这部分电路的工作原理在前面介绍过，这里不再重复。

3. 延时电路

延时电路主要是控制提前送气与滞后断气的时间。它由继电器 KA_1、V_1、R_{10}、C_2 等元件组成。当拨动焊枪上的开关 SA_3 于闭合位置时，KA_2 动作，其常开触点 KA_{2-1} 接通电磁气阀 YV，开始输送氩气；其常开触点 KA_{2-4} 接通延时环节，C_2 通过 V_1 充电，当电压充至一定值时，KA_1 动作，从而接通交流接触器 KM，电弧引燃。C_2 充电开始直至 KA_1 动作就是提前的送气时间。当焊接结束时，使 SA_3 断开，KA_2、KM 立即释放，其触头切断焊接电源。但由于 C_2 向 KA_1 放电至电压降低到一定值后，KA_1 才释放，所以 YV 延时断电，继续输送氩气至 KA_1 释放为止。因此 C_2 放电开始直至 KA_1 释放的时间就是气体滞后时间。

NSA-500-1 型焊机工作程序按操作程序可用图 9-14 所示的方框图表示。

三、钨极氩弧焊机的保养和常见故障的排除

钨极氩弧焊机除与埋弧焊机、CO_2 焊机的使用保养要求一样外，还必须注意几点：焊机在使用前，必须检查水管、气管的连接，保证焊接时能正常供水、供气，特别是大电流钨极氩弧焊机应更加重视，定期检查焊枪的弹性钨极夹头的夹紧状况和喷嘴的绝缘性能是否良好。

NSA-500-1 型焊机控制线路较复杂，发生故障检修前，应使电容器 C_{18} 先行放电，以防止触电。焊机常见故障产生原因及检修方法见表 9-2 所列。

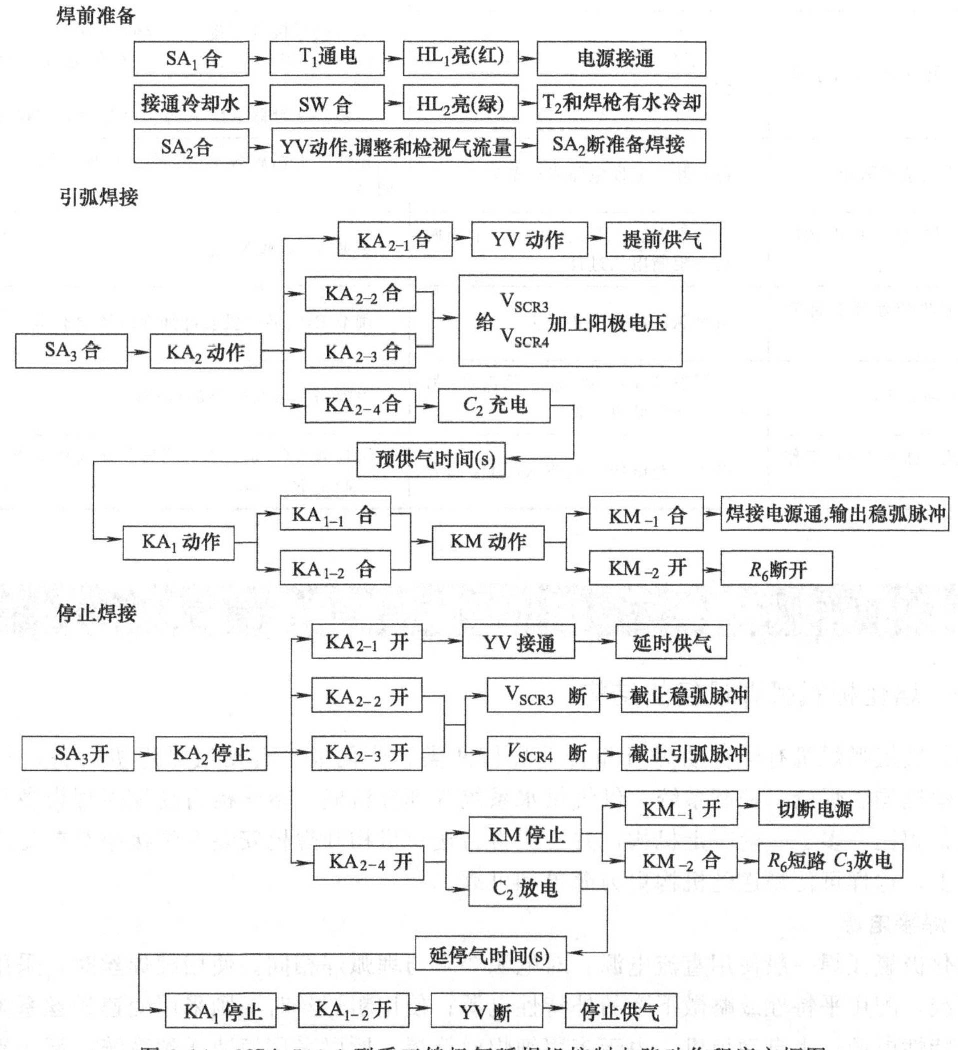

图 9-14 NSA-500-1 型手工钨极氩弧焊机控制电路动作程序方框图

表 9-2 NSA-500 型焊机常见故障及检修

故障现象	可能原因	排除方法
合上电源开关，电源指示灯不亮，拨动焊把开关，无任何动作	①电源开关接触不良或损坏 ②保险丝烧断 ③指示灯损坏	①更换开关 ②更换保险丝 ③更换指示灯
电源指示灯亮，水流开关指示灯不亮，拨动焊把开关，无任何动作	①水流开关失灵或损坏 ②水流量小	①更换或修复水流开关 SW ②增大水流量
电源及水流指示灯均亮，拨动焊把开关，无任何动作	①焊把开关损坏 ②继电器 KA_2 损坏	①更换焊把开关 ②更换 KA_2
焊机启动正常，但无保护气输出	①气路堵塞 ②电磁气阀损坏或气阀线圈接入端接触不良	①清理气路 ②检修电磁气阀或更换气阀 ③检修接线处
拨动焊把开关，无引弧脉冲	引弧触发回路或脉冲发生主回路发生故障	①检修 T_2 输出侧与焊接主回路连接处 ②检修引弧触发回路及输入、输出端 ③检修脉冲主回路和脉冲旁路回路
有引弧脉冲，但不能引弧	引弧脉冲相位不对或焊接电源不工作	①对调焊接电源输入端或输出端 ②调节 RP_{16} 使引弧脉冲加在电源空载电压 90°处 ③检修接触器 KM 或焊接电源输入端接线
引弧后无稳弧脉冲	稳弧脉冲触发电路发生故障	先切断引弧触发脉冲，然后检修稳弧脉冲触发回路
接通焊机电源，即有脉冲产生	晶闸管 V_{SCR1}、V_{SCR2} 中的一个或两个正向阻断电压过低	更换 V_{SCR1} 和 V_{SCR2}
引弧脉冲和稳弧脉冲互相干扰	引弧脉冲相位偏差过大	调节 RP_{16} 使引弧脉冲加在电源空载电压 90°处
稳弧脉冲时有时无	晶闸管 V_{SCR1}、V_{SCR2} 一只击穿，另一只正向阻断电压低	更换击穿或特性差的可控硅
引弧及稳弧脉冲弱，工作不可靠	高压整流电压过低或 R_2 阻值偏大	①检修 VC_1 是否有一桥臂损坏而成为半波整流 ②减少 R_2 的阻值

模块二 熔化极氩弧焊设备

一、熔化极氩弧焊设备的结构

熔化极氩弧焊机有半自动焊机和自动焊机两类。熔化极半自动氩弧焊机设备由焊接电源、送丝机构、焊枪、控制系统、供气供水系统等部分组成。熔化极自动氩弧焊设备与半自动焊设备相比，多了一套行走机构，并且通常将送丝机构和焊枪安装在焊接小车或专用的焊接机头上，这样可使得送丝机构更为简单和可靠。

1. 焊接电源

熔化极氩弧焊一般使用直流电源。对电源要求与埋弧焊相同。使用细焊丝时，采用等速进丝系统，配用平特性或略微下降的外特性电源；使用粗焊丝时，则采用变速送丝系统，配用下降特性电源。半自动焊机，由于多用细焊丝施焊，所以采用等速送丝系统，配用平特性电源。自动焊机两种配合方案都使用，主要视焊丝直径而定。

2. 送丝机构

主要指半自动焊机的送丝机构，在结构上与 CO_2 气体保护焊所用送丝机构相同。值得注意的是，熔化极氩弧焊常焊铝及其合金。因为铝焊丝细软，所以导电嘴的孔径要比普通钢焊丝的孔径大，而且导电嘴长度也要增加，以减少送丝阻力，增加接触点数，保证导电可靠。但导电嘴孔径也不能过大。否则不仅导电不稳定，而且还会引起焊丝与导电嘴之间起弧。

自动焊送丝机构，因其与枪体之间无软管连接，焊丝从焊丝盘中拉出后经校直、压紧、输送滚轮而直接进入导电嘴，所以阻力小，输送稳定可靠。

3. 焊枪

熔化极氩弧焊焊枪有半自动焊焊枪和自动焊焊枪两种。其结构原理和要求也基本上与钨极氩弧焊和 CO_2 焊焊枪相似。不同的是，对于大电流的熔化极氩弧焊焊枪为了减少氩气的消耗，常常在喷嘴通道中安放一个气体分流套，将氩气分成内外两层。内层所受阻力小，流速较大，气流挺度大，可保证电弧稳定；外层流速较小，但能扩大气保护范围，且可减少氩气流量。图 9-15 和图 9-16 分别为熔化极氩弧焊半自动焊枪和自动焊枪结构图。

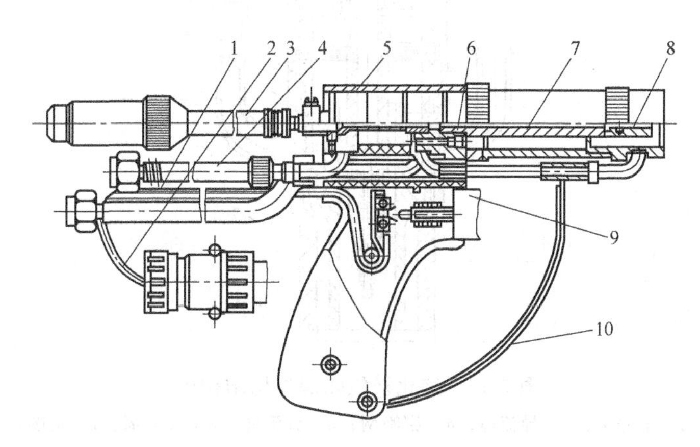

图 9-15 Q-1 型半自动焊枪结构图

1—水冷电缆；2—控制线；3—送丝管；4—进气管；5—手把；6—铜筛网；7—导电管；8—导电嘴；9—扳机；10—护板

4. 控制系统

控制系统包括程序控制、引弧控制、送丝控制、电流衰减控制等。此外，在焊接结束时，为了填满弧坑，有些焊机还有比较复杂的填弧坑控制。但一般焊机通常采取先停送丝，后断电的返烧控制法。借助电机的惯性继续送丝，使电弧燃烧一段时间后再熄灭，以熔化这段焊丝金属填补弧坑。

5. 供气、供水系统

与钨极氩弧焊机相同，从略。

二、典型熔化极氩弧焊机介绍

这里以 NBA1-500 型半自动熔化极氩弧焊机为例，介绍熔化极氩弧焊机的结构。

NBA1-500 型半自动熔化极氩弧焊机主要用于铝及铝合金中、厚（8～30mm）板材的各种位置焊接。焊机的空载电压为65V，工作电压为20～40V，电流调节范围为60～500A，焊丝直径为2～3mm。

NBA1-500型半自动熔化极氩弧焊机主要由ZPG2-500型硅焊接整流器、SS-2型半自动送丝机构、Q-1型半自动焊枪、YK-2型遥控盒以及供气系统等部分组成。图9-17为该焊机各部分的外部接线图。

三、熔化极氩弧焊机常见故障和排除（列于表9-3）

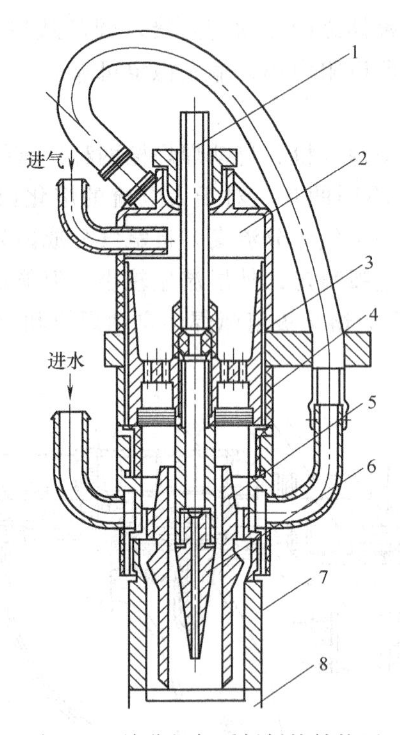

图9-16 熔化极氩弧焊焊枪结构图

1—铜管；2—镇静室；3—导流体；4—铜筛网；5—分流套；6—导电嘴；7—喷嘴；8—帽盖

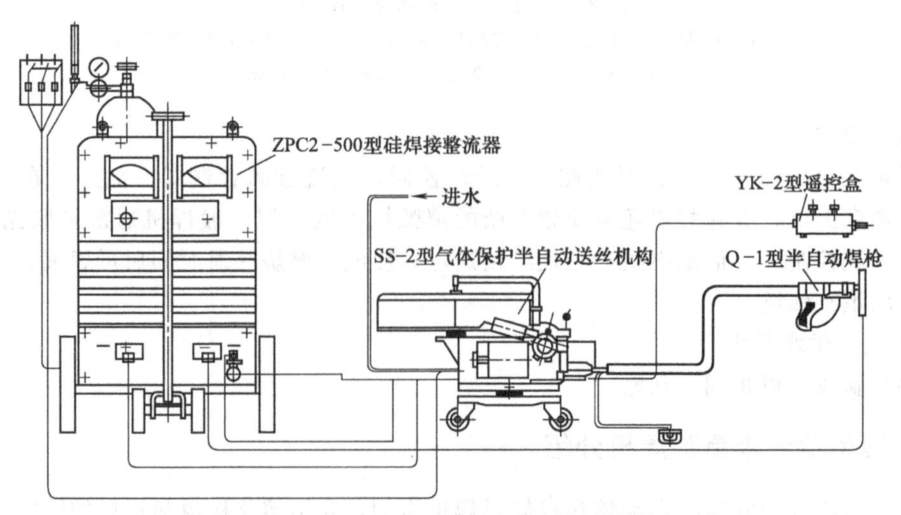

图9-17 NBA1-500型半自动熔化极氩弧焊机的外部接线图

表 9-3 NSA-500 型焊机常见故障及检修

故障现象	可能原因	排除方法
合上电源开关，电源指示灯不亮，拨动焊把开关，无任何动作	①电源开关接触不良或损坏 ②保险丝烧断 ③指示灯损坏	①更换开关 ②更换保险丝 ③更换指示灯
电源指示灯亮，水流开关指示灯不亮，拨动焊把开关，无任何动作	①水流开关失灵或损坏 ②水流量小	①更换或修复水流开关 SW ②增大水流量
电源及水流指示灯均亮，拨动焊把开关，无任何动作	①焊把开关损坏 ②继电器 KA_2 损坏	①更换焊把开关 ②更换 KA_2
焊机启动正常，但无保护气输出	①气路堵塞 ②电磁气阀损坏或气阀线圈接入端接触不良	①清理气路 ②检修电磁气阀或更换气阀 ③检修接线处
拨动焊把开关，无引弧脉冲	引弧触发回路或脉冲发生主回路发生故障	①检修 T_2 输出侧与焊接主回路连接处 ②检修引弧触发回路及输入、输出端 ③检修脉冲主回路和脉冲旁路回路
有引弧脉冲，但不能引弧	引弧脉冲相位不对或焊接电源不工作	①对调焊接电源输入端或输出端 ②调节 RP_{16} 使引弧脉冲加在电源空载电压 90°处 ③检修接触器 KM 或焊接电源输入端接线
引弧后无稳弧脉冲	稳弧脉冲触发电路发生故障	先切断引弧触发脉冲，然后检修稳弧脉冲触发回路
接通焊机电源，即有脉冲产生	晶闸管 V_{SCR1}、V_{SCR2} 中的一个或两个正向阻断电压过低	更换 V_{SCR1} 和 V_{SCR2}
引弧脉冲和稳弧脉冲互相干扰	引弧脉冲相位偏差过大	调节 RP_{16} 使引弧脉冲加在电源空载电压 90°处
稳弧脉冲时有时无	晶闸管 V_{SCR1}、V_{SCR2} 一只击穿，另一只正向阻断电压低	更换击穿或特性差的可控硅
引弧及稳弧脉冲弱，工作不可靠	高压整流电压过低或 R_2 阻值偏大	①检修 VC_1 是否有一桥臂损坏而成为半波整流 ②减少 R_2 的阻值

思考与练习

一、填空题

1. 手工钨极氩弧焊机由______、______、______和______等部分所组成。
2. 手工钨极氩弧焊的供气系统由______、______、______和______组成。
3. 熔化极气体保护焊机的送丝系统根据其送丝方式的不同，通常可分为三种类型，即__________，__________，__________。
4. 熔化极气体保护电弧焊所用的设备有__________和__________两类。
5. 熔化极气体保护电弧焊的控制系统由______________和______________两部分组成。

6. 送丝系统通常是由__________、__________、__________等组成。

二、问答题

1. 为什么钨极氩弧焊要采用陡降外特性的电源？
2. 钨极氩弧焊焊接时为什么要提前供气和滞后停气？
3. 熔化极气体保护焊的焊接设备主要由哪些部分组成？
4. 半自动焊枪分为几种？各有什么优缺点？

第十单元　等离子弧焊接与切割设备

学习目标： 了解等离子弧设备的分类及结构。认识掌握等离子弧设备铭牌上有关品名及技术参数的含义。熟练掌握等离子弧设备的使用和维护。

模块一　等离子弧焊接设备

一、组成及其特点

等离子弧焊接设备主要是由焊接电源、控制箱、焊接小车、焊炬、水路系统和气路系统等部分组成的，如果焊接时要加填充金属，则还应有焊丝送进机构。

1. 焊接电源

等离子弧焊接设备一般配备具有陡降外特性的硅整流电源。在没有专用电源的情况下也可用弧焊发电机代替。电源空载电压的高低视离子气种类而定，用纯氩作离子气时，电源空载电压只80V左右即可。当采用氩加氢混合气作离子气时，电源空载电压则需要110～120V。微束等离子弧焊接时最好采用具有垂直陡降外特性的电源，以提高微束等离子弧的稳定性。

为保证收弧处的焊缝质量，不会留下弧坑，等离子弧焊接一般采用电流衰减法熄弧，因此，要求焊接电源具有电流衰减控制装置。

2. 气路系统

等离子弧焊机的供气系统应能分别供给离子气和保护气。为了保证引弧处和熄弧处的焊接质量，离子气应分成两路供给，其中一路可经气阀放入大气，以实现气流衰减控制，如图10-1。当图中 YV_3 接通时，一部分离子气被泄放。阀 9 可调节离子气的衰减时间。

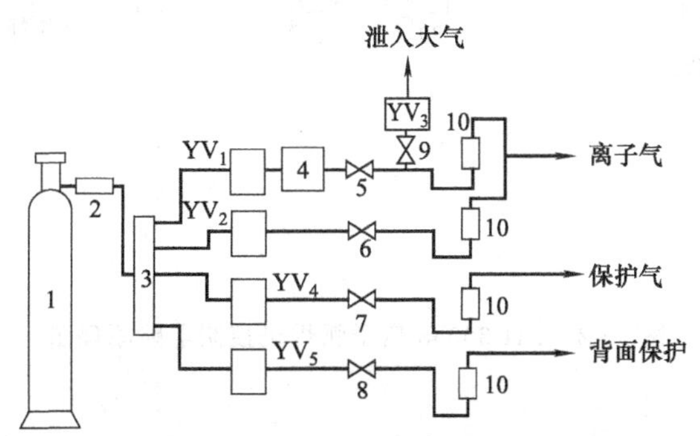

图 10-1　LH-300 型等离子弧焊机供气系统

1—氩气瓶；2—减压表；3—气体汇流排；4—储气筒；5～9—调节阀；10—流量计；$YV_{1\sim5}$—电磁气阀

3. 控制系统

等离子弧焊机的控制系统一般包括高频引弧电路、拖动控制电路、延时电路和程序控制电路等部分。程序控制电路包括提前送保护气、高频引弧和转弧、离子气递增、延时行走、电流衰减、延时停气等控制环节。

二、LH-300型等离子弧焊机控制电路原理

LH-300 型等离子弧焊机的控制电路原理如图 10-2 所示，由于该电路的基本环节已在前述几单元中的其他弧焊机中介绍过，因此在此处不予赘述，仅在图 10-3 中示出它的控制动作程序方框，其他动作（如空载调整、急停等）读者可根据动作循环图的要求自行分析。

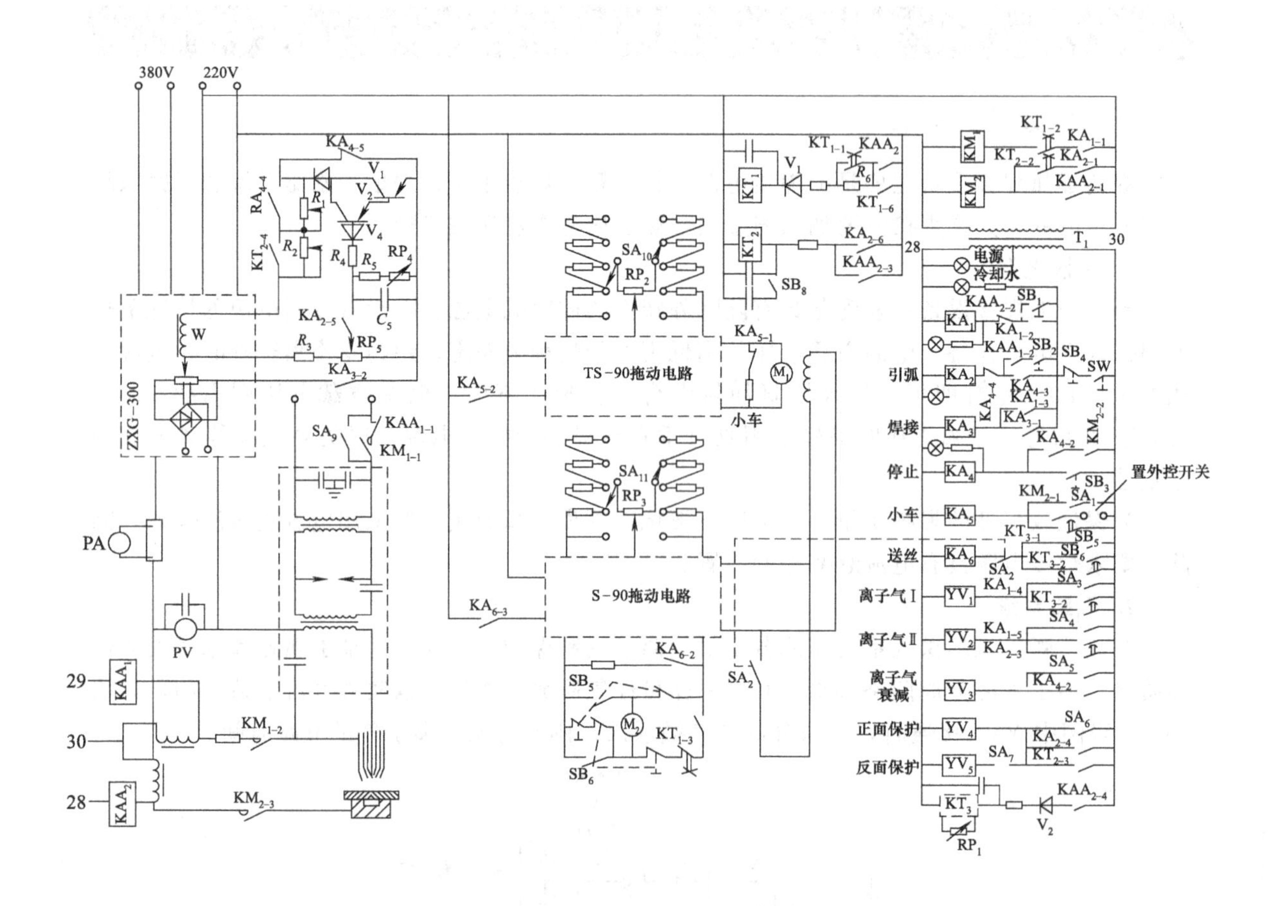

图 10-2 LH-300 等离子弧焊机控制电路原理图

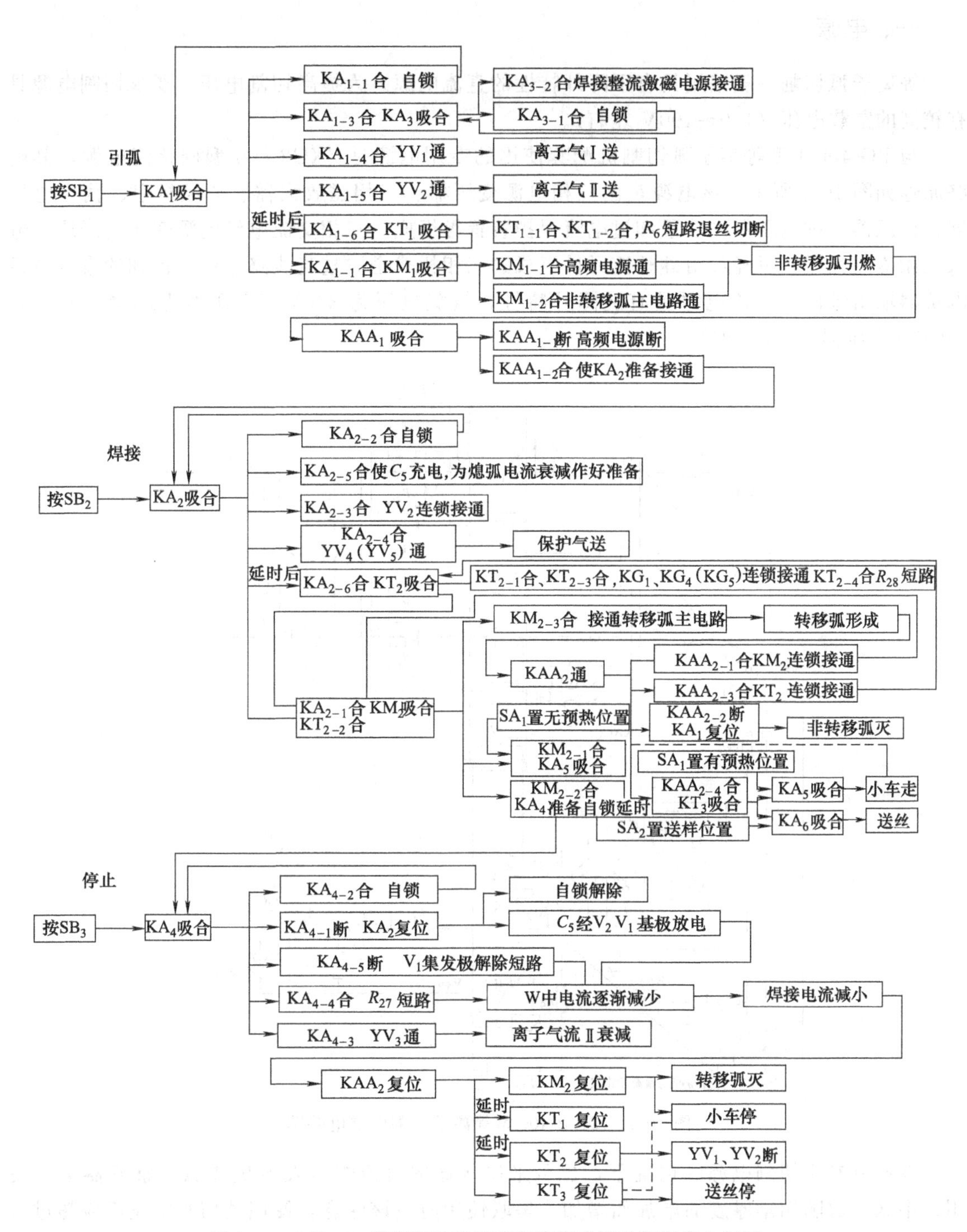

图 10-3 LH-300 等离子弧焊机程序控制系统动作程序方框图

模块二 等离子部切割设备

等离子弧切割设备主要由电源、控制箱、割炬、气路系统和水路系统等部分组成。如果是自动切割则还包括切割小车等。

一、电源

等离子弧切割一般采用具有下降外特性的直流电源。为提高切割电压，要求切割电源具有较高的空载电压（150～400V 左右）。

与 LG-400-1 型等离子弧切割机配套使用的专用电源是 ZXG2-400 型硅整流电源，其电路原理如图 10-4 所示。该电源是由三相电源变压器、三相磁放大器、通风机组、输出电抗器、稳压器、过电压保护装置和过电流保护装置等组成。三相交流电经电源变压器降压后输入三相磁放大器，再经过由硅整流元件组成的三相桥式全波整流线路整流，得到的直流电经电抗器输出供使用。该电源具有陡降外特性，空载电压为 300V（变压器为△接法时）或 180V（变压器为Y接法时）。

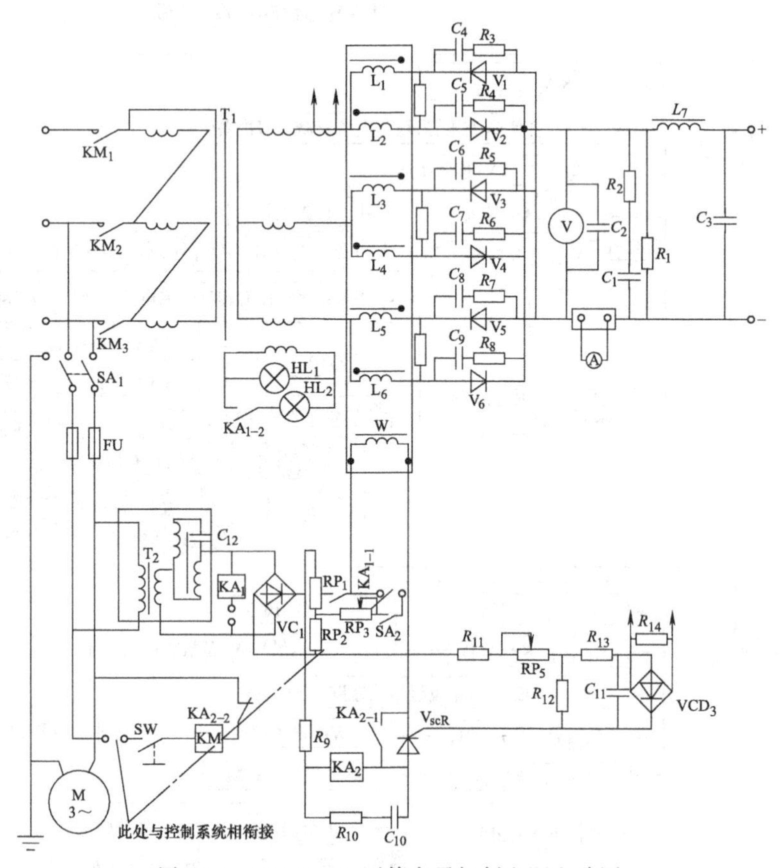

图 10-4 ZXG2-400 型等离子切割电源电路图

在没有专用切割电源的情况下，也可采用普通的直流焊接发电机或弧焊整流器串联使用。串联台数随切割厚度的增加而增加。串联使用时应该注意：使用的切割电流不应超过每台电源允许使用的电流，以免造成因电源过载而烧坏。

二、控制系统

（1）对控制系统的要求　等离子弧切割时，控制系统应能完成下列控制程序：

① 能提前送气和滞后停气，以防止电极氧化。

② 采用高频引弧，在等离子弧引燃后，高频振荡器应能自动断开。

③ 离子气流量有递增过程。

④ 无冷却水时，切割机应不能启动。切割过程中若断水，切割机能立即停止工作。

⑤ 在切割结束或切割中途断弧时，控制线路应能自动断开。

(2) 控制电路的工作原理　LG-400-1 型等离子弧切割机电气原理见图 10-5。

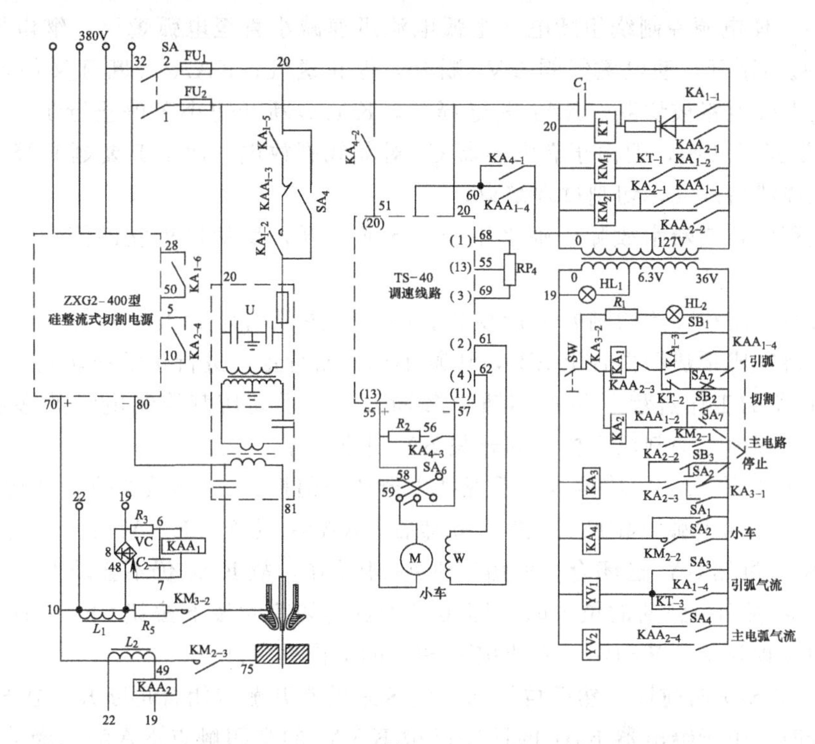

图 10-5　LG-400-1 型等离子弧切割机电气原理图

1) 自动切割时工作过程

① 准备　先将切割小车控制电缆多芯插头 Z 接通。在电源与网路接通后，转动控制电源开关 SA，指示灯 HL_1 亮。接通冷却水后，水压开关 SW 闭合，指示灯 HL_2 亮，表示电路已准备好，可以开始正常工作了。

② 引弧　按下按钮 SB_1，继电器 KA_1 通电动作，其六个常开触点闭合。其中 KA_{1-3} 使继电器自锁，KA_{1-4} 接通电磁气阀 YV_1，开始输送引弧气流；KA_{1-1} 闭合切割电源的引弧控制回路，KA_{1-2} 为接触器 KM_1 和振荡器 U 通电作好准备；KA_{1-1} 闭合接通延时继电器 KT 的电源。此时半波电源经电阻 R_2 对电容器 C_1 充电，KT 延时闭合，其常开触点 KT_{-3} 闭合将 YV_1 联锁；另一常开触点 KT_{-1} 闭合使继电器 KM_1 动作，KM_1 的副触点压 KM_{1-1} 闭合使振荡器 U 动作，将电极与喷嘴的气隙击穿而引弧；其主触点 KM_{1-2} 闭合将切割电源的引弧回路接通，直流电经电阻 R_S 在钨极和喷嘴间引出电弧，KAA_1 延时闭合，其常闭触点 KAA_{1-3} 松开将 U 电源切断，两个常开触点 KAA_{-1}、KAA_{-2} 闭合分别为继电器 KA_2 和接触器 KM_2 的动作作好准备（即为主电弧的引燃作好准备）。

③ 切割　按下切割按钮 SB_2，继电器 KA_2 动作，常开触点 KA_{2-1} 闭合将接触器 KM_2 接通，KM_2 的常开触点 KM_{2-1} 闭合使 KA_2 自锁，KM_2 的主触点 KM_{2-3} 闭合接通主电弧回路，主电弧开始形成；KM_2 的另一常开触点 KM_{2-2} 闭合将继电器 KA_4 接通。当闭合切割小车行走开关 SB_2 后，KA_4 的常开触点 KA_{4-1}、KA_{4-2} 闭合，小车开始行走。同时继电器

KAA_2 动作，KAA_{2-4} 闭合，接通 YV_2 主电弧气流开始输送，等离子弧正式引燃；KAA_{2-1}、KAA_{2-2}闭合使 KM_2 和 KT 联锁；常闭触点 KAA_{2-3}打开使 KA_1 断开，使接触器 KM_1 断电释放，引弧电路断开；KAA_1 也断电释放，进入正常切割过程。

④ 停止　按下停止按钮 SB_3，继电器 KA_3 接通，KA_{3-2} 打开，使继电器 KA_2 断电释放，打开 KA_{2-4}使电源控制绕组断电，主弧电流迅速减小直至电弧熄灭，继电器 KAA_2 断电释放，KAA_{2-4}断开，使电磁气阀 YV_1 断开，停止送气；KAA_{2-2}断开又使接触器 KM_2 断电释放，主电弧电路被切断。KA_4 断电释放，KA_{4-2}断开使小车停止行走，切割过程结束。KT 的电源虽已切断，但由于有电容器 C_1 对其线圈放电，故 KT 要延时释放，YV_1 也延时断开，完成滞后停气，切割过程结束。

在切割过程中若遇断水故障，则水压开关 SW 断开，切割过程立即停止，过程与按下 SB_3 相同。

切割厚板时，需在开始切割处进行预热。因此在主弧引燃后可将开关 SB_2 打开，使小车停止行走，待完成预热后再合上 SB_2，切割小车开始行走，进行正常的切割。

2）手动切割的工作过程　将多芯插头 Z 断开，将手动切割控制电缆的多芯插头 S 接通。手动切割过程由手动割炬手柄上的开关 SA_7 来控制。

① 引弧　将开关 SA_7 向前推（右手握把大拇指向前推），控制线路依自动切割时按下开关 SB_1 的顺序动作而引弧（锥弧）。锥弧引燃后，KAA_1 动作，KAA_{1-4}闭合与 SA_7 联锁。在 KA_3 回路中，虽然 SA_7 已闭合，但由于 KA_2 未动作，故 KA_2 仍不会动作。

将 SA_7 向后扳回引弧前的位置时，即相当于自动切割时按下按钮 SB_2 的动作，则主电弧引燃，切割过程开始。其动作过程依按下 SB_2 的动作程序进行。

② 停止　将 SB_7 向前推，然后再扳回，使 SB_7 的常开触点闭合再断开。在 SB_7 向前推，常开触点闭合时，由于继电器 KA_1 的回路已被 KAA_2 的常闭触点 KAA_{2-3}断开，KT 的常闭触点 KT_{-2}也已断开，所以 KA_1 不会动作；KA_2 由于 KA_3 的常闭触点 KA_{3-2}断开而断电释放，KAA_1 早已断开，虽然 SA_7 的常闭触点闭合，KA_2 也不会动作，于是线路恢复原状（相当于自动切割时按下 SB_8）。

若主弧已引燃，但由于某种原因不能进行切割时，只要将手动割炬远离工件，并将开关 SA_7 向后扳回，随即再推向前，然后再次向后扳回，电弧即被切断，线路即可恢复原状。

引弧前若需检查钨极和喷嘴同心度，可合上开关 KAA_1，接通高频振荡器 U 回路，钨极和喷嘴间即可产生高频火花，利用高频火花在喷嘴孔四周的分布情况来检查同心度好坏。

三、气路和水路系统

在割炬中通入离子气除了起压缩电弧和产生电弧冲力外，还可减少钨极的氧化损失，因此切割时必须保证气路畅通。采用单一气体切割时的气路系统如图 10-6 所示。图中储气筒可在主电弧气流刚接通时起缓冲作用，使等离子弧能稳定地产生。气体通断由电磁气阀 YV_1、YV_2 控制，气体流量则由调节阀来调节。采用混合气体切割时，气路系统如图 10-7 所示。

为了防止割炬的喷嘴被等离子弧烧坏，对割炬必须通水强制冷却。在水路系统中装有水压开关 SW，以保证在没有冷却水时不能引弧，工作过程中若断水则立即停止工作。冷却水首先冷却割炬枪体，后经水冷电阻 R_S和水流开关 SW 流出。冷却水一般可采用自来水，但自来水必须有一定的压力。当自来水压力小于 0.098MPa 时，为了提高水压，必须安装专用水泵。

四、等离子弧切割设备的保养和常见故障排除

等离子弧切割设备在使用过程中，往往会出现某种故障，使切割工作不能顺利进行。必须根据切割设备的工作原理和电气原理图，分析判断产生故障的原因，并加以排除。常见故障及排除方法见表 10-1。

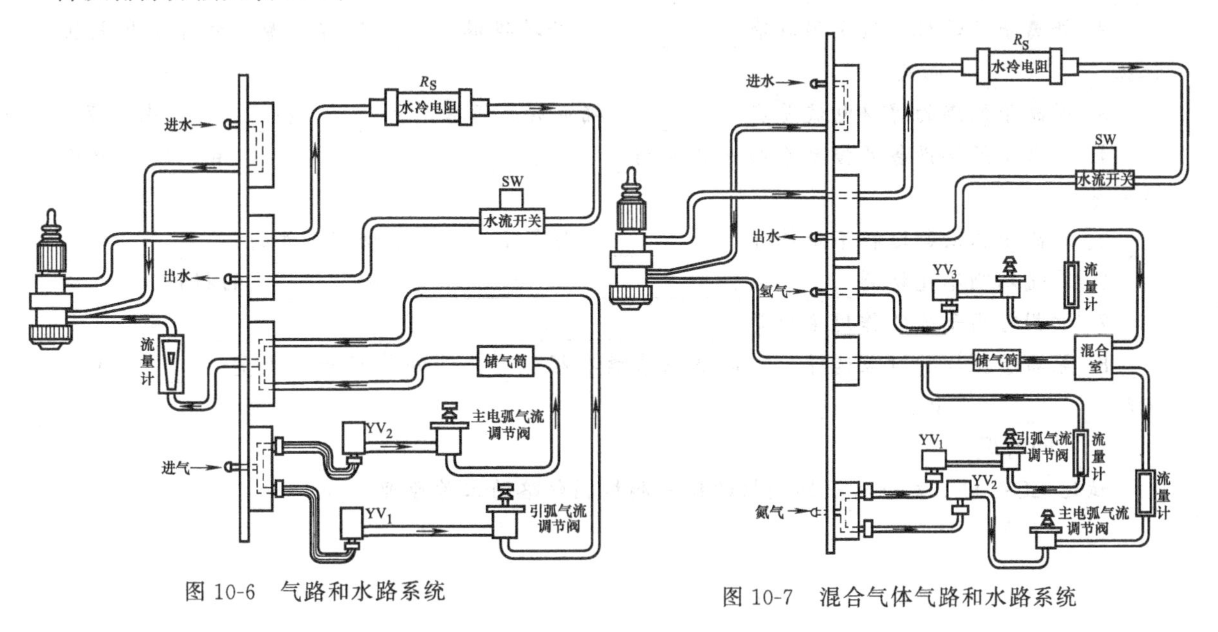

图 10-6　气路和水路系统

图 10-7　混合气体气路和水路系统

表 10-1　常见故障和消除方法

故障现象	产生原因	排除方法
电源空载电压过低	①电网电压过低 ②硅整流元件损坏短路 ③变压器线圈短路 ④磁放大器短路	①检查网路电压 ②用仪表检查短路处
按高频按钮无高频放电火花	①高频振荡器元件损坏 ②火花放电器间隙太大 ③高频电源未接通 ④高频旁路电容损坏 ⑤电极内缩长度太大	①检查火花放电间隙 ②检查原因中的①、③ ③检查原因中的④、⑤
高频工作正常但电弧不能引燃	①离子气不通或气体压力不足 ②控制线路元件损坏或接触不良	①检查气体压力 ②检查控制线路
断弧	①割炬抬得太高(转移弧) ②工作表面不清洁 ③工作地线接触不良 ④喷嘴压缩孔道太长或孔径太小 ⑤空载电压太低 ⑥电极内缩长度太大	①割炬抬至适当距离 ②清理工件表面 ③检查工作地线 ④改变喷嘴结构 ⑤提高电源空载电压 ⑥减小电极内缩长度
指示灯不亮	①电源未接通或控制线断路 ②灯泡损坏 ③保险丝熔断 ④控制变压器损坏	①接通电源 ②更换保险丝或灯泡 ③检查控制变压器和控制线路

思考与练习

一、填空题

1. 等离子弧喷涂时采用________弧，________接电源的负极，________接电源的正极，________不接电源。

2. 等离子弧焊机一般采用具有____________外特性的______弧焊电源。电源空载电压根据____________而定。

3. 等离子弧焊的焊接电流是在__________确定后，根据__________和________来选择。

4. 等离子弧焊设备的控制系统一般包括______、________、__________和______电路等部分。

5. 等离子弧切割过程不是依靠__________，而是靠______来切割工件的。

6. 氧气切割不能切割________、__________、____________和________的材料。

7. 切割时离子气的作用主要是__________、__________、________、________等。

8. 等离子弧切割时应选择____的压缩喷嘴孔径、______的等离子气流量、______的电流和________的气体。

二、问答题

试述 LG-400-1 型等离子切割机的结构和控制电路的工作原理。

第十一单元　先进焊接设备

学习目标：掌握焊接机器人的结构、使用及简单编程；了解电子束焊设备以及激光焊设备的结构及应用。

模块一　焊接机器人

焊接机器人是工业机器人中的一种，是能自动控制、可重复编程、多功能、多自由度的焊接操作机。

焊接机器人按用途分为弧焊机器人和点焊机器人两种。

（1）弧焊机器人　由于弧焊工艺早已在诸多行业中得到普及，弧焊机器人在通用机械、金属结构等许多行业中得到广泛运用。弧焊机器人是包括各种电弧焊附属装置在内的柔性焊接系统，而不只是一台以规划的速度和姿态携带焊枪移动的单机，因而对其性能有着特殊的要求。在弧焊作业中，焊枪应跟踪工件的焊道运动，并不断填充金属形成焊缝。因此运动过程中速度的稳定性和轨迹精度是两项重要指标。一般情况下，焊接速度约取5～50mm/s，轨迹精度约为±0.2～0.5mm，由于焊枪的姿态对焊缝质量也有一定影响，因此，希望在跟踪焊道的同时，焊枪姿态的可调范围尽量大。

（2）点焊机器人　汽车工业是点焊机器人系统一个典型的应用领域，在装配每台汽车车体时，大约60%的焊点是由机器人完成。最初，点焊机器人只用于增强焊接作业（往往已拼接好的工件上增加焊点），后来为了保证拼接精度，又让机器人完成定位焊接作业。

一、弧焊机器人

（一）弧焊机器人概况

弧焊机器人应是包括各种焊接附属装置在内的焊接系统。应该明确，焊接机器人必须配备相应的外围设备，组成一个焊接机器人系统才有意义。下面分别介绍国内外应用较多的几种焊接机器人系统。

1. 焊接机器人工作站（单元）

如果工件在整个焊接过程中无须变位，就可以用夹具把工件定位在工作台面上，这种系统是最简单不过的了。但在实际生产中，更多的工件在焊接时需要变位，使焊缝处在较好的位置（姿态）下焊接。对于这种情况，变位机与机器人可以是分别运动的，即变位机变位后机器人再焊接，也可以是同时运动的，即变位机一边变位，机器人一边焊接，也就是常说的变位机与机器人协调运动。这时变位机的运动及机器人的运动复合，使焊枪相对于工件的运动既能满足焊缝轨迹，又能满足焊接速度及焊枪姿态的要求。实际上，这时变位机的轴已成为机器人的组成部分，这种焊接机器人系统可以有多达7～20个轴，或者更多。最新的机器人控制柜可以是两台机器人的组合，做12个轴协调运动。其中一台是焊接机器人，另一台是用做变位机的搬运机器人。

2. 焊接机器人生产线

焊接机器人生产线比较简单的是把多台工作站（单元）用工件输送线连接起来组成一条生产线。这种生产线仍然保持单站的特点，即每个站只能用选定的工件夹具及焊接机器人的程序来焊接预定的工件。在更改夹具及程序之前的一段时间内，这条线是不能用来焊其他工件的。

3. 焊接柔性生产线（FMS-W）

工厂选用哪种自动化焊接生产形式，必须根据工厂的实际情况及要素而定。焊接专机适合批量大、改型慢的产品，而且工件的焊缝数量较少、较长，形状规矩（直线、圆形）的情况。焊接机器人系统一般适合中、小批量生产，被焊工件的焊缝可以短而多，形状较复杂。柔性焊接生产线特别适合产品品种多、每批数量又很少的情况，目前国外企业正在大力推广无（少）库存、按订单生产（JIT）的管理方式，在这种情况下，采用柔性焊接生产线是比较合适的。图11-1是焊接车间控制系统结构图。

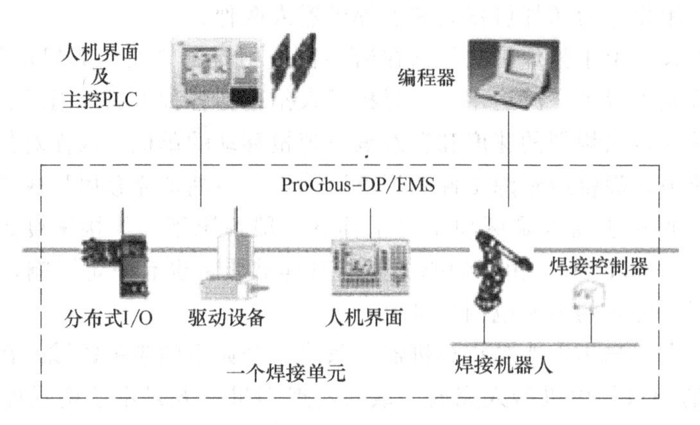

图11-1 焊接车间控制系统结构图

（二）弧焊机器人的特点及弧焊工艺对机器人的基本要求

1. 弧焊机器人的特点

通常，弧焊过程比点焊过程要复杂得多。工具中心点（TCP），也就是焊丝端头的运动轨迹、焊枪姿态、焊接参数都要求精确控制。所以，弧焊机器人除了应具有机器人一般功能外，还必须具备一些适合弧焊要求的功能。

2. 弧焊工艺对机器人的基本要求

虽然从理论上讲，5轴机器人就可以用于电弧焊，但是对复杂形状的焊缝，用5轴机器人会有些困难。因此，除非焊缝比较简单，否则应尽量选用6轴机器人。

弧焊机器人除在做“之”字形拐角焊或小直径圆焊缝焊接时，其轨迹应贴近示教的轨迹之外，还应具备不同摆动样式的软件功能，供编程时选用，以便做摆动焊，而且摆动在每一周期中的停顿点处，机器人也应自动停止向前运动，以满足工艺要求。此外，还应有接触寻位、自动寻找焊缝起点位置、电弧跟踪及自动再引弧等功能。

（三）弧焊机器人工作原理

1. 弧焊机器人组成

弧焊机器人主要包括机器人和焊接系统两部分。机器人由机器人本体和控制柜（硬件及软件）组成。弧焊机器人焊接系统一般是由焊机、送丝机构、回转自动变位机、焊枪清洗装置和安全装置等组成，如图 11-2 所示。

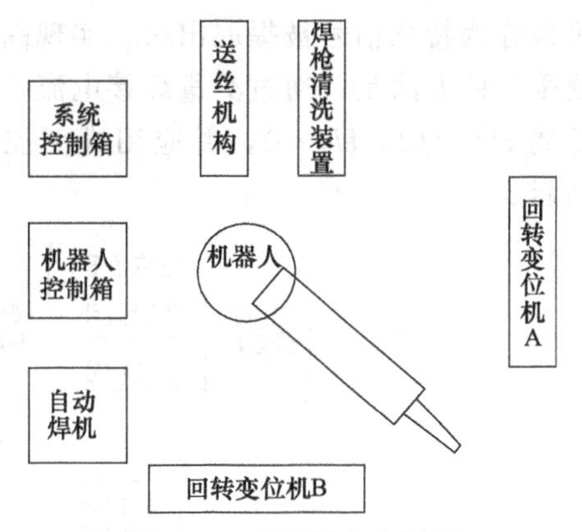

图 11-2 系统设备布置图

2. 弧焊机器人焊接系统

（1）机器人用弧焊电源 目前，机器人专用逆变式弧焊电源大部分独立布置在弧焊机器人系统里，也有一些集成在机器人控制器中。新型的机器人逆变式弧焊电源系统组成如图 11-3 所示。

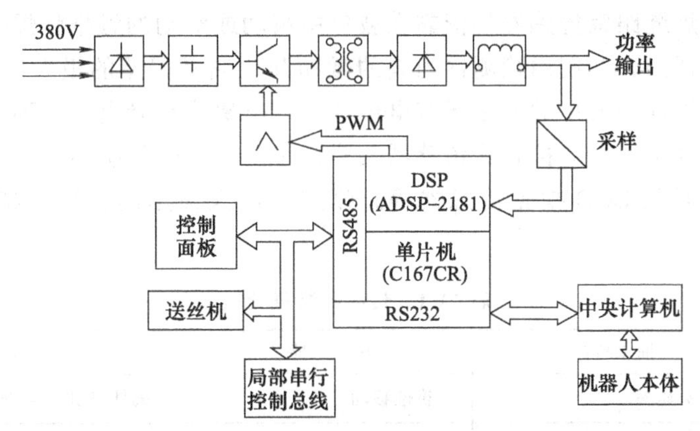

图 11-3 机器人数字化逆变式弧焊电源系统的控制系统原理框图

（2）弧焊机器人焊缝跟踪传感器 弧焊机器人焊缝跟踪系统的结构一般包括传感器、PC 处理机、机器人专用控制器、机器人本体及焊接设备等。传感器采集到信号传送到 PC，经过一系列的数据处理过程和图像显示后，PC 与机器人专用控制器进行数据通信，然后将控制信号传送给机器人本体，控制焊接过程的正确运行，系统框图如图 11-4 所示。

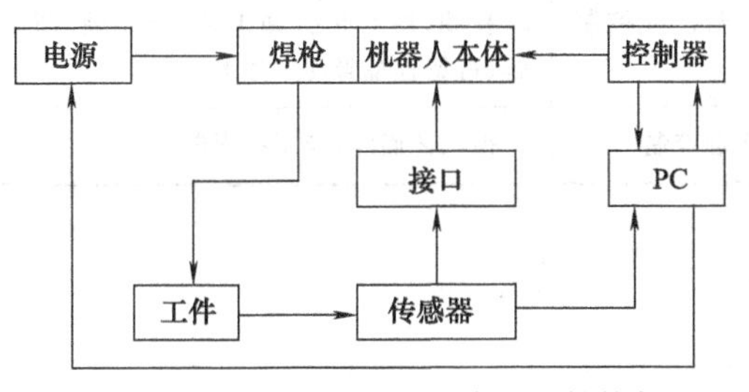

图 11-4 弧焊机器人焊缝跟踪系统结构框图

在整个闭环系统中，传感器起着非常重要的作用，它决定着整个系统对焊缝的跟踪精度。在焊接过程中，传感器必须精确地检测出焊缝（坡口）的位置和形状信息，然后传送给控制器进行处理。传感器是指能够感受规定的被测量并能转换成可用信号，实现信息检测转换和传输的器件或装置。弧焊用传感器可分为直接电弧式、接触式和非接触式 3 大类。

电弧传感器是从焊接电弧自身直接提取焊缝位置偏差信号，实时性好，不需要在焊枪上附加任何装置，焊枪运动的灵活性和可达性最好，尤其符合焊接过程低成本、自动化的要求。电弧传感器的基本工作原理是：当电弧位置变化时，电弧自身电参数相应发生变化，从中反映出焊枪导电嘴至工件坡口表面距离的变化量，进而根据电弧的摆动形式及焊枪与工件的相对位置关系，推导出焊枪与焊缝间的相对位置偏差量。电参数的静态变化和动态变化都可以作为特征信号被提取出来，实现高低及水平两个方向的跟踪控制。目前国外发达国家广泛采用的方法是：通过测量焊接电流 I、电弧电压 U 和送丝速度 v 来计算工件与焊丝之间的距离 $H=f(I, U, v)$，并应用模糊控制技术实现焊缝跟踪。焊缝纠偏系统框图如图 11-5 所示。

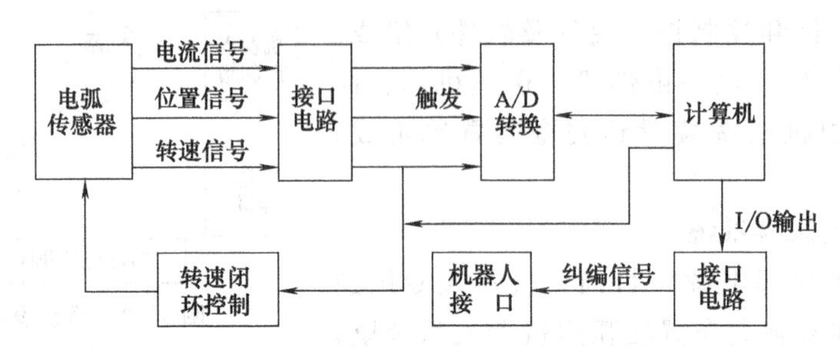

图 11-5 弧焊机器人焊缝纠偏系统框图

典型的接触式焊缝跟踪传感器是依靠在坡口中滚动或滑动的触指将焊枪与焊缝之间的位置偏差反映到检测器内，并利用检测器内装的微动开关判断偏差的极性。除微动开关式外，检测器判断偏差的极性和大小的方法还有电位计式、电磁式和光电式 3 种。

目前，用于焊缝跟踪的非接触式传感器很多，主要有电磁传感器、光电传感器、超声波传感器、红外传感器及 CCD 视觉传感器等。弧焊机器人使用的传感器特征比较如表 11-1 所示。

表 11-1 传感器特征比较

传感器类型	抽象特征	功 能	评 价
触觉	接头坐标	轨迹移动	离线、耗时、减少工作循环
弧信号	接头坐标	焊缝跟踪	在线、无附加设备、低价、不针对所有接头和型号、搭接厚度大(2.5～3mm)
电感	接头坐标	焊缝跟踪	在线、要求最接近电磁界面
主动视觉	接头坐标、方向及几何形状焊缝形状	焊缝跟踪填充金属控制焊缝检测	在线、所有接头和工艺、极柔顺、高熔解、可编程视野使用强度数据
被动视觉	熔池表面形状焊丝情况	焊缝跟踪、熔透控制	视工艺而定，应用有限制

3. 弧焊机器人 CAN 总线控制网络

(1) CAN 总线特点

① 多主站依据优先权进行总线访问。

② 无破坏性的基于优先权的仲裁。

③ 借助接收滤波的多地址帧传送。

④ 远程数据请求，配置灵活性。

⑤ 全系统数据相容性。

⑥ 错误检测和出错信令。

⑦ 发送期间若丢失仲裁或由于出错而遭破坏的帧可自动重发送。

⑧ 暂时错误和永久性故障结点的自动脱离。

(2) 基于 CAN 总线的焊接机器人工作原理 图 11-6 为基于 CAN 总线的焊接机器人的

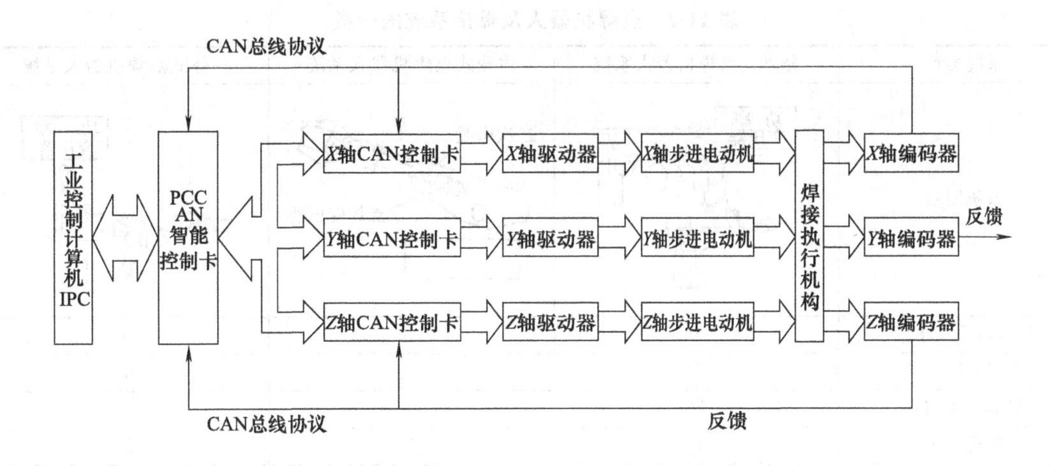

图 11-6 CAN 总线的焊接机器人的总体设计框图

总体设计框图，上位机选用 IPC 控制并管理程序的输入/输出、程序的译码、控制命令的接收和发送、焊接路径的规划、焊接过程的动态显示以及焊接过程前后的数据处理。IPC 控制提高了系统的可靠性与抗干扰能力，同时利用局域网络通信卡，使得该系统很容易与其他生产管理部门联网，便于统一调度和管理。

二、点焊机器人

1. 点焊机器人操作机的结构

点焊机器人的操作机应能满足点焊工艺如下两个主要要求：

① 焊钳要到达每个焊点；

② 焊点的质量应达到技术要求。

第一个要求，点焊机器人操作机应具有足够的运动自由度和适当长的手臂。以前应用较广的点焊机器人，其本体型式为直角坐标型和全关节型两种。前者可具 1～3 个自由度，焊件及焊点位置受到限制；后者具有 5～6 个自由度，且分 DC 伺服和 AC 伺服两种形式，能在可达的工作区内任意调整焊钳姿态，以适应多种结构形式的焊件焊接。

第二个要求，点焊机器人焊钳所需的工作电流（一般都很大）应能安全可靠地送达手臂端部，而且焊钳工作压力应达到相应要求。供电直接关系到点焊钳与点焊电源（即点焊变压器）的结合形式，而不同结合形式又对机器人的承载能力提出不同的要求。

目前点焊机器人焊钳与点焊变压器的结合有分离式、内藏式和一体式三种，因而就这三种形式的点焊机器人系统，表 11-2 分别列出了它们的基本特点。

分离式点焊机器人焊钳与点焊变压器是通过二次电缆相连，点焊所需 10kA 以上的大电流不仅需要粗大的电缆线，而且还需要用水冷却。所以这种电缆一般较粗，且质量大。点焊变压器无论装在机器人上还是在机器人的边上，对焊钳来说都要影响其运动的灵活性和范围。一般把点焊变压器悬挂在机器人上方，可在轨道上沿机器人手腕移动方向移动。为了补偿长电缆能量损耗，必须加大变压器容量，效率较低。

内藏式点焊机器人的二次电缆大为缩短，变压器容量可减小。这种机器人本体设计需与变压器统一考虑，使结构变得复杂。

表 11-2 点焊机器人及焊接系统的分类

系统类型	分离式点焊机器人系统	内藏式点焊机器人系统	一体式点焊机器人系统
系统图示	功 率 变压器	二次电缆 点焊变压器	功 率 变压器
机器人载重要求[腕]	中	小	大
点焊电源功耗	大	大	小
机器人通用性	好	差	中
系统造价	高	中	低

一体式焊钳机器人是焊钳与点焊变压器安装在一起，共同固定在机器人手臂末端，省掉了粗大的二次电缆。这样节省能量。同样输出 12000A 电流，分离式焊钳需用 75kVA 的变压器，而一体式焊钳只需 25kVA 。但一体式焊钳质量显著增大，要求机器人本体承载能力大于 60kg，这样会增加机器人造价。所以发展轻小型一体式焊钳是方向，如逆变式焊钳近年研究发展很快。

表 11-3 是对 20 余种点焊机器人统计的机械结构参数。

表 11-3 点焊机器人统计的机械结构参数

结构形式	大量为关节型，少量是直角坐标型、极坐标型和组合式，近年发展形式
轴数	大量为 6 轴，其余 1～10 轴不等，6 轴以上为附加轴
重复性	大多为±0.5mm，范围为±(0.1～1)mm
负载	大多为 588～980N (60～100kgf)，范围为 49～24500N(5～2500kgf)
速度	2m/s 左右
驱动方式	绝大多数为 AC 伺服，少量为 DC 伺服，极少量为电液伺服

2. 点焊机器人的控制系统

点焊机器人的控制系统主要有如下三种结构形式。

(1) 中央结构型　它将焊接控制部分作为一个模块与机器人本体控制部分共同安排在一个控制柜内，由主计算机统一管理并为焊接模块提供数据，焊接过程控制由焊接模块完成。这种结构的优点是设备集成度高，便于统一管理。

(2) 分散结构型　是焊接控制器与机器人本体控制柜分开，二者采用应答式通信联系，主计算机给出焊接信号后，其焊接过程由焊接控制器自行控制，焊接结束后给主机发出结束信号，以便主机控制机器人移位，进入下一个焊接循环。这种控制系统应具有通信接口，能识别机器人本体及手控盒的各种信号，并做出相应的反应。分散结构型的优点是调试灵活，焊接系统可以单独使用，但需要一定距离通信，集成度不高。

(3) 群控系统　是将多台点焊机器人焊机（或普通点焊机）与群控计算机相连，以便对同时通电的数台焊机进行控制。实现部分焊机的焊接电流分时交错，限制电网瞬时负载，稳定电网电压，保证焊点质量。有了群控系统可以使车间供电变压器容量大大下降。此外，当某台机器人出现故障，群控系统启动备用的点焊机器人工作，以保证焊接生产正常进行。

为了适应群控需要，点焊机器人焊接系统都应增加“焊接请求”及“焊接允许”信号，并与群控计算机相连。

需指出，点焊机器人工作特点虽然是点到点（PTP）的作业，但由于在许多工业应用场合是多台机器人同时作业，而它们的工作空间又互相交叉，为了防止碰撞，必须对它们的作业轨迹进行合理规划。因此机器人需有连续轨迹控制功能。

此外，焊接控制系统应能对点焊变压器过热、可控硅过热、可控硅短路断路、气网失压、电网电压超限、粘电极等故障进行自诊断及自保护，除通知本体停机外，还应显示故障种类。

3. 点焊机器人的选择要点

选用或购买点焊机器人时，应注意：

① 点焊机器人实际可达到的工作空间应大于焊接所需的工作空间，该工作空间由焊点位置及其数量确定。

② 点焊速度应与生产线速度匹配，点焊速度应大于或等于生产线速度。

③ 按工件形状，焊缝位置等选用焊钳，垂直及近于垂直的焊缝宜选 C 形焊钳；水平及水平倾斜的焊缝选用 X 形焊钳。

④ 应选用内存容量大、示教功能全、控制精度高的点焊机器人。

三、焊接机器人操作基础

1. 焊接机器人构成

TA-1400 型弧焊机器人的构成如图 11-7 所示，其各轴的名称及其作用列于表 11-4。

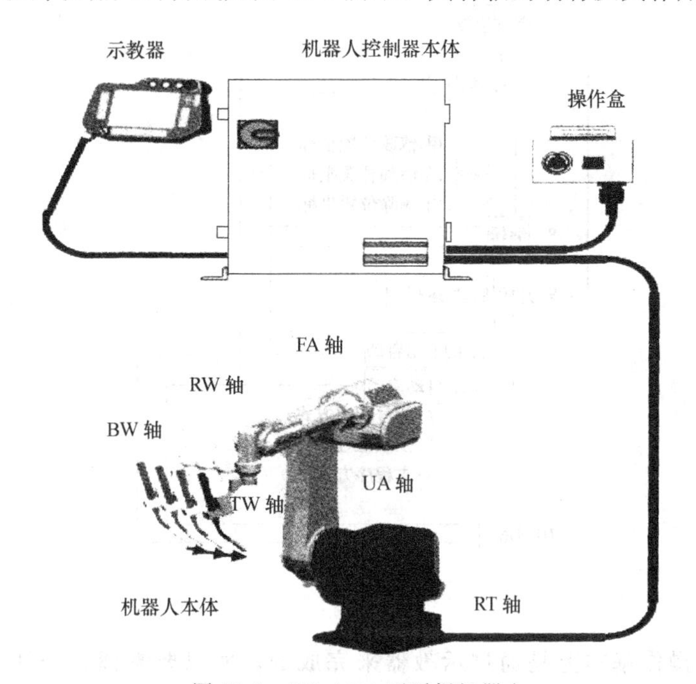

图 11-7 TA-1400 型弧焊机器人

注：1. 如非特殊规格，操作盒为任选设备。

2. 本章内容以唐山松下产业机器有限公司生产的 TA-1400 型弧焊机器人为例。

2. 示教再现方式

松下机器人是一种示教再现式的机器人。机器人边实际运行边记忆动作，并能够重复运行动作的方式被称为示教再现式。

表 11-4 轴的名称及其作用

轴 名	作 用	轴 名	作 用
RT 轴(Rotate Turn)	旋转	RW 轴(Rotate Wrist)	手腕旋转
UT 轴(Upper Arm)	上举	BW 轴(Bent Wrist)	手腕弯曲
FA 轴(Frpnt Arm)	前伸	TW 轴(Twist Wrist)	手腕扭转

机器人边移动边记忆动作，称为“示教”。

存储机器人示教的连串动作的单位叫做“程序”，用来区分其他不同的动作。

执行程序时，机器人会再现所记忆的动作，能够正确地重复进行焊接、加工等工作。

3. 示教操作顺序

（装好工件之后）

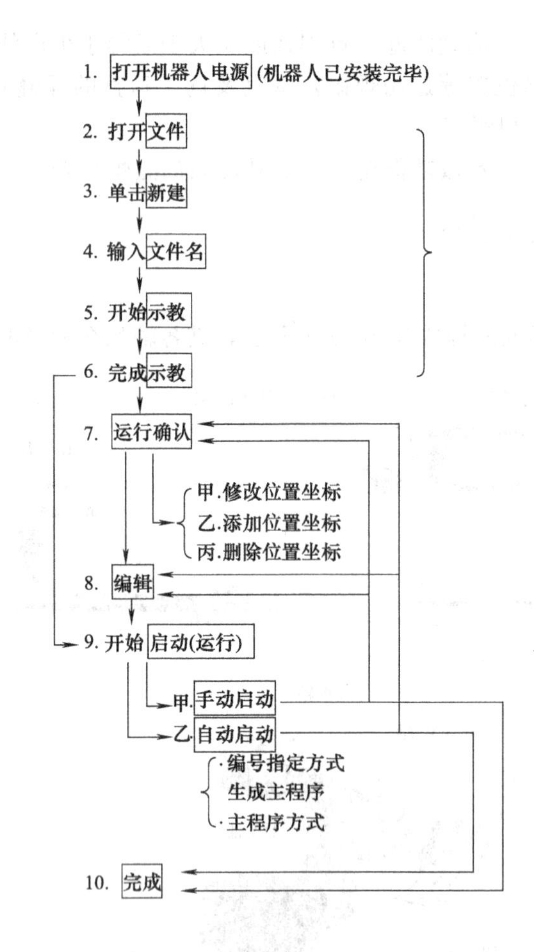

四、示教器

机器人的所有操作基本上是通过示教器来完成的，所以要掌握各个开关的功能和操作方法。

1. 正面配置（如图 11-8 所示）

正面各开关功能如下：

（1）启动开关　在运行（AUTO）模式下，启动或重启机器人。

（2）暂停开关　在伺服电源 ON 的状态下暂停机器人运行。

（3）伺服 ON 开关　打开伺服电源。

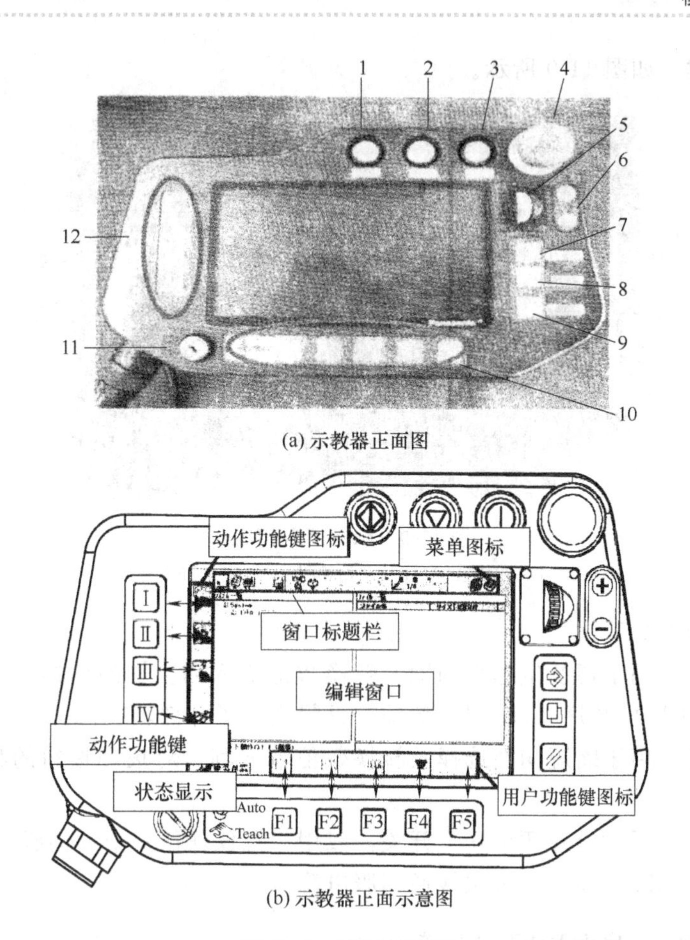

(a) 示教器正面图

(b) 示教器正面示意图

图 11-8 示教器正面

1—启动开关；2—暂停开关；3—伺服 ON 开关；4—紧急停止开关；5—拨钮；
6—＋/－ 键；7—登录键；8—窗口切换键；9—取消键；10—用户功能键；
11—模式切换键；12—动作功能键

（4）紧急停止开关 按下紧急停止开关后机器人立即停止，且伺服电源关闭，顺时针方向旋转后，解除紧急停止状态。

（5）拨动按钮（简称拨钮） 负责机器人手臂的移动、外部轴的旋转、光标的移动、数据的移动及选定。

（6）＋/－键 代替拨动按钮，连续移动机器人手臂。

（7）登录键 在示教时登录示教点，以及登录、确定窗口上的项目。

（8）界面切换键 在示教器多个显示多个窗口时，切换窗口。

（9）取消键 在追加或修改数据时，结束数据输入，返回原来的界面。

（10）用户功能键 执行用户功能键上侧图标所显示的功能。

（11）模式切换开关 进行示教（TEACH）模式和运行（AUTO）模式的切换。开关钥匙可以取下。

（12）动作功能键 可以选择或执行动作功能键右侧图标所显示的动作、功能。

2. 背面配置

示教器背面左右对称两个黄色键为安全开关，其功能相同。而左右对称的两个白色键分别称为左右切换键，如图 11-9 所示。

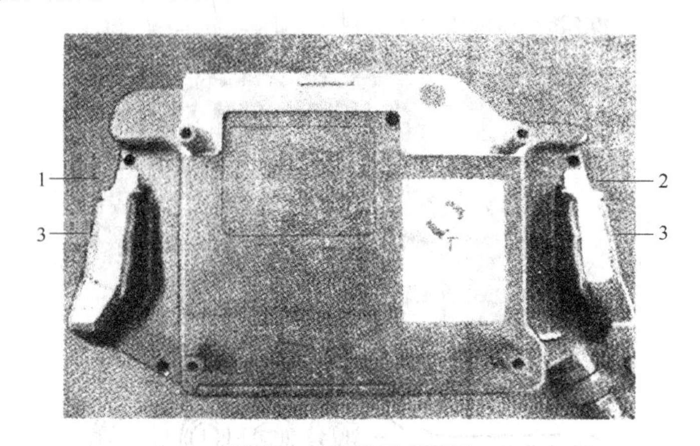

图 11-9 示教器背面图

1—右切换键；2—左切换键；3—安全开关

正面各开关功能如下：

（1）左转换键 用于切换坐标系的轴及转换数值输入列。轴的切换是按照“基本轴”→“手腕轴”→“外部轴”的顺序（注：“外部轴”只限连接了外部轴时）。

（2）右转换键 用于缩短功能选择及转换数值输入列。对拨动按钮的移动量进行“高、中、低”切换。

（3）安全开关 同时松开两个安全开关，或用力握住任何一个，伺服电源立即关闭，保证安全。按下伺服 ON 开关后，再次接通伺服电源。

五、直线示教、编程和跟踪训练

训练要求：（1）示教和编程直线 $P2$—$P3$—$P4$—$P5$—$P6$，如图 11-10 所示。

（2）$P3$—$P4$—$P5$ 线段设为焊接区间。

（3）焊接机器人起始位置设为 P1 点。

（4）分别进行手动和自动跟踪。

（5）施焊。

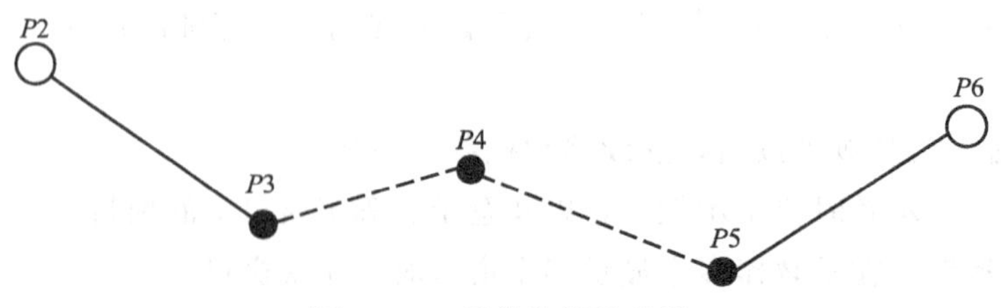

图 11-10 示教和编程直线

1. 示教和编程步骤

（1）将【模式】开关打到【Teach】上。

（2）打开文件菜单。

（3）单击【新建】。

（4）输入新文件名，如：【zhangyi】

此时程序窗口显示：

```
zhangyi. prg
1:Mech:Robot
Begin of program
TOOL= 1:TOOL01
```

（5）示教 *P*1 点：

将机器人起始位置设为 *P*1 点，并【登录】示教点 *P*1，完成相关设置，如：

① 将插补形态为点 MOVEP（或直线 MOVEL）；

② 将该点设为空走点；

③ 示教速度确定为 10m/min。

此时程序窗口显示：

```
zhangyi. prg
1:Mech:Robot
Begin of program
TOOL= 1:TOOL01
```

```
MOVEP   P1,   10.00m/min
```

（6）示教 *P*2 点：

① 将机器人移动到示教点 *P*2；

②【登录】示教点 *P*2；

③ 将插补形态设为点 MOVEP（或直线 MOVEL）；

④ 将该点设为空走点；

⑤ 将示教速度设为 3m/min。

此时程序窗口显示：

```
zhangyi. prg
1:Mech:Robot
Begin of program
TOOL= 1:TOOL01
MOVEP   P1,   10.00m/min
```

```
MOVEL   P2,   3.00m/min
```

（7）示教 *P*3 点。

① 将机器人移动到示教点 *P*3；

②【登录】示教点 *P*3；

③ 将插补形态设为直线 MOVEL；

④ 将该点设为焊接点、速度为 10.00m/min；

⑤ 设置焊接参数（也可以编完程序再设置）。

此时程序窗口显示：

```
↓
MOVEL   P3 ,10.00m/min
ARC-SET AMP=120   VOLT=19   S=0.45
ARC-ON ArcStart1.prg RETRY=0
```

【注释】:

点	次序指令	内 容
P3	MOVEL P3 10.00m/min	以10.00m/min的速度向P3点直线移动
	ARC-SET AMP=120 VOLT=19 S=0.45	从P3到P5点,以0.45m/min的速度,120A、19V的焊接规范执行焊接
	ARC-ON ArcStart1	开始焊接

(8) 示教 *P*4 点。

① 将机器人移动到示教点 *P*4;

②【登录】示教点 *P*4;

③ 将插补形态设为直线 MOVEL;

④ 将该点设为空走点、速度为 10.00m/min。

此时程序窗口显示:

```
MOVEP   P4,10.00m/min
```

(9) 示教 *P*5 点。

① 将机器人移动到示教点 *P*5;

②【登录】示教点 *P*5;

③ 将插补形态设为直线 MOVEL;

④ 将该点设为空走点、速度为 10.00m/min。

此时程序窗口显示:

```
MOVEP   P5,10.00m/min
CRATER AMP =100   VOLT=15.0   T=0.5
ARC-OFF ArcEND1.prg RETRY=0
```

【注释】:

点	次序指令	内 容
P5	MOVEL P5 10.00m/min	以0.45m/min的速度向P5点直线移动。运行时以ARC-SET中设定的速度运行
	CRATER AMP=100 VOLT=15.0 T=0.5	在P5点,按照100A、15V的收弧规范进行0.5s的收弧处理
	ARC-ON ArcStart1	焊接结束

(10) 示教 *P*6 点。

① 将机器人移动到示教点 *P*6;

② 【登录】示教点 $P6$；

③ 将插补形态设为直线 MOVEL；

④ 将该点设为空走点、速度为 10.00m/min。

此时程序窗口显示：

```
↓
MOVEL   P6,10.00m/min
```

2. 跟踪训练

（1）手动跟踪

① 关闭机器人动作。

② 在【程序窗口】中移动光标到目标位置点。

·从第一个点开始时光标的位置；

·从中间点开始时光标的位置（例如从第三个点）。

③ 打开机器人动作按钮。

④ 打开跟踪（图标绿灯亮）。

⑤ 进行跟踪。

·向前跟踪（从光标所在位置向下一个点移动）；

·向后跟踪（从光标所在位置向前一个点移动）。

（2）自动跟踪

① 将模式切换开关打到AUTO上。

② 打开伺服电源。

③ 按下启动开关。

3. 施焊（略）

模块二　真空电子束焊设备

真空电子束焊接机构示意见图 11-11。焊接时，电子枪的阴极通电加热而发射出大量电子，在阴极表面形成一团密集的电子云，这些热电子在强电场的作用下加速运动，经聚束极、阳极的静电场作用和聚焦透镜的磁场体用下，收敛为很小的一束电子射线，以很高的速度轰击焊件表面，使焊件熔化而形成焊缝。

目前真空电子束焊机按加速电压大小而分为低压型（15～60kV）和高压型（100～150kV）两类。为了获得大的焊缝熔深，可采用高压型电子束焊机。但采用高压型时，对高压绝缘以及防止 X 射线强烈辐射等方面要求很高。而低压型电子束焊机却有制造成本低，X 射线辐射影响小，容易防护以及电子枪工作比较稳定等优点，所以目前国内外主要采用低压型真空电子束焊机。下面以 ZD-7.5-1 型真空电子束焊焊机为例介绍常用的国产电子束焊机的主要技术性能及焊机构造。

一、ZD-7.5-1 型真空电子束焊焊机主要技术性能

ZD-7.5-1 型（ES-30×250 型）真空电子束焊机的输出功率为 7.5kW，最大加速电压为

30kV，最大电子束电流为250mA。电子枪位于真空中可作垂直和横向调节，并可作横向运动，属低压动枪式类型。焊接的纵向运动由工作台完成，可焊接直缝和环缝焊件。

焊机主要由电子枪、高压电源系统、焊接室、焊接工作台、传动系统、真空系统、水冷系统、焊缝对准装置以及控制箱等部分组成。

二、ZD-7.5-1型真空电子束焊焊机结构

1. 电子枪

电子枪是发射电子束，并使之向焊件加速，聚焦及偏转的组合装置。本机电子枪结构如图11-12所示。

图中上部是电子枪发射系统，借助高压绝缘瓷瓶，将发射极与阳极隔开，聚束极在发射极和阳极之间。在钽阳极和灯丝之间加一控制电压，即轰击偏压，灯丝发射的电子校正电位的钽阴极吸引，电子就轰击钽阴极，使其温度升高而发射电子束，供焊接之用。钨丝与钽阴极之间的距离为1.5～2mm。为了使电子枪正常工作，要求钽阴极发射面与聚束极相平齐，并使聚束极与阳极之间的距离为11mm，各电极应严格保证同心。

电子枪下部装有聚焦透镜线圈和偏转线圈圆筒。

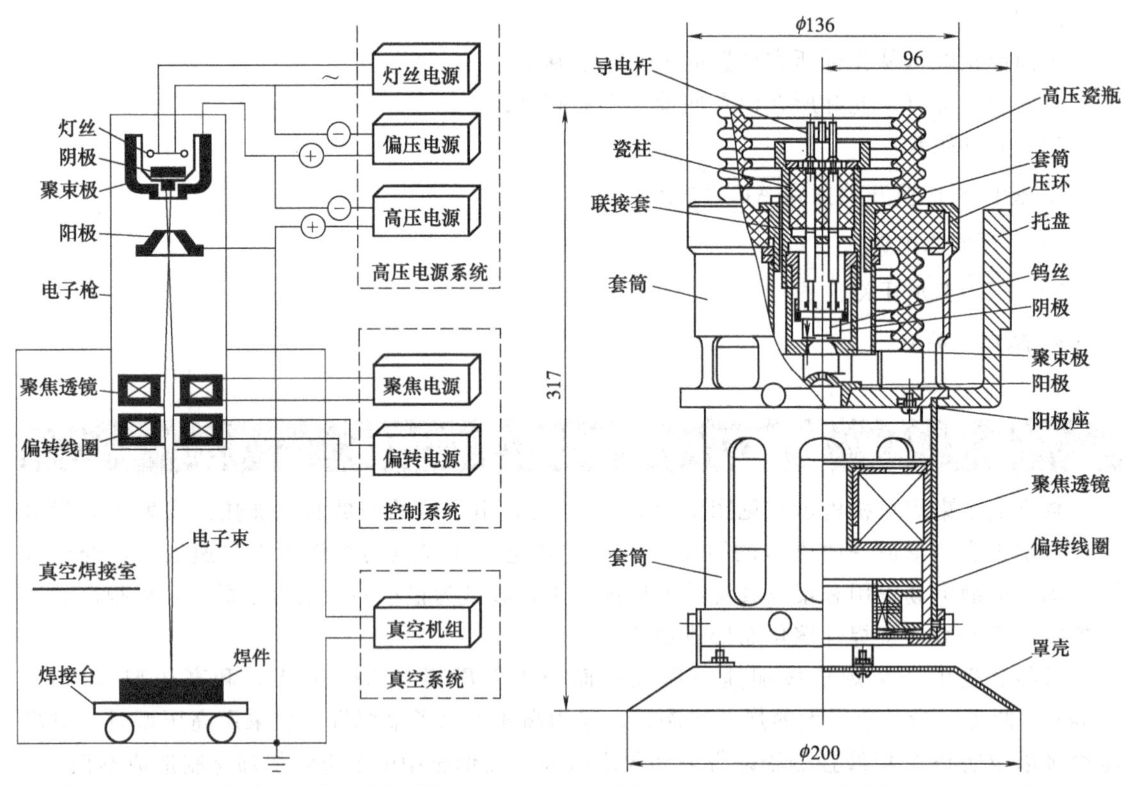

图11-11 真空电子束焊接机构示意图

图11-12 ZD-7.5-1型焊机的电子枪结构

2. 高压电源系统

由高压电源、偏压电源以及灯丝电源等组成。高压电源是焊接电源，是由工频交流电压经升压变压器升压然后整流而获得的。升压变压器初级为380V，由三相调压器供电，这样可无级调节次级电压，经整流便可保证获得。0～30kV可调直流电压。偏压电源也是直流电源，是间热式电子枪阴极热发射的轰击电压源，在加速电压不变时，调节偏压使轰击阴极

的电流发生变化，即可控制电子束电流的变化。直流偏压一般在0～2kV之间无级调节。灯丝电源采用低压交流电源，最好使用稳压装置，以保证电子枪灯丝电流稳定不变，从而保证电子束电流稳定。灯丝交流电压为22～30V，电流为20～30A。

3. 传动系统

ZD-7.5-1型焊机传动系统由焊接工作台传动装置和电子枪传动装置两部分组成，通过传动轴和密封系统分别与真空室内的焊接工作台以及电子枪相连接。传动装置都由直流伺服电动机驱动，调速方便，还设有换挡手轮，作为速度初调换挡。电子枪有上、下、左、右换挡手柄，工作台还装有手动调节手轮。

4. 真空系统

本机真空系统由机械泵（预抽）、扩散系（精抽）、真空阀门、扩散泵阀门、真空管道、真空计及真空室等组成。真空室为矩形结构，尺寸为860mm×540mm×740mm，用厚为25mm的优质碳素结构钢板焊制而成。

5. 水冷系统

机械泵和扩散泵工作时均需水冷，为保证真空机组安全运行，在机械泵进口接入一水流开关，使停水时能发出警告信号，同时使真空机组立即停止运转。

6. 控制箱

控制系统完成电子枪供电、真空系统控制、焊接工作台和电子枪运动的控制以及整个焊接程序控制。控制箱除装有控制元件外，还装有测量仪表等。

模块三　激光焊接设备结构概述

由于激光工作物质不同，激光焊接设备可分为固体激光设备和气体激光设备两类。一台完整的激光焊接设备是由很多部分组成的，可用图11-13所示的结构方块图表示。图中1～6为设备的基本组成部分，7为实现某些加工操作而附加的机械或电磁装置，8为用以控制工件转动和激光输出的程控设备，9为用来监测激光输出参数变化的信号监测器，10为激光输出信号监测器等。还可以根据需要增加一些附加装置，但激光设备最主要的部分是激光器和光学系统。

一、激光器的基本结构

1. 固体激光器

这类激光器发展最早，应用也相当广泛。根据不同用途，分为脉冲激光器、重复频率激光器、连续激光器和巨型脉冲激光器等几类。目前比较成熟的是红宝石、钕玻璃和掺钕石榴石激光器。钕玻璃激光器只作脉冲使用，红宝石激光器一般也作脉冲使用，掺钕钇铝石榴石激光器可以是脉冲的，也可以是连续的。固体激光器的优点是体积小而结构牢固。其缺点是输出功率低且光的相干性与频率的稳定性较差。

图11-14为脉冲固体激光器结构示意图。其主要组成都分为工作物质、激励源和谐振腔。除了上述三部分外，为了更好地利用光泵发出的光，把光泵发出的光从四面八方反射回工作物质，固体激光器中还采用了聚光器，为了使光泵发光（图中直流脉冲氙灯）还要有一套供电系统，它是由储能电容器、充电电源和触发器组成的。

固体激光器的简单工作过程如下：电容器组经充电机充电到高压加在氙灯电极两端，在高压脉冲（几万伏）触发器作用下，使灯管内形成火花，于是电容器经氙灯两电极放电释放能量使氙灯发光。一部分光直接照射到工作物质上，另一部分经聚光器反射再汇聚到工作物质上。汇聚到工作物质上的光能一部分被工作物质吸收，把低能级的粒子激发到高能级，而引起原子的受激辐射。在谐振腔的作用下，当输入能量足够强时，放大作用超过损耗，就可以产生振荡，输出激光。

2. 二氧化碳气体激光器

气体激光器的主要工作物质为 CO_2，故称为 CO_2 气体激光器。二氧化碳气体激光器的主要特点是输出功率大、能量转换效率高，容易被加工材料吸收转化为热能以及工作条件要求不高等。CO_2 激光器自 1964 年问世以来发展很快，应用也日益广泛，焊接、切割和热处理是其最主要的应用领域。

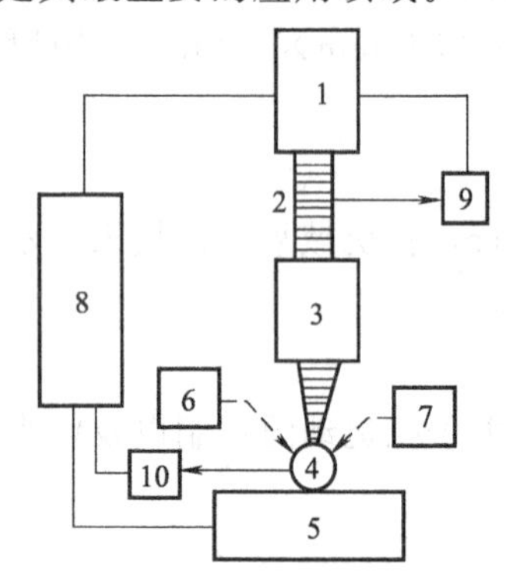

图 11-13 激光设备结构方块图

1—激光器；2—激光束；3—光学系统；4—焊件；5—转胎；6—观测系统；7—辅助能源；8—程控设备；9,10—信号监测器

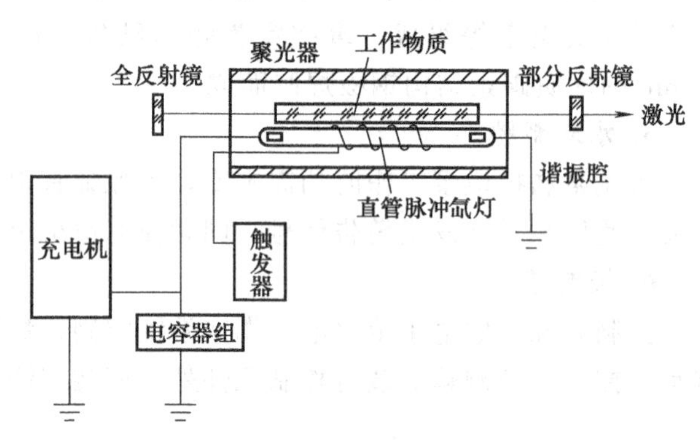

图 11-14 脉冲固体激光器结构示意图

二、光学聚焦系统

激光束是方向性极强的平行光束，虽具有很高的能量密度，但还不能直接用于焊接等热

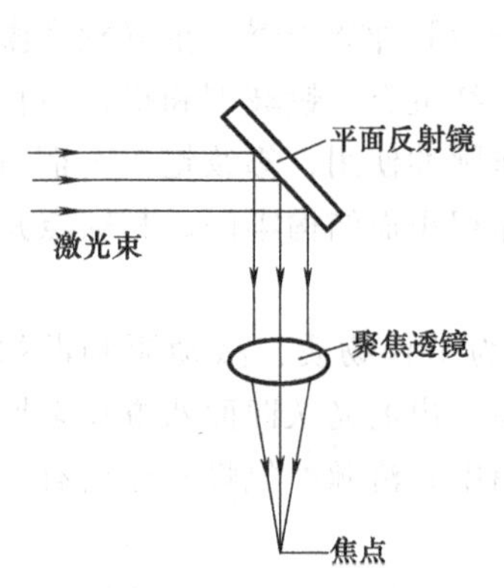

图 11-15 聚焦系统

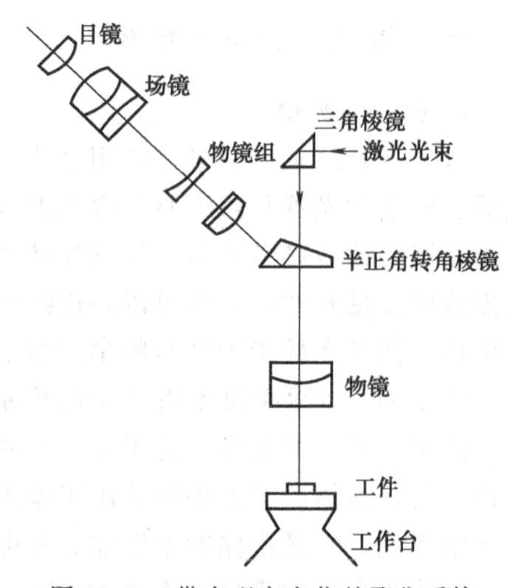

图 11-16 带有观察定位的聚焦系统

加工，必须采用光学系统使其聚焦进一步提高其能量密度。由于激光束的单色性及方向性好，因此可以使用简单的聚焦透镜或球面反射镜进行聚焦。对于可见光及近红外波段的激光束，主要用图 11-15 聚焦方式。焊接加工时，由于焦点很小，为了找准要焊的位置，观察定位系统，图 11-16 为带有观察定位系统的光学聚焦体系示意图。

一般焊机都配激光束通过光学系统以后，即可进行焊接。激光焊机就是在上述基础上加上工件的夹持、定位和调整等辅助装置所组成的。

参 考 文 献

[1] 邱葭菲. 焊接方法与设备 [M]. 北京：化学工业出版社，2009.
[2] 任廷春. 弧焊电源 [M]. 北京；机械工业出版社，1990.
[3] 上海交通大学. 电弧物理 [M]. 上海：上海交通大学出版社，1980.
[4] 姜焕中. 焊接方法与设备 [M]. 北京：机械工业出版社，1981.
[5] 雷世明. 焊接方法与设备 [M]. 北京：机械工业出版社，2008.
[6] 何方殿. 弧焊整流电源及控制 [M]. 北京：机械工业出版社，1983.
[7] 姜焕中. 电弧焊与电渣焊 [M]. 北京：机械工业出版社，1980.
[8] 郑宜庭. 弧焊电源 [M]. 北京：机械工业出版社，1989.
[9] 黄石生. 弧焊电源 [M]. 北京：机械工业出版社，1980.
[10] 牛济泰. 焊接基础 [M]. 哈尔滨：黑龙江科学技术出版社，1983.
[11] 周兴中. 焊接方法与设备 [M]. 机械工业出版社，1990.
[12] 机械工业部成都电焊机研究所. 通用弧焊机的使用和维护 [M]. 北京：机械工业出版社，1986.
[13] 王震澄. 气体保护焊工艺和设备 [M]. 北京：国防工业出版社，1990.
[14] 曾乐. 现代焊接技术手册 [M]. 上海：上海科学技术出版社，1993.
[15] 周玉生. 焊接电工 [M]. 北京：机械工业出版社，1985.
[16] 周达. 焊接实验 [M]. 北京：国防工业出版社，1985.
[17] 任廷春. 焊接电工 [M]. 北京：机械工业出版社，2004.